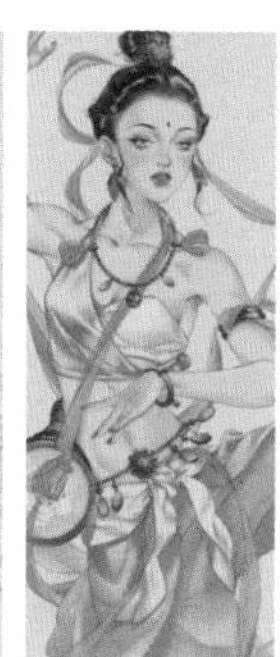

从新手到高手

Photoshop手绘从新手到高手

崇霄　主编

清华大学出版社

北京

内 容 简 介

本书主要介绍使用Photoshop CC 2019进行数字手绘的方法与技巧，从基础的软件操作和手绘知识讲起，由浅入深介绍了4类不同风格插画的绘制方法。

本书共8章：第1章介绍了Photoshop手绘工具；第2章介绍了Photoshop手绘基础；第3章介绍了绘制简单元素；第4章介绍了人物绘制基础；第5章介绍了水墨古风插画的相关概念和绘制要点；第6章介绍了日系插画的相关概念和绘制要点；第7章介绍了欧美风格插画的相关概念和绘制要点；第8章介绍了游戏原画厚涂CG的相关概念和绘制要点。

本书附赠丰富的配套教学资源，包括书中实例的教学视频和PSD源文件，以及实例中使用的素材和笔刷，使读者阅读本书更简单、更直观。

本书适合有一定Photoshop使用基础又对使用Photoshop绘制CG插画感兴趣的学习者，以及需要学习不同风格插画的专业绘画者阅读。

图书在版编目（CIP）数据

Photoshop手绘从新手到高手 / 崇霄主编. – 北京 : 清华大学出版社, 2020.6（2024.4 重印）
（从新手到高手）
ISBN 978-7-302-55550-6
Ⅰ. ①P… Ⅱ. ①崇… Ⅲ. ①图像处理软件 Ⅳ. ①TP391.413
中国版本图书馆CIP数据核字(2020)第086287号

责任编辑：陈绿春
封面设计：潘国文
责任校对：胡伟民
责任印制：沈　露

出版发行：清华大学出版社
网址：https://www.tup.com.cn, https://www.wqxuetang.com
地址：北京清华大学学研大厦A座　　**邮编**：100084
社总机：010-83470000　　**邮购**：010-62786544
投稿与读者服务：010-62776969, c-service@tup.tsinghua.edu.cn
质量反馈：010-62772015, zhiliang@tup.tsinghua.edu.cn
课件下载：https://www.tup.com.cn, 010-83470236
印 装 者：三河市龙大印装有限公司
经　　销：全国新华书店
开　　本：188mm×260mm　　**印　张**：17　　**字　数**：505 千字
版　　次：2020年8月第1版　　**印　次**：2024年4月第4次印刷
定　　价：88.00 元

产品编号：073501-01

前言

关于Photoshop手绘

Photoshop是一款功能非常强大的软件，除了可用于绘画，还可以用来制作各种视觉特效，拥有强大的图像、图层、色调调整功能，同时支持用于屏幕显示的RGB模式和用于印刷的CMYK模式，是插画师、设计师等专业人士常使用的软件之一。

数字绘画是一个不断进步的绘画种类，随着绘画软件的不断更新和越来越多不同种类的笔刷的出现，数字绘画实现新颖绘画效果的能力也越来越强。在绘画过程中，经常由于组合了不同的属性和材质而产生全新的、令人惊喜的效果，使数字绘画充满了未知的魅力。

本书内容

篇名	章节安排	课程内容
基础篇	第1章 Photoshop手绘工具	主要介绍Photoshop手绘的基本操作、常用工具和常用图层功能
	第2章 Photoshop手绘基础	主要介绍插画的常见构图、插画的色彩基础、透视基础和起稿方式
	第3章 绘制简单元素	主要介绍装饰性纹样的绘制、动物的简化构型和常见简单物品绘制
	第4章 人物绘制基础	主要介绍人物头部和人物体态绘制方法
进阶篇	第5章 水墨古风插画	概述了水墨古风插画的相关知识，介绍了古风插画常见背景元素和不同身份人物的服饰绘制方法，并通过实例详细介绍了古风水墨插画的绘制方法
	第6章 日系插画	概述了日系插画的相关知识，介绍了经典日系服装的造型设计和常见日系场景的绘制方法，并通过实例详细介绍了日系插画的绘制方法
	第7章 欧美风格插画	概述了欧美风格插画的相关知识，介绍了欧美风格物品造型设计和人物造型设计的方法，并通过实例详细介绍了美式插画的绘制方法
	第8章 游戏原画厚涂CG	概述了游戏原画厚涂CG的相关知识，介绍了游戏原画常见材质的表现方式和游戏原画武器及人物的设计方法，并通过实例详细介绍了游戏原画的绘制方法

本书特色

1. 全面的知识体系

本书共8章，分为基础篇和进阶篇。在基础篇中讲解了一些普适性的基础知识，包括Photoshop的相关绘画功能、手绘基础、简单元素与人物的绘制方法；在进阶篇中，本书设置了大量难度渐进的实例，讲解了4类主流插画风格的绘制要点，以满足不同读者的需求。

2. 大量不同难度的实例

本书实例丰富，每个知识点中包含的实例都遵从由易到难的顺序，让读者能够根据自己的需求灵活选择学习的内容，也能帮助基础薄弱者进行有效学习。

3. 实用的技巧提示

在本书的实例教学过程中包含大量实用技巧提示，能够帮助读者少走弯路，轻松提升作画效率和质量。

本书由崇霄主编，由于作者水平有限，书中疏漏之处在所难免。在感谢您选择本书的同时，也希望您能够把对本书的意见和建议告诉我们。

本书的配套素材和视频教学文件请扫描下面的二维码进行下载，如果在下载过程中碰到问题，请联系陈老师，联系邮箱chenlch@tup.tsinghua.edu.cn。

如果在学习过程中碰到技术性的问题，请扫描下面的技术支持二维码，联系相关人员进行处理。

配套素材

视频教学

技术支持

作者

2020.6

目录

基础篇

第 1 章 Photoshop 手绘工具

第 2 章 Photoshop 手绘基础

进阶篇

第 5 章 水墨古风插画

第 6 章 日系插画

1.1　了解手绘 CG 的工具

传统绘画需要工具，如纸张、铅笔、水彩等；进行数字绘画也同样需要准备好相应的工具，如计算机、数位板、绘图软件等。

1.1.1　系统和硬件

1. 系统

主流的计算机系统包括 Mac os 和 Windows，这两种系统都支持数位板。需要注意的是，部分插件和笔刷不能同时兼容两种系统。

2. 显示器

在绝大多数情况下，数字绘画不是挂在墙上、画廊里的，而是在显示器中展示的。进行数字绘画创作时，一个色域广的显示器能提供更加丰富的色彩细节，再现真实世界的五彩缤纷。如果需要印刷数字绘画作品，那么，拥有一台色彩标准的显示器更是尤为重要的。

3. 数位板和压感笔

数位板和压感笔是进行数字绘画不可或缺的硬件。与鼠标相比，使用压感笔在数位板上绘制出的线条更加自然、顺滑。现在市场上的数位板有着多种不同的尺寸，部分型号还具有屏幕显示功能。在绘图区域内，压感笔的压力和倾斜角度都可以被灵敏地感知。图 1-1 所示的是一款常见的数位板和配套的压感笔。

图 1-1

1.1.2　绘图软件

数字绘画软件的种类很多，不同的软件有着不同的侧重点。如 Photoshop，除了可以进行数字绘画，还具有非常强大的图像编辑功能。接下来将介绍几种比较流行的绘图软件。

基础篇

第 1 章

Photoshop 手绘工具

数字绘画是一个不断发展的艺术门类。随着绘画软件的推陈出新，数字绘画实现新颖绘画效果的能力也越来越强。在绘画过程中，经常由于组合了不同的技术而产生全新的、令人惊叹的效果，这使数字绘画充满了未知的魅力。

1. Adobe Photoshop CC 2019

Photoshop 是一款功能非常强大的图像绘制、编辑软件，如图 1-2 所示。除了绘画，Photoshop 还可以制作各种特殊效果，拥有强大的图像、图层、色调调整功能，同时支持用于屏幕显示的 RGB 模式和用于印刷的 CMYK 模式，是插画家、设计师等专业人员最常使用的软件之一。

Win √ Mac √

图 1-2

2. SAI

SAI 是一款尺寸很小的绘画软件，上手难度也比较低，如图 1-3 所示。使用 SAI 绘制出的线条平滑柔顺，绘画的速度和流畅度都很高。SAI 具备"抖动修正"功能，初学者依靠此功能也可以绘制出平滑的线条。

Win √ Mac×

图 1-3

3. Corel Painter

Corel Painter 是一款侧重于模拟真实手绘效果的软件，有着接近自然混色功能的调色盘，拥有油画、水粉、水彩等多种笔刷，以及多种纹理的纸张，如图 1-4 所示。但这款软件的界面操作稍显复杂，普及度不高。

Win √ Mac √

图 1-4

4. Clip Studio Paint

Clip Studio Paint 是一款常被用来绘制漫画的软件，有着许多便捷的漫画绘制功能，如图 1-5 所示，例如，可以整体归档漫画、原稿纸类型的画布、易操作的分隔线工具，以及各种可调用的场景、特殊效果和 3D 素材。Clip Studio Paint 同样可以用来绘制插图，近年来成为越来越多的漫画和插画双修工作者的选择。

Win √ Mac √

图 1-5

1.2 Photoshop 的工作界面

Photoshop CC 2019 的界面如图 1-6 所示，其工具栏干净整洁，画布几乎铺满整个软件区域，扩大了绘画的空间。其中，"图层"面板经常被单独提取出来，方便使用，如图 1-7 所示。

1.3 Photoshop 手绘的基本操作

本节介绍的是 Photoshop 手绘的基本操作，包括根据需求确定图像尺寸、修改图像尺寸、图像输出的格式与分辨率。

1.3.1 根据需求确定图像尺寸

执行"文件" | "新建"命令，或按快捷键 Ctrl+N，在弹出的"新建文档"对话框中，根据需求输入想要绘

制的图像的“宽度”和“高度”。图像应用于印刷时，可以选择“厘米”作为单位，图像应用于显示器展示时，可以选择“像素”作为单位。“新建文档”对话框如图 1-8 所示。

图 1-6　　　　图 1-7

图 1-8

技巧与提示：

图像的尺寸越大，图像的精度也就越高。如果初始设置的图像尺寸太小，而实际使用时需要放大，就会因为精度不够导致画面模糊、粗糙。

1.3.2　修改图形尺寸

修改图形尺寸的流程：执行“图像”|“图像大小”命令，在弹出的“图像大小”对话框中重新输入“宽度”和“高度”的数值，单击“确定”按钮完成修改，如图 1-9 所示。

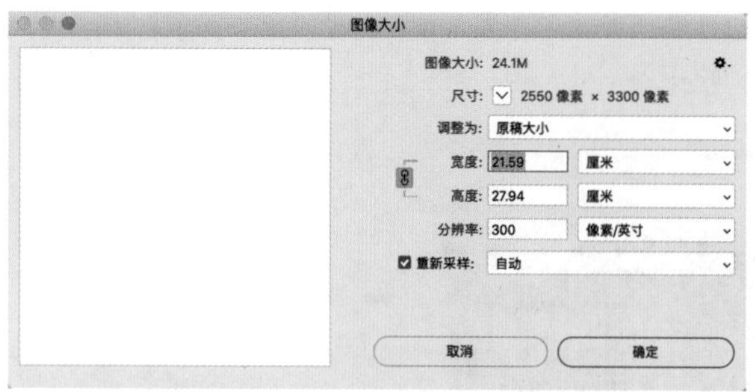

图 1-9

1.3.3 图像输出的格式与分辨率

如果图像文件的用途是印刷，那么通常将图像输出为 . psd 格式。这种格式的文件尺寸相对较大，分辨率通常在 300~600 像素 / 英寸；如果图像文件的用途是在计算机上展示，那么，通常将图像输出为 . jpg 格式或者 . gif 格式。在计算机端、移动端进行展示的图像文件的分辨率通常设置为 72 像素 / 英寸，如图 1-10 所示。

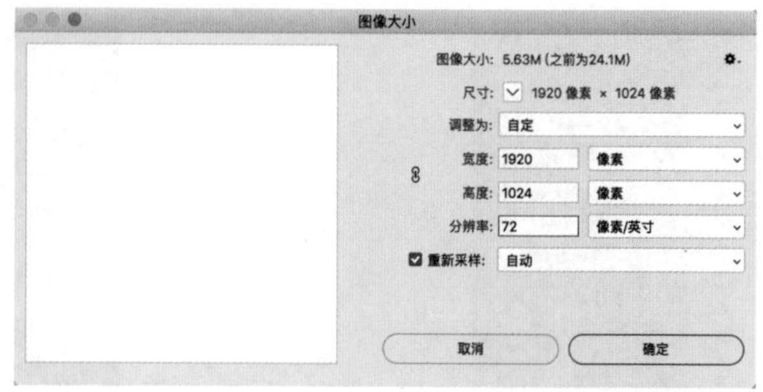

图 1-10

1.4 Photoshop 手绘的常用工具

Photoshop 工作界面的最左侧是工具箱，其中罗列着进行数字绘画需要用到的大部分工具。单击其中的部分工具可以展开更多的同类工具。将鼠标指针悬停在工具上，可以看到工具的名称。本节将介绍工具箱中的常用工具。

1.4.1 画笔工具

单击展开画笔工具，可以看到其中包含的 4 个工具：画笔工具、铅笔工具、颜色替换工具、混合器画笔工具。

1. 画笔工具

画笔工具是数字绘画中最常用的工具，搭配不同的笔刷就能够获得不同的绘制效果。如图 1-11 所示的是分别使用不同笔刷绘制出的色块。

图 1-11

2. 铅笔工具

使用铅笔工具可以绘制出 1 像素的点和边界硬朗的线条，如图 1-12 所示。

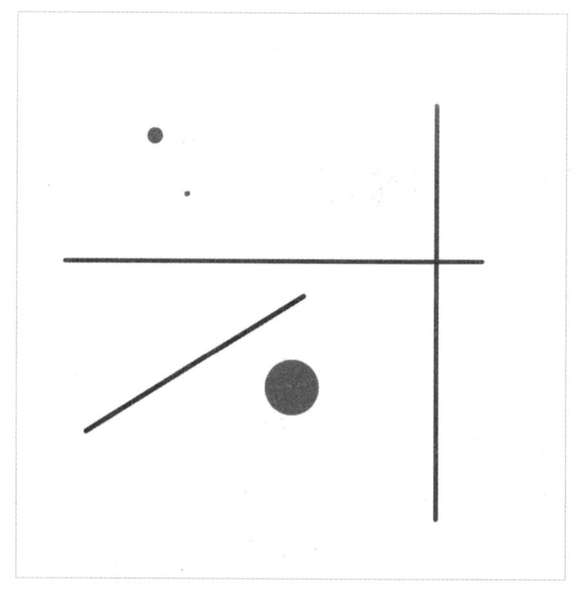

图 1-12

3. 颜色替换工具

使用颜色替换工具能够把选定的颜色替换为新的

颜色，如图 1-13 所示。

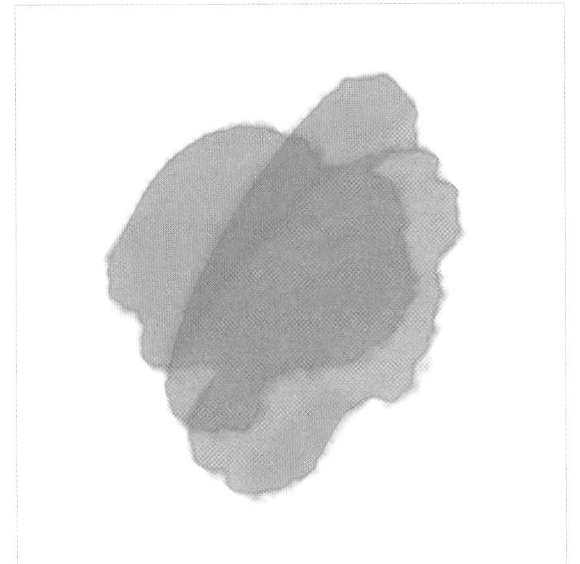

图 1-13

4. 混合器画笔工具

混合器画笔工具类似传统绘画工具中的调色盘，可以通过混合多种不同的颜色，调出新的色彩，如图 1-14 所示。

图 1-14

1.4.2　橡皮擦工具

单击展开橡皮擦工具，可以看到其中包含的 3 个工具：橡皮擦工具、背景橡皮擦工具、魔术橡皮擦工具。

1. 橡皮擦工具

橡皮擦工具可以用来擦除当前的图像内容，如图 1-15 所示。

图 1-15

2. 背景橡皮擦工具

背景橡皮擦工具可以将图像擦除为透明区域，如图 1-16 所示。

图 1-16

3. 魔术橡皮擦工具

使用魔术橡皮擦工具时，无须移动鼠标指针或画笔，只需单击想要擦除的区域，该区域会立即变为透明区域，如图 1-17 所示。

图 1-17

1.4.3 涂抹工具

单击展开涂抹工具，可以看到其中包含的 3 个效果截然不同的图像处理工具：涂抹工具、模糊工具、锐化工具。

1. 涂抹工具

涂抹工具可以用来涂抹和擦开图像，如图 1-18 所示。

图 1-18

2. 模糊工具

模糊工具可以对图像进行模糊处理，如图 1-19 所示。

图 1-19

3. 锐化工具

锐化工具可以锐化图像中柔和的部分，如图 1-20 所示。

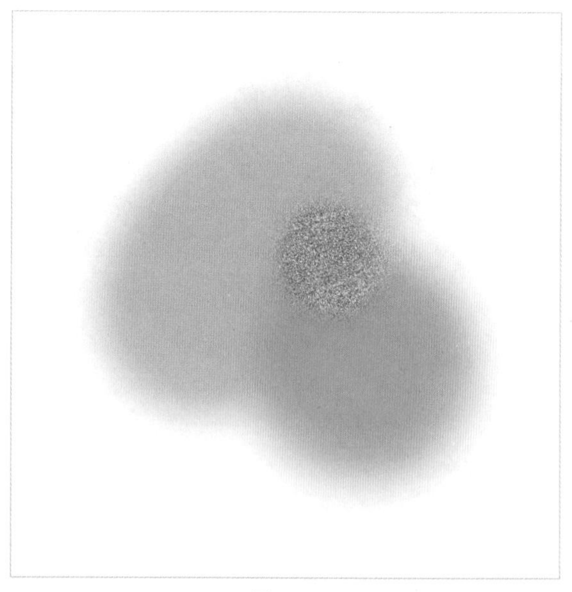

图 1-20

1.4.4 魔棒工具

单击展开魔棒工具，可以看到其中包含的两个工具：魔棒工具、快速选择工具。

1. 魔棒工具

选择魔棒工具并在图像中单击，可以快速选中近似色的区域，如图 1-21 所示。

图 1-21

2. 快速选择工具

选择快速选择工具，使用可以调整大小的圆形画笔迅速画出选区，如图 1-22 所示。

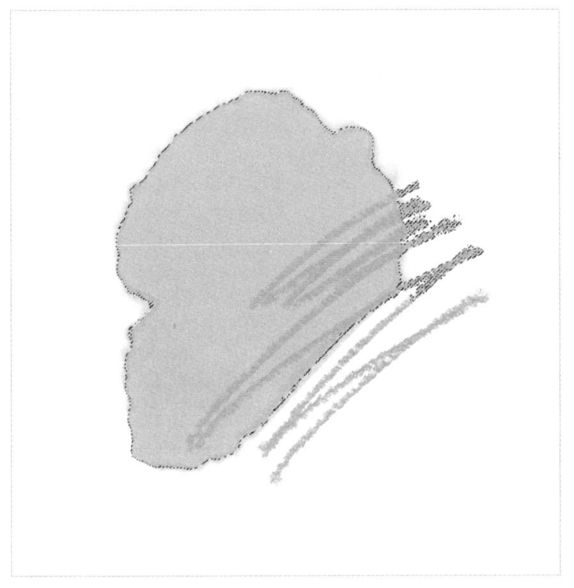

图 1-22

1.4.5 套索工具

单击展开套索工具，可以看到其中包含的 3 个工具：套索工具、多边形套索工具、磁性套索工具。

1. 套索工具

选择套索工具，可以随着鼠标指针的移动圈定选区，如图 1-23 所示。

图 1-23

2. 多边形套索工具

选择多边形套索工具，可以通过单击并拖出直线，用多边形线条圈出所需要的选区，如图 1-24 所示。

图 1-24

3. 磁性套索工具

磁性套索工具是可以自动吸收附近似色的多边形框选工具，使用效果如图 1-25 所示。

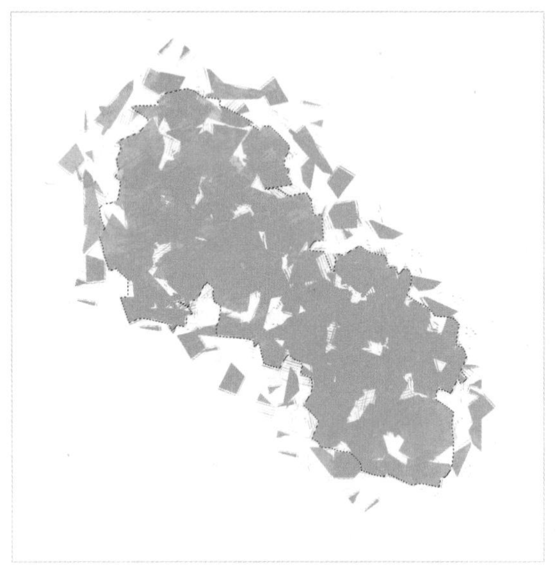

图 1-25

1.4.6 填充工具

单击展开填充工具，可以看到其中包含的 3 个工具：渐变工具、油漆桶工具、3D 材质拖放工具。

1. 渐变工具

渐变工具可以创建直线、圆形等多种不同形式的颜色过渡效果，如图 1-26 所示。

图 1-26

2. 油漆桶工具

选择油漆桶工具，可以使用所选的色彩填充近似色区域，如图 1-27 所示。

图 1-27

3.3D 材质拖放工具

使用 3D 材质拖放工具，可以将载入的材质拖至 3D 物体上，如图 1-28 所示。

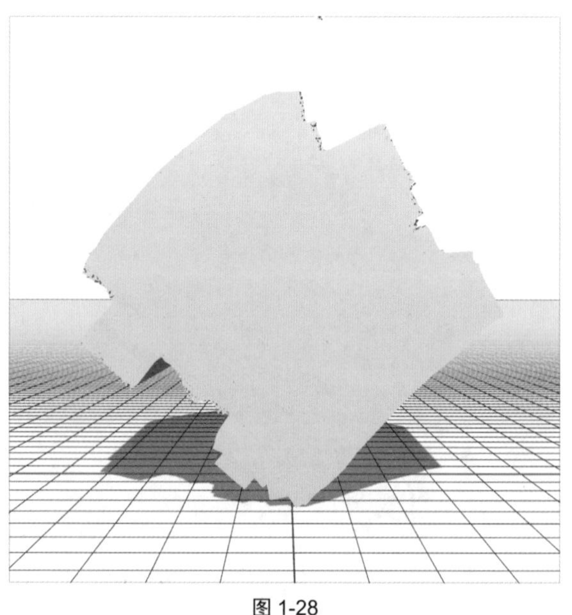

图 1-28

1.5 Photoshop 手绘的常用图层功能

1.5.1 新建图层

“新建图层”是进行数字绘画的基础操作。执行“图层”|“新建”|“图层”命令，或者按快捷键 Ctrl+Shift+N，在弹出的“新建图层”对话框中修改图层名称，单击“确定”按钮完成图层的新建。“新建图层”对话框如图 1-29 所示。

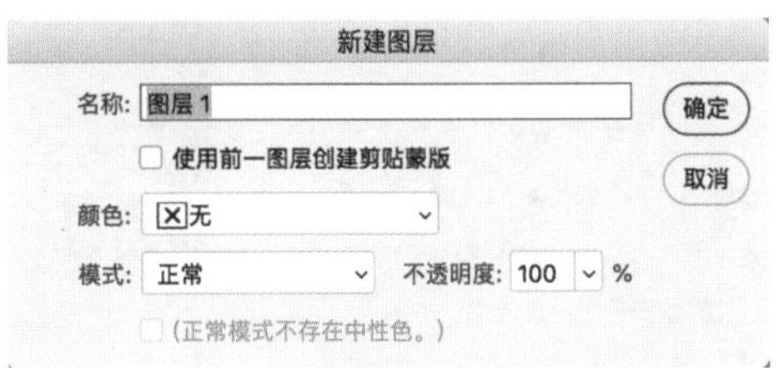

图 1-29

除了上述方法，还可以在“图层”面板的右下角找到“创建新图层”按钮，单击该按钮即可创建新图层。完成新图层的创建后，双击新图层，可重命名该图层，如图 1-30 所示。

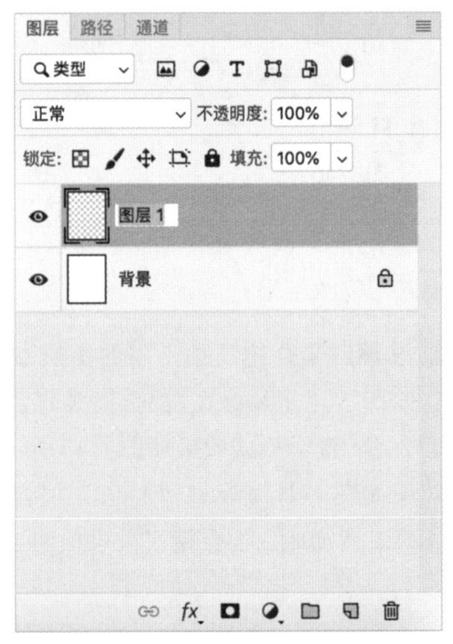

图 1-30

1.5.2 删除图层

执行“图层”|“删除”|“图层”命令，在弹出的对话框中单击“是”按钮，即可删除图层。或者选中要删除的图层后，单击“图层”面板右下角的“删除图层”按钮，在弹出的对话框中单击“是”按钮，删除图层，如图 1-31 所示。

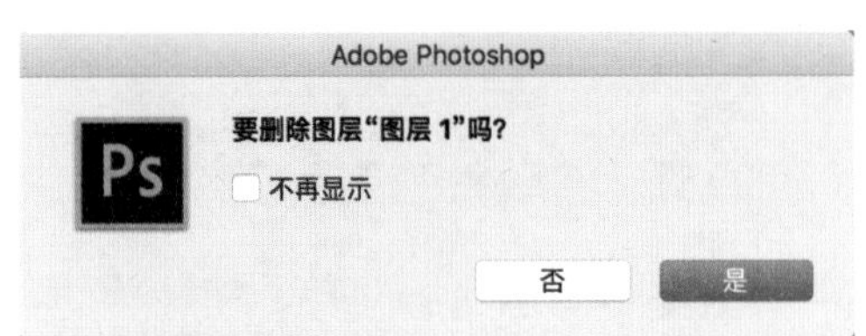

图 1-31

除了上述方法，还可以先选中要删除的图层，再按 Delete 键直接删除图层，但这种操作方式不会弹出对话框，容易不小心误删除需要保留的图层。

1.5.3 向下合并图层

随着绘画的深入，建立的图层会越来越多，有时需要将一些图层合并在一起，以方便查找。执行“图层”|“向下合并”命令，或者按快捷键 Ctrl+E，可以将当前图层和下方图层合并在一起，如图 1-32 所示。

图 1-32

1.5.4 图层不透明度

使用“图层”面板右上方的“不透明度”参数可以调节当前图层的不透明度。0% 是完全透明，100% 是完全不透明。如图 1-33 所示是将“图层 1”的不透明度调整为 60% 的状态。

1.5.5 图层的锁定

执行“图层”|“锁定图层”命令，或按快捷键 Ctrl+“/”，在弹出的“锁定所有链接图层”对话框中，选中“透明区域”“图像”“位置”“防止自动嵌套”

或者“全部”复选框，设置锁定当前图层的部分内容，还是锁定图层中全部内容。“锁定所有链接图层”对话框如图 1-34 所示。

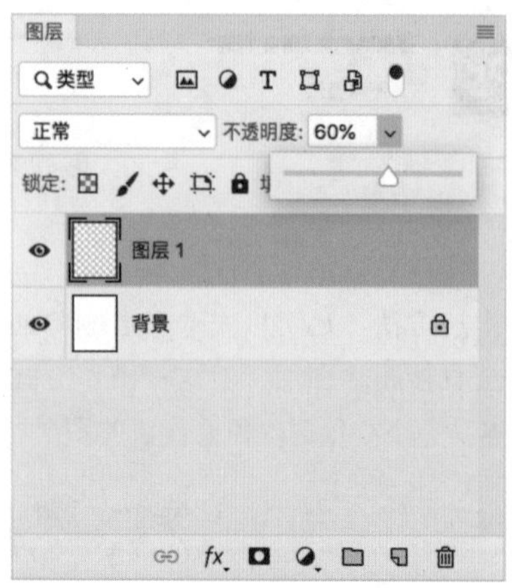

图 1-33

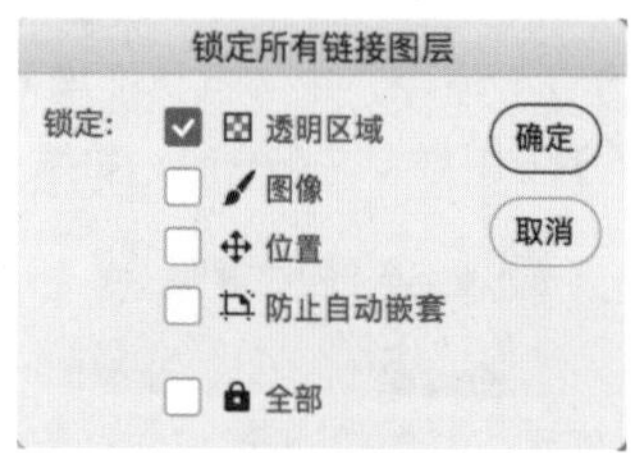

图 1-34

在“图层”面板中单击“锁定”栏中的按钮——“锁定透明像素”按钮、“锁定图像像素”按钮、“锁定位置”按钮、“防止在画布和画框内外自动嵌套”按钮、“锁定全部”按钮，也可以获得相应的锁定效果，如图 1-35 所示。

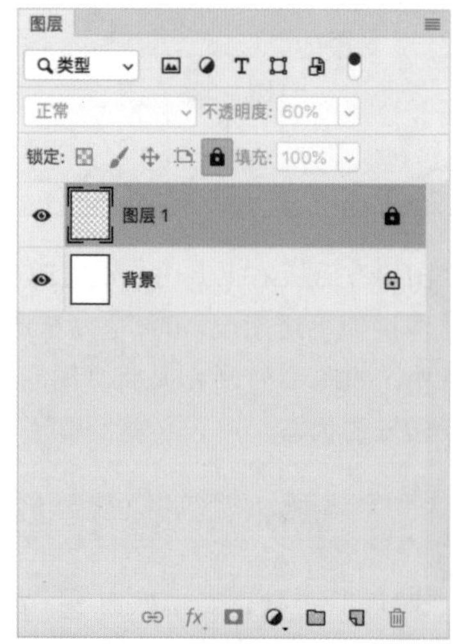

图 1-35

1.5.6　图层的混合模式

“图层”面板中的“设置图层的混合模式”菜单中，包含27种不同的图层混合模式。“设置图层的混合模式”菜单的位置如图 1-36 所示，该菜单中的选项如图 1-37 所示。

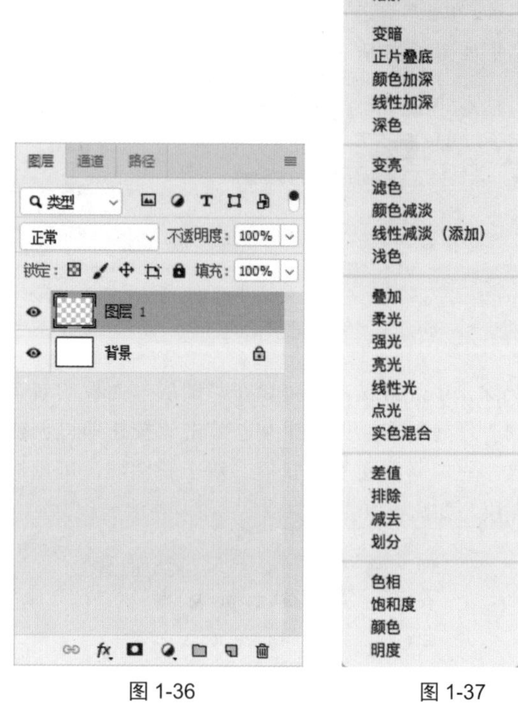

图 1-36　　图 1-37

不同的图层混合模式有着不同的效果，灵活运用图层混合模式，能大幅提升绘画的效率。

下面通过举例来介绍几种常用的图层混合模式。原图如图 1-38 所示，“正片叠底”混合模式效果如图 1-39 所示，“颜色加深”混合模式效果如图 1-40 所示，“滤色”混合模式效果如图 1-41 所示，“差值”混合模式效果如图 1-42 所示，“变暗”混合模式效果如图 1-43 所示。

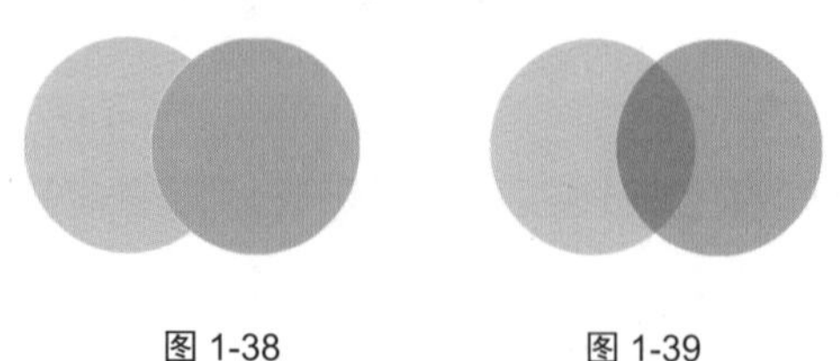

图 1-38　　图 1-39

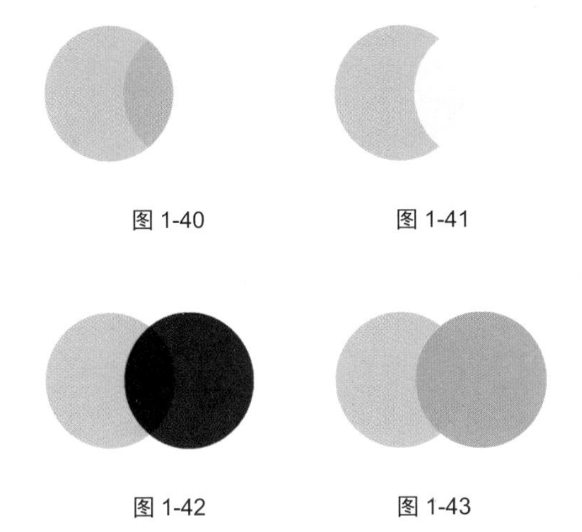

图 1-40　　图 1-41

图 1-42　　图 1-43

1.5.7　图层编组

按住 Shift 键，选中想要编成一组的所有图层，再执行“图层”|“图层编组”命令，或按快捷键 Ctrl+G，即可把所选图层编在同一个图层组中。

或者选中想要编组的图层，单击“图层”面板中的“创建新组”按钮，也可以达到同样的效果。如图 1-44 所示为建立图层组的效果。

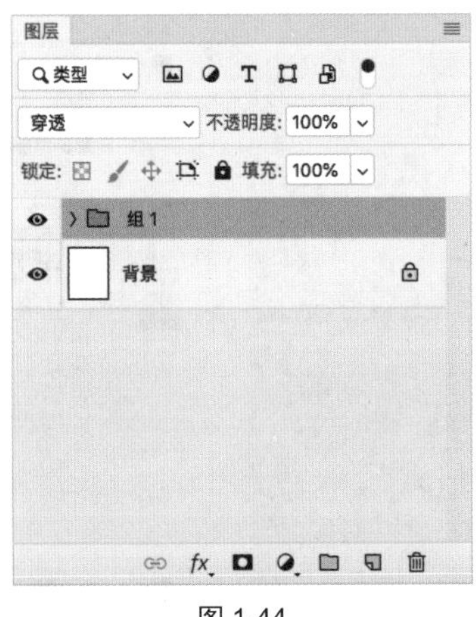

图 1-44

1.5.8　转换为智能对象

执行“图层”|“智能对象”|“转换为智能对象”命令，如图 1-45 所示，可以把当前图层或图层组转换为单个智能对象。将图层转换为智能对象后，可以方便地调整该图层的滤镜效果，如图 1-46 所示。

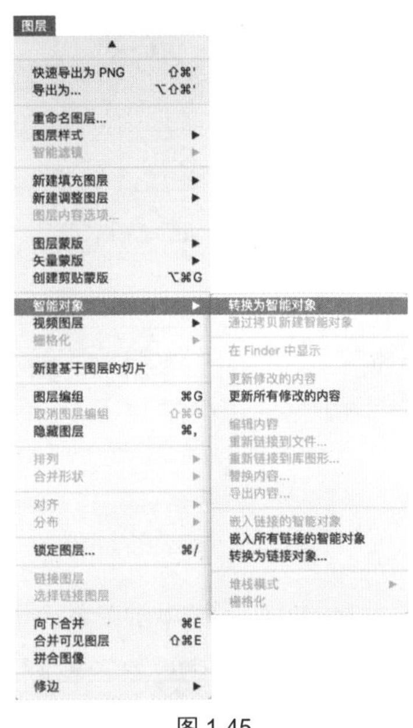

图 1-45

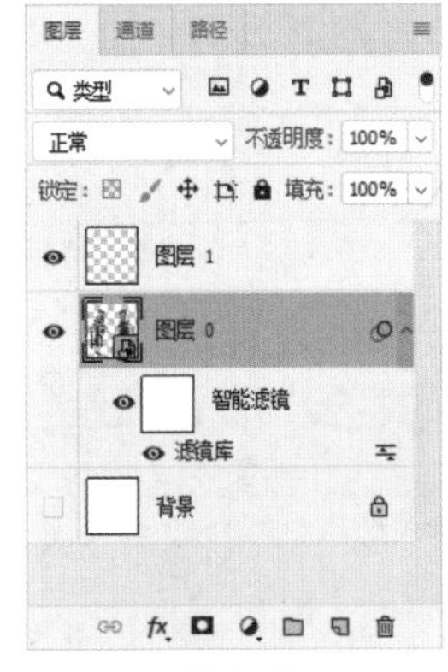

图 1-46

1.6　制作笔刷

使用 Photoshop 可以自行制作笔刷，本节将通过简单的案例来讲解笔刷的制作和调整方法。

01 新建画布，在“预设详细信息”选项区中，将“宽度”和“高度”都设置为 200 像素，将“背景内容”设置为“透明”，如图 1-47 所示。

图 1-47

02 在透明画布上，绘制一个喜欢的图案，如图 1-48 所示。

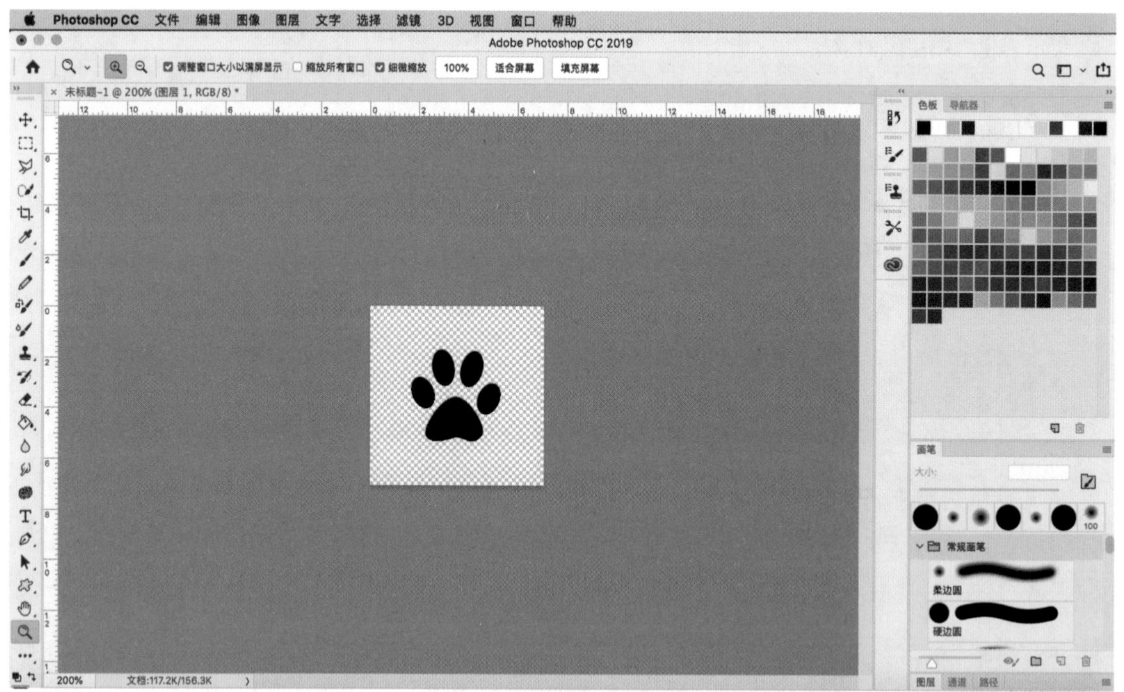

图 1-48

03 执行“编辑”|“定义画笔预设”命令，如图 1-49 所示。在弹出的“画笔名称”对话框中输入名称—“脚印”。单击“确定”按钮，完成笔刷的命名，如图 1-50 所示。

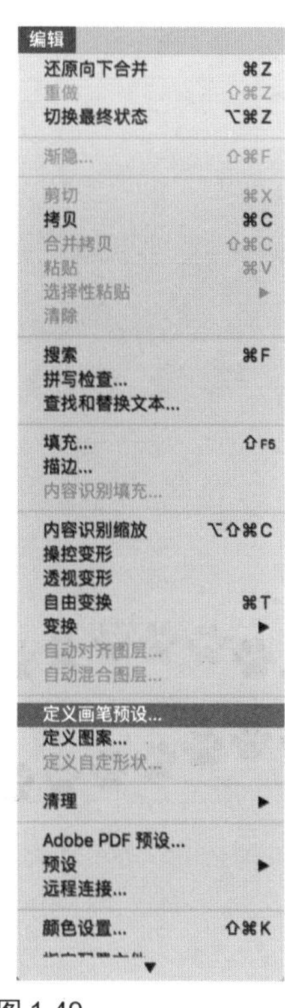

图 1-49

图 1-50

04 新的“脚印”笔刷就制作完成了，这个笔刷会显示在“画笔预设”选取器的底部，如图 1-51 所示。如图 1-52 所示为“画笔预设” 选取器的位置。

图 1-51

图 1-52

05 在“画笔设置”面板中可以调整笔刷的参数，改变笔刷的绘制效果。将“脚印”笔刷的“间距”调整到 123%，如图 1-53 所示，使用 “脚印” 笔刷绘制出的效果，如图 1-54 所示。

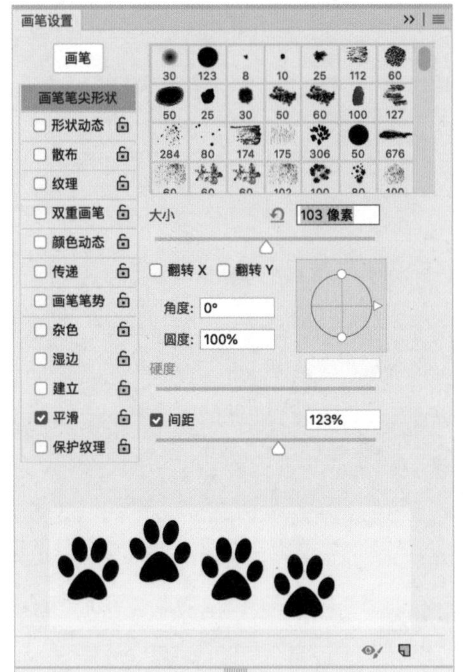
画笔设置
画笔
画笔笔尖形状
形状动态
散布
纹理
双重画笔
颜色动态
传递
画笔笔势
杂色
湿边
建立
平滑
保护纹理
大小
103 像素
翻转 X
翻转 Y
角度: 0°
圆度: 100%
硬度
间距
123%

图 1-53

图 1-54

2.1 插画的常见构图

绘画离不开构图，画面构图就像文章梗概，决定着一幅图最终呈现的画面效果。构图的方式有很多，有一幅图中只使用一种构图方式的情况，也有在一幅图中同时出现几种不同构图方式的情况。本节列出最常见的 3 种构图方式以供参考。

2.1.1 对称构图

平衡、稳定、对称，是对称构图的特点，如图 2-1 所示。这种构图常用于表达气氛庄严、沉静的场合，尤其是常用于表现建筑物，如图 2-2 所示。

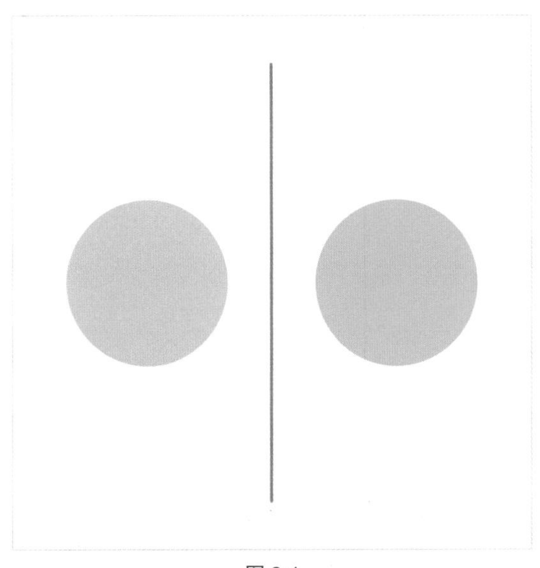

图 2-1

图 2-2

在任何媒介上使用任何工具绘画都离不开绘画基础，绘画基础是绘画的核心。耐心打好扎实的绘画基础，并在日后的绘画中不断巩固，才能让作品随着经验的累积变得越来越成熟。

2.1.2 三角构图

三角构图指的是以 3 个视觉中心点来安排景物位置，或者以三点成面的几何形状来安排景物的位置的构图方式，这种构图能让画面显得既灵活又稳定，如图 2-3 所示。3 个视觉中心点的排布可以是正三角、倒三角或倾斜三角形的。这种构图的应用非常广泛，可用于任何物体、场合的绘制。如图 2-4 所示为一幅使用三角构图绘制的插画。

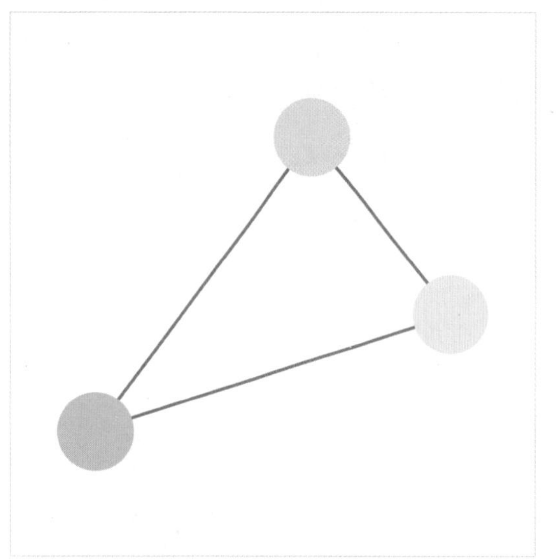

图 2-3

图 2-4

2.1.3 黄金分割构图

黄金分割是古希腊人发明的几何公式。遵循黄金分割公式的构图被普遍认为是和谐的、使人舒适的。许多艺术家会在自己作品的整体及局部多次使用黄金分割构图。如图 2-5 所示为黄金分割构图的形式，如图 2-6 所示为使用黄金分割构图绘制的插画。

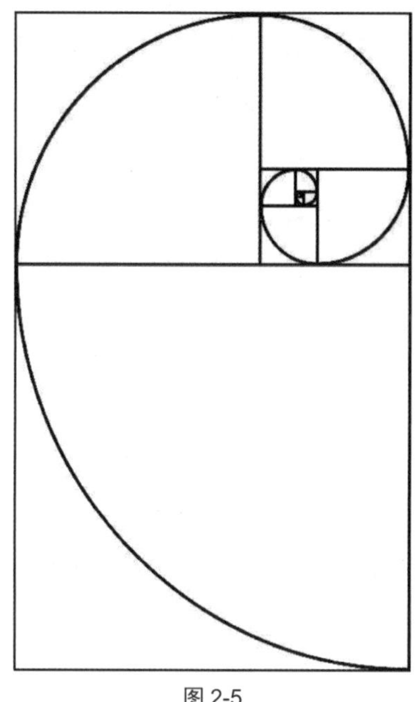

图 2-5

图 2-6

2.2　插画的色彩基础

色彩指的是光从物体反射到眼睛里之后，大脑得到的一种感受，没有光就没有色彩。不同的色彩给人带来不同的感受，如暖黄色容易给人带来焦急的情绪，常被用于快餐店的装修中；绿色容易给人带来宁静的感觉，常用于图书室的装修中。色彩可以直接影响人的情感。

2.2.1　固有色

固有色指的是物体在自然光线（白光）下所呈现的物体本身的色彩，然而一切物体的色彩都是光的反射，在不同环境的影响下，物体的颜色会发生变化。举例来说，若物体在正常光下显示的色彩如图 2-7 所示，那么物体在橙色光下显示的色彩则如图 2-8 所示，在蓝色光下显示的色彩则如图 2-9 所示。

图 2-7

图 2-8

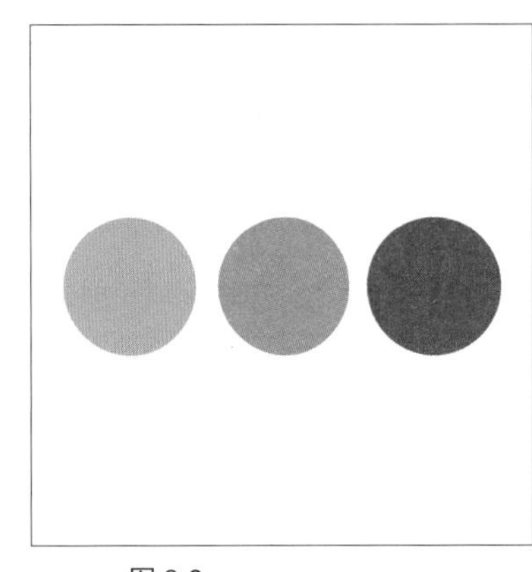

图 2-9

2.2.2　三原色、间色、中性色

红、黄、蓝 3 种色彩被称为“原色”。原色的含义是，任何一种颜色都可以用这 3 种颜色调出来，如图 2-10 所示是三原色在色环上的分布。

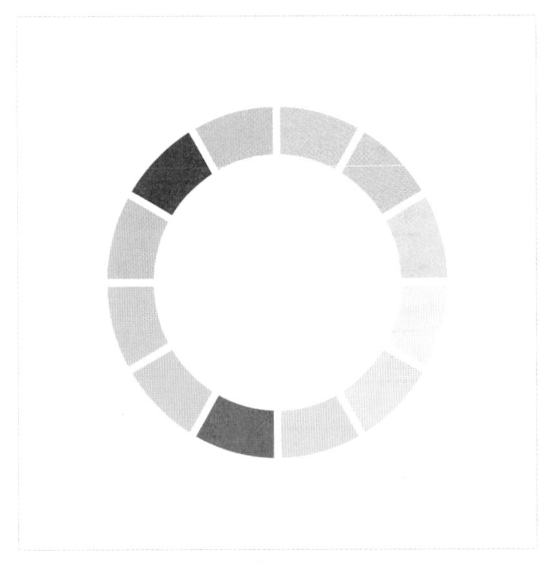

图 2-10

橙、紫、绿 3 种色彩在色轮上与原色间隔出现，如图 2-11 所示，这 3 种色彩被称为“间色”。

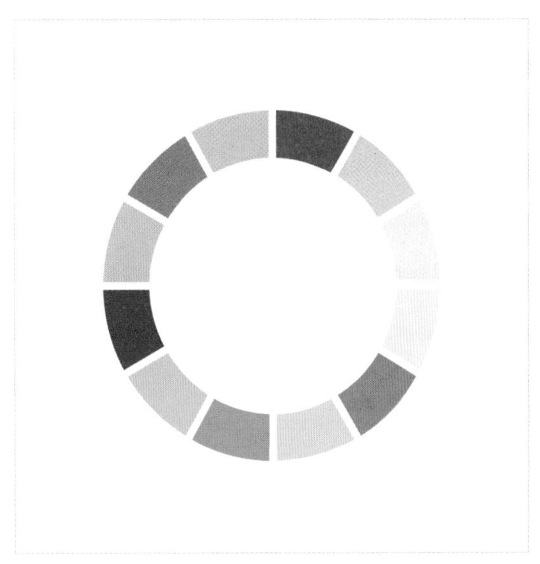

图 2-11

黑、白、灰被称为“中性色”，如图 2-12 所示。它们本身不具有任何色彩倾向，通常用于实现各色之间的缓冲与平衡。

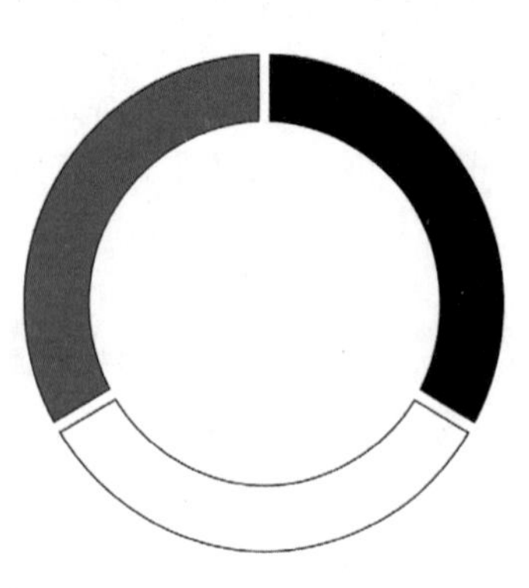

图 2-12

2.2.3 渐变色

渐变色是指物体的颜色由明到暗、由浅转深、由一个色彩过渡到另一个色彩。颜色之间的淡入淡出，使渐变色有着柔和的变化，如图 2-13 所示。

图 2-13

2.2.4 色相、饱和度、明度

色相：色彩的相貌，除了黑、白、灰，所有色彩都有色相。它与色彩的饱和度和明度没有关系。

饱和度：色彩浓与淡的程度。

明度：色彩的明暗程度，取决于光的强度和物体表面的情况。

如图 2-14 所示为同一色彩在不同饱和度和明度下的显示情况。

图 2-14

2.2.5 Photoshop 中的可逆性调色方式

Photoshop 具有强大的颜色调整功能，这些功能在摄影和绘画中都被频繁使用。本节将介绍一些常用的调色方法：黑白、亮度 / 对比度、色相 / 饱和度、色阶、曲线、自然饱和度。

1. 黑白

单击“图层”面板右下角的“创建新的填充或调整图层”按钮，在弹出的菜单中选择“黑白”命令，建立黑白调整图层，此时在“属性”面板中出现相应的参数，如图 2-15 所示。黑白调整图层可将彩色图像（如图 2-16 所示）调整为黑白（如图 2-17 所示）、褐白等颜色的图像。

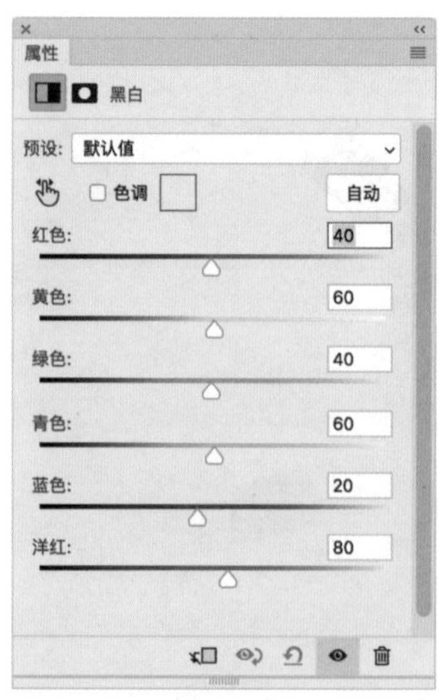

图 2-15

图 2-16

图 2-17

2. 亮度 / 对比度

单击“图层”面板右下角的“创建新的填充或调整图层”按钮 ，在弹出的菜单中选择“亮度 / 对比度”命令建立亮度 / 对比度调整图层，此时在“属性”面板中出现相应的参数，如图 2-18 所示。注意在调整时不要将两个滑块调整至左右顶端，以免造成画面过亮或过暗，因此失去颜色信息。举例来说，调整前的图像如图 2-16 所示，调整后的图像如图 2-19 所示。

3. 色相 / 饱和度

单击“图层”面板右下角的“创建新的填充或调整图层”按钮 ，在弹出的菜单中选择“色相 / 饱和度”命令来建立色相 / 饱和度调整图层，此时在“属性”面板中出现相应的参数，如图 2-20 所示。3 个滑块可以分别调整色相、饱和度和明度，也可以在下拉列表中选择单个颜色进行调整，如图 2-21 所示。举例来说，调整前的图像如图 2-16 所示，调整后的图像如图 2-22 所示。

图 2-18

图 2-19

图 2-20

图 2-21

图 2-22

4. 色阶

单击“图层”面板右下角的“创建新的填充或调整图层”按钮 ，在弹出的菜单中选择“色阶”命令建立色阶调整图层，**此时在“属性”面板中出现相应的参数**，如图 2-23 所示。可以参考色阶分布图进行调整。举例来说，调整前的图像如图 2-16 所示，调整后的图像如图 2-24 所示。

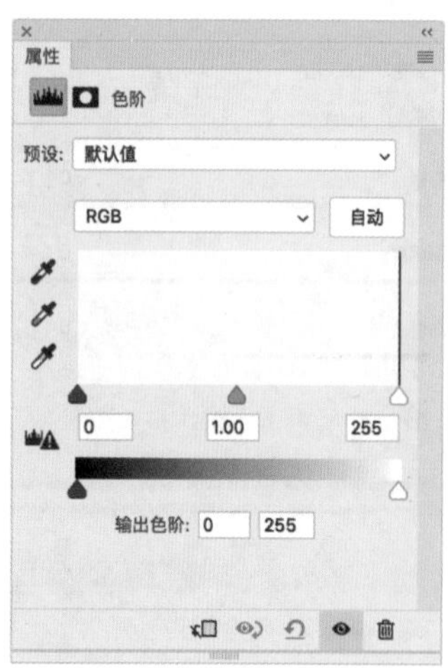

图 2-23

图 2-24

5. 曲线

单击“图层”面板右下角的“创建新的填充或调整图层”按钮 ，在弹出的菜单中选择“曲线”命令建立曲线调整图层，**此时在“属性”面板中出现相应的参数，**如图 2-25 所示。曲线调整图层可以通过增加节点、调整曲度的方式来调整图像的颜色信息。同样地，曲线调整图层也可以在**下拉列表中选择单个颜色进行调整，**如图 2-26 所示。**举例来说，调整前的图像如**图 2-16 **所示，调整后的图像如**图 2-27 **所示。**

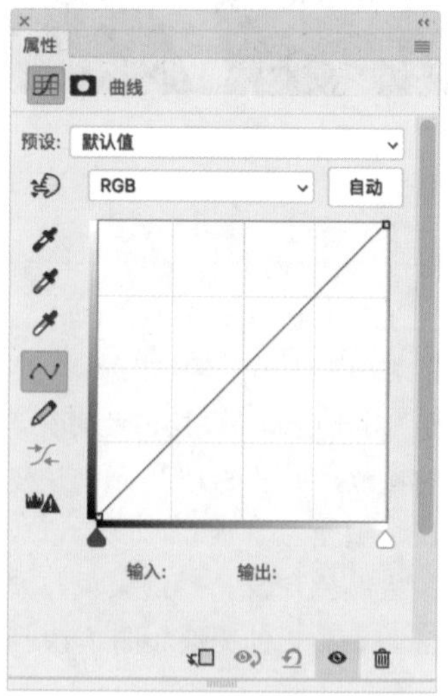

图 2-25

6. 自然饱和度

单击“图层”面板右下角的“创建新的填充或调整图层”按钮 ，在弹出的菜单中选择“自然饱和度”命令建立自然饱和度调整图层，**此时在“属性”面板中出现相应的参数**，如图 2-28 所示。相对于饱和度图层，自然饱和度图层能将画面调整得更为自然。举例来说，调整前的图像如图 2-16 所示，调整后的图像如图 2-29 所示。

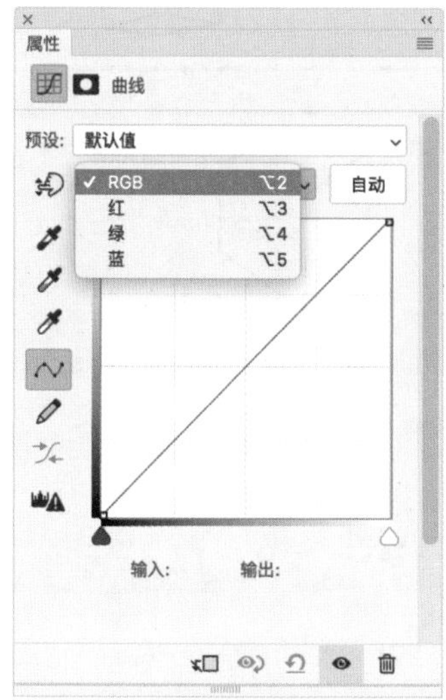

图 2-26

图 2-27

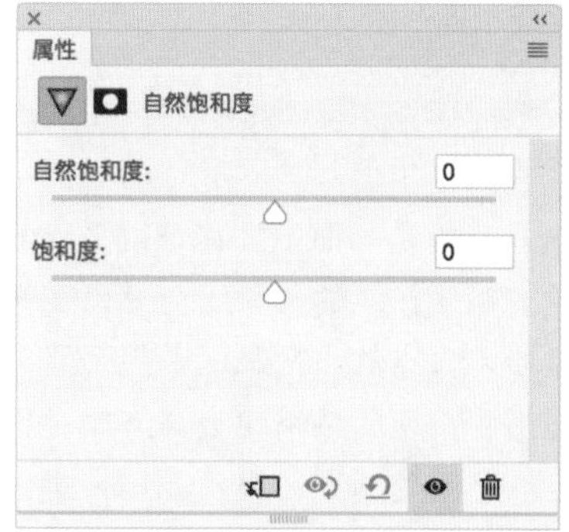

图 2-28

图 2-29

> **技巧与提示：**
>
> 以上调整方式都是可逆的，如果对调整效果不满意时可删除调整图层，而不会影响原图的色彩。

2.2.6　寻找属于自己的色感

色感指的是对色彩的感觉，每个人对色彩的感觉都有着细微的差异。色彩是一种非常个人化的感受。

多看优秀的作品，多写生，通过不断地练习和累积可以提高色感。另外，保持想象力也很重要。色彩没有任何的条条框框，只要喜欢，用任何色彩进行创作都可以。

2.3　透视基础

合理运用透视可以在平面的画布上塑造出立体感和空间感。正确使用透视会得到很好的画面效果。

绘图中常用的透视离不开视平线（EL）和消失点（VP）两个关键要素。视平线指的是以人眼为出发点往外看的一个虚拟平面，当视线发出者坐下时，视平线会变低。同样，当视线发出者站起来时，视平线会变高。随着视平线高度的改变，同样的物体会呈现不同的角度。消失点指的是物体上一组不平行于画面的平行线的延长线最终会汇集在一个点上。

2.3.1 一点透视

一点透视指的是画面中只有一组平行线与画面不平行，且这一组平行线的延长线会汇聚在一个消失点上。穿过这个消失点的水平线就是视平线。在古典油画中，一点透视出现的频率相当高，如对称构图一般带给人稳定、平衡的感受。用正方体来举例，当一个正方体处于一点透视中时，我们可以看到正方体的两个面，如图 2-30 所示。

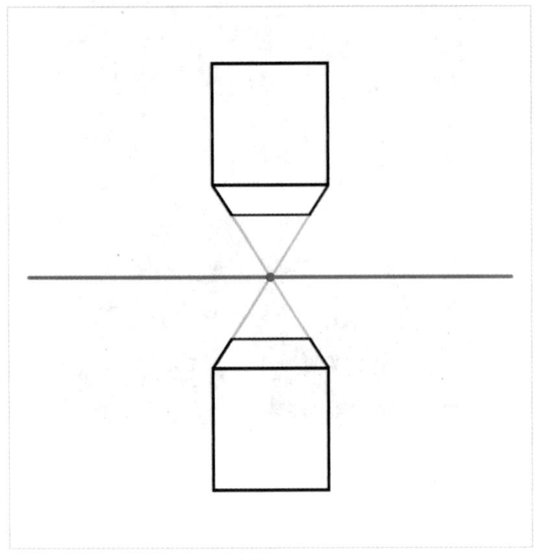

图 2-30

2.3.2 两点透视

画面中物体的垂直线垂直于视平线，且其他两组线条均与画面斜交，分别消失在不同消失点上时称为“两点透视”。在两点透视中，无论画面中有多少个物体、多少个消失点，消失点都会在视平线上。依然用正方体举例，当一个正方体处于两点透视中时，我们可以看到正方体的 3 个面，如图 2-31 所示。

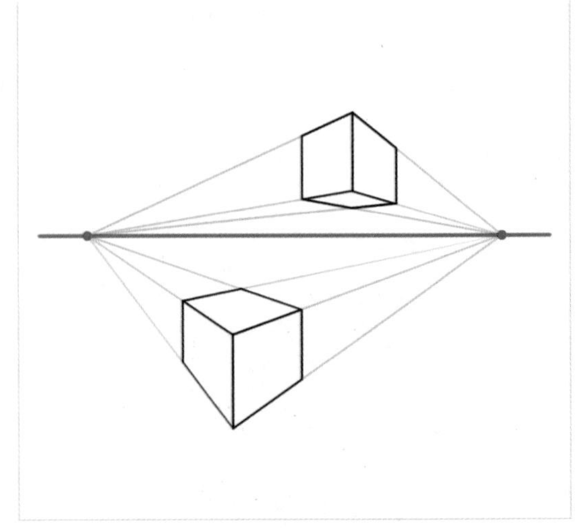

图 2-31

2.3.3 三点透视

现实世界中，很难有完全垂直的垂线。在俯视或仰视时，物体的垂线会汇集在画面之外的第 3 个消失点上。这个消失点往往距离视平线十分遥远。通常用于绘制摩天大楼等超高建筑物。三点透视的示意图如图 2-32 所示。

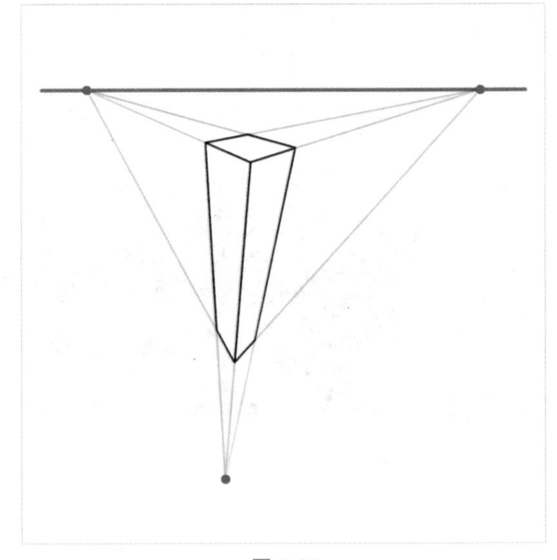

图 2-32

2.4 起稿方式

数字绘画具有可以不断修正的特点，其起稿方式也不受画材的限制。这里列出 3 种最常见的起稿方式，以供读者参考和选择。

2.4.1　剪影式起稿

剪影式起稿是绘画时较常使用的一种起稿方式。顾名思义，是在开始绘画时先画出想要绘制的物体的剪影，如图 2-33 所示。设定的剪影好看与否直接影响到是否可以给观者留下深刻印象。剪影包含着画面中所有的关键体块和明暗关系。

图 2-33

2.4.2　速写式起稿

使用速写式起稿是源自传统美术的一种起稿方式。使用这种方法起稿时，需要注意大体块的关系和动势，而不必过于在意细节，细节内容可以在绘制线稿时慢慢推敲。如图 2-34 所示为使用速写式起稿绘制的草图。

图 2-34

2.4.3　色块式起稿

通过铺色块来起稿可以使画面在一开始就具有丰富的信息量，如画面的冷暖关系对比、明暗关系和各种元素的大致形状与排布。色块式起稿是一种能够锻炼画者色感和造型能力的起稿方式。如图 2-35 所示为使用色块式起稿绘制的草图。

图 2-35

3.1 装饰性纹样的绘制

从古至今，纹样贯穿着人们的生活，出现在建筑、服饰、器物等生活中随处可见的地方，展示出所处时代独特的审美艺术。不同地域的文化亦孕育出不同的纹样。

3.1.1 中式纹样

中式纹样有着绵长的历史，商周时期的青铜器表面已经有了纹样。历经汉唐、宋元，直至今日，中式纹样的设计和表现变得越来越精致，描绘的主题也变得更加多样。传统的中式纹样中，具有代表性的有云纹、回字纹、蒲纹、锦纹、漩涡纹等种类，如图 3-1~ 图 3-3 所示。在绘画中，中式纹样多用于人物服饰和古建筑背景上。在设计和绘制中式纹样时，要重点注意纹样的对称性和重复性。

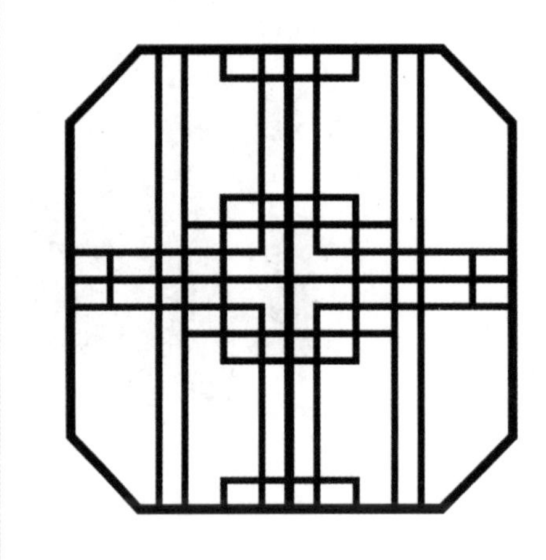

图 3-1

图 3-2

本章从简单又常见的装饰性纹样、简化动物造型和小物品开始，接触和了解数字绘画的绘画方式和一些简单材质的处理方法。

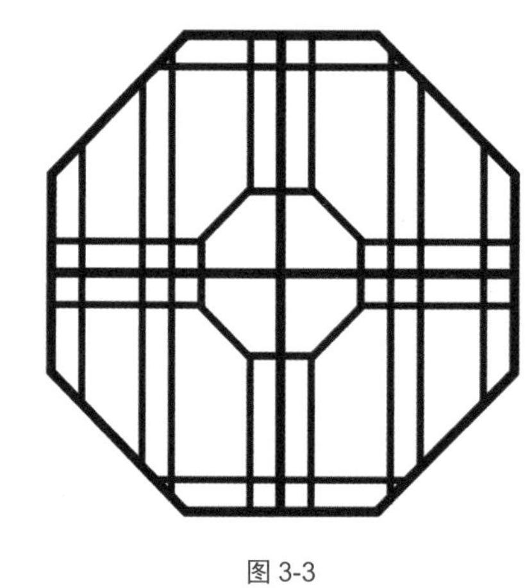

图 3-3

3.1.2　日式纹样

日式纹样发源于绳文时期，其特点是贴近自然，可以在纹样中找到许多大自然的缩影，如飞鸟纹、贝壳纹、竹纹、流水纹、菊花纹、秋草纹、漩涡纹等，如图 3-4~ 图 3-6 所示。发展到现代，日式纹样在日常生活中得到了广泛运用，如和服上精美的花纹、领带纹样及手账封面等。

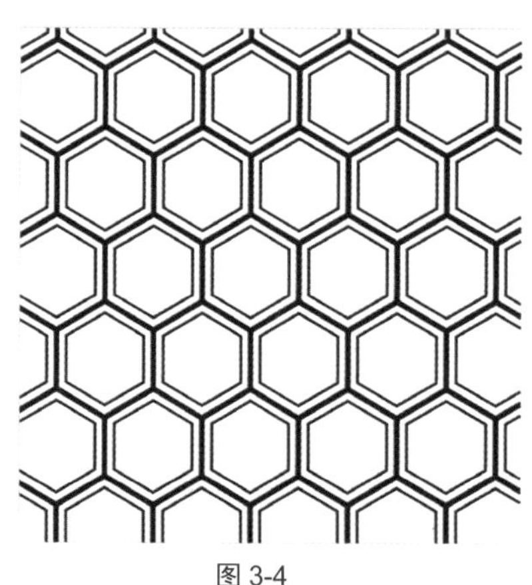

图 3-4

图 3-5

图 3-6

3.1.3　凯尔特纹样

凯尔特纹样发源于西欧，多以抽象的曲线和简化的动物图案组成，在珠宝、木雕和金属饰品等领域的设计中较为常见。其中具有代表性的纹样有绳结纹、圆圈纹、生命树、鸟兽、花边和圣人等，如图 3-7~ 图 3-9 所示。

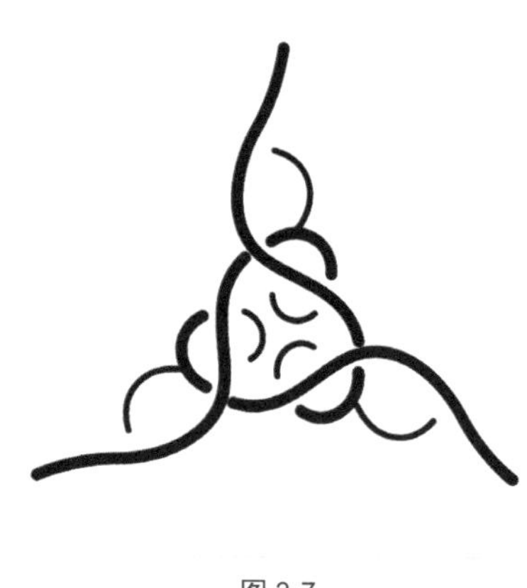

图 3-7

图 3-8

图 3-9

3.2 动物的简化构型

动物的简化构型指的是参考真实动物的外形，提取其中具有鲜明特点的部位进行夸张化处理，简化其他部位，让绘制出的动物拥有“个性”和“情绪”。本节中的案例采用的都是剪影起稿的方式，这种起稿方式能让绘画者在第一步就可以模糊地观察到整幅图最后呈现的状态，比较适合用来描绘生物。

3.2.1 兔子

本例绘制的是一只带着可爱桃子围脖的茶色立耳兔，具体步骤如下。

01 新建画布，新建“剪影”图层，选择“柔边圆压力不透明度”笔刷，用黑色绘制兔子的剪影，如图 3-10 所示。在绘制剪影的过程中，适当增加一些细节，如兔子头上的头巾状装饰。

图 3-10

02 将“剪影”图层的不透明度降低至 20%，新建“草稿”图层，选择“铅笔”工具，根据剪影轮廓描绘出兔子的大致造型，如图 3-11 所示。在本步中，不用完全依照剪影的造型绘制，可以有更多的发挥。例如简单的头巾稍显单调，于是更改成了桃子状的围脖。

图 3-11

03 新建“线稿”图层，根据草稿绘制出精细的线稿。绘制完毕后，关闭“草稿”图层。新建“底色”图层，为各个区域铺上底色，如图 3-12 所示。兔子底色为■（R213，G200，B194）色，桃子围脖为■（R232，G194，B158）色，叶子为■（R089，G145，B116）色。绘制完毕后，关闭“草稿”图层。

图 3-12

> **技巧与提示：**
>
> 绘制线稿时，要注意兔子的眼睛形状比人眼要圆很多，鼻头呈三角形，耳朵底部常有团状绒毛。

04 新建一个图层，想象光源位置在兔子的左上方，选择“画笔”工具，选择“柔边圆压力不透明度”笔刷，用比底色深的色彩■（R109，G087，B076）描绘出光线投射在兔子身上形成的阴影。选择饱和度低的粉色■（R204，G141，B116）来铺设耳朵的底色，同时选择■（R228，G075，B078）色适当描绘桃子围脖，绘制效果如图 3-13 所示。

图 3-13

> **技巧与提示：**
>
> 绘画时，喜欢“一笔流”的读者可以将手写板的“笔尖感应”调得轻柔一些，在这种设置下，下笔力道重则颜色浓重，下笔力道轻则颜色轻薄透明，使用一种笔刷可以画出多种效果。

05 继续细化。新建一个图层，选择■（R057，G041，B041）色绘制耳朵外侧和鼻子，选择■（R064，G105，B065）色绘制叶子暗部，选择■（R032，G016，B017）色绘制眼睛。在本步中要注意整体性，不要过分在意某个细节，每个部位的绘制进度要统一。最好不要出现某部分彻底完成了，另一部分还没开始画的情况，绘制效果如图 3-14 所示。

图 3-14

06 注意兔子的脑袋会在桃子围脖上造成投影，将这部分阴影描绘出来能令画面看上去更加真实。新建一个图层，选择“硬边圆压力不透明度”笔刷，选择■（R126，G080，B065）色绘制出阴影。分别选择■（R169，G158，B184）色、■（R056，G065，B105）色和■（R164，G134，B124）色仔细刻画兔子的五官，并选择白色点出眼部的高光，让兔子的眼睛更有神。新建一个图层，选择“柔边圆压力不透明度”笔刷，选择■（R104，G095，B090）色添上兔子对地面造成的阴影，选择■（R196，G143，B147）色绘制出兔子面颊的红晕，完成兔子的绘制，绘制效果如图 3-15 所示。

图 3-15

3.2.2 小熊

根据“小熊”这个命题展开联想，笔者决定绘制一个正在打太极拳的Q版北极熊，具体步骤如下。

01 新建画布，新建“剪影”图层，选择“柔边圆压力不透明度”笔刷，以黑色绘制出小熊的剪影。由于北极熊的设定容易让人联想到寒冷，又想给它增添一些拟人化的情感色彩，于是给它带上了厚厚的帽子和围巾，绘制效果如图 3-16 所示。

图 3-16

02 将“剪影”图层的不透明度降低至 20%，新建“草稿”图层，选择“铅笔”工具，根据剪影轮廓描绘出小熊打太极拳的具体动作。在绘制过程中想要丰富一下小熊的造型，于是给小熊加上了一双袜子，绘制效果如图 3-17 所示。

图 3-17

03 降低“草稿”图层的不透明度，新建“线稿”图层，细化线稿。细化完毕后关闭“草稿”图层。新建“底色”图层，给小熊填上白色的底色。选择“画笔”工具，选择“硬边圆压力不透明度”笔刷，选取一个暖色■（R195，G034，B039）填满帽子、围巾和袜子区域，绘制效果如图 3-18 所示。

图 3-18

04 新建一个图层，试想光源在小熊正上方偏右的位置，选择“柔边圆压力不透明度”笔刷，选择■（R155，G167，B179）色和■（R132，G034，B043）色，根据光源的位置画出各个部分的阴影，绘制效果如图 3-19 所示。

图 3-19

05 新建一个图层，选择“硬边圆压力不透明度”笔刷，选择■（R086，G122，B146）色增添一些闭合阴影。选择闭合阴影的颜色时，注意不要太深，就算是几乎没有光线进入的区域，也不要直接选用纯黑色，过重的阴影会使画面显得沉闷。选择“柔边圆压力不透明度”笔刷，选择■（R228，G178，B185）色在小熊的面颊和肚脐点出红晕，增加趣味感，绘制效果如图 3-20 所示。

图 3-20

06 描绘细节。新建一个图层，选择“硬边圆压力不透明度”笔刷，选择■（R037，G032，B043）色给小熊画上眼睛和爪子，并选择白色点上高光。再选择合适的颜色给帽子和围巾增加一些简单的图案，选择“柔边圆压力不透明度”笔刷绘制出帽子顶部毛球的体积感，完成太极小熊的绘制，绘制效果如图 3-21 所示。

图 3-21

3.2.3　猫咪

本例绘制的是一只在冷光环境下，半蹲半立的优雅黑猫，具体步骤如下。

01 新建画布，新建“剪影”图层，选择“柔边圆压力不透明度”笔刷，绘制出一只优雅的黑猫的剪影，如图 3-22 所示。起稿时可以多试几个不同的姿态，选取一个自己最喜欢的继续绘制。

图 3-22

02 将“剪影”图层的不透明度降低至 20%，新建“草稿”图层，选择“硬边圆压力不透明度”笔刷，根据剪影的形态大致勾勒出黑猫的线稿，并增加一些细长形的装饰衬托它的气质，绘制效果如图 3-23 所示。

图 3-23

技巧与提示：

在绘制草图的过程中多作尝试，可以获得很多不一样的灵感，就算在此次绘制中没有用到，也可以保留下来作为积累，或许下次创作时可以用到。

03 降低“草稿”图层的不透明度，新建“线稿”图层，细化线稿。细化完毕后关闭“草稿”图层。由于构思中的环境是冷光，新建一个图层，选择一个冷色■（R055，G063，B078）色来铺设底色。同时，新建一个图层，选择“柔边圆压力不透明度”笔刷，选择■（R134，G126，B123）色绘制出猫咪投射在地面上的阴影，绘制效果如图 3-24 所示。

图 3-24

04 新建一个图层，选择■（R010，G010，B012）色增添一些闭合阴影，选择■（R118，G145，B171）色绘制出冷色光照下反射出的毛皮光泽，如图 3-25 所示。耳朵部分的绘制也要同步进行，选择■（R176，G143，B135）色绘制出耳朵内侧，注意刻画出耳内的绒毛，如图 3-26 所示。

图 3-25

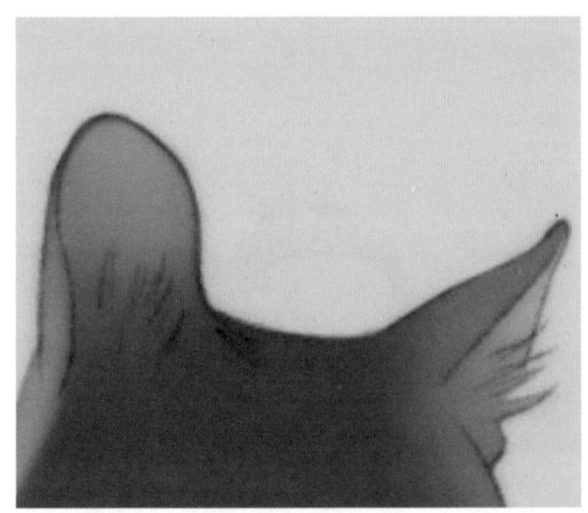

图 3-26

技巧与提示：

绘画时要时刻记住自己刻画的是一个整体，各部分的绘画进度最好保持统一。

05 蓝绿色眼睛的黑猫是非常稀少的，选择“硬边圆压力不透明度”笔刷，选择■（R033，G155，B178）色给猫咪描绘出这种颜色的眼睛，增加它的神秘感。观察完整的画面，笔者感觉之前线稿中绘制的饰品有些烦琐，画出来可能会喧宾夺主，于是决定换成一串简单的金珠。

选择■（R020，G021，B025）色在猫咪胸前绘制出金珠的圆形投影，绘制效果如图 3-27 所示。

图 3-27

06 新建一个图层，选择■（R102，G082，B042）色绘制出饰品的底色。选择■（R255，G227，B136）色，选择“书法—焦墨飞白 2”笔刷，绘制金属的反光，如图 3-28 所示。选择■（R154，G171，B179）色细化猫咪的五官，增加一些胡须，如图 3-29 所示。完成猫咪的绘制，绘制效果如图 3-30 所示。

图 3-28

图 3-29

图 3-30

3.2.4　秋田犬

本节的最后一个案例是可爱的秋田犬，具体步骤如下。

01 新建画布，新建“剪影”图层，选择“柔边圆压力不透明度”笔刷，以黑色绘制出秋田犬的剪影，如图 3-31 所示。

图 3-31

02 将“剪影”图层的不透明度降低至20%，新建“草稿”图层，绘制出线稿的草图。给这只绅士小秋田打个领带，加强拟人化倾向，绘制效果如图3-32所示。

图3-32

03 降低“草稿”图层的不透明度，新建“线稿”图层，细化线稿。细化完毕后，关闭“草稿”图层。新建一个图层，铺出各个部位的底色。皮毛为■（R219，G204，B183）色，耳缘为■（R116，G064，B020）色，眼珠为■（R021，G014，B022）色，鼻子为■（R023，G023，B013）色，领带为■（R062，G048，B171）色。秋田的皮毛是暖色的，将领带设定为冷色，可以与皮毛的颜色形成对比，绘制效果如图3-33所示。

图3-33

04 通过参考秋田犬的资料和照片，可以发现秋田犬背部和关节部分的皮毛颜色相较于其他部位更深一些。选择■（R130，G078，B031）色表现这个特点。同时，新建一个图层，选择■（R156，G151，B148）色绘制出秋田犬投射在地面的阴影，绘制效果如图3-34所示。

图3-34

05 新建一个图层，绘制阴影，加强立体感。选择“硬边圆压力不透明度”笔刷，选择■（R071，G035，B000）色绘制出闭合阴影，选择■（R184，G164，B166）色绘制出头部投落在领子上的阴影，选择■（R035，G031，B083）色绘制出领带的暗部。新建一个图层，细化面部。选择■（R063，G005，B011）色细化眼睛，选择■（R225，G181，B147）色绘制出耳朵内侧，并在脸颊处添加一些拟人化的红晕。选择“柔边圆压力不透明度”笔刷，选择■（R215，G182，B145）色描绘出眼睛周围泛白的绒毛部分，绘制效果如图3-35所示。

图3-35

06 新建一个图层，进一步细化面部，并增添领带装饰。选择“硬边圆压力不透明度”笔刷，选择■（R088，G081，B076）色细化鼻头和眼睛的反光，再选择白色点出眼睛的高光，使双眼更有神采，如图 3-37 所示。选择■（R141，G136，B174）色在领带上绘制出几个旋涡状的花纹，完成秋田犬的绘制，绘制效果如图 3-36 所示。

图 3-36

图 3-37

3.3　常见简单物品绘制

绘制物品与动物同样是以对真实世界的观察作为绘制的基础。不同物品的材质各不相同，反射值和折射值也不一样。绘制材质，从根本上来说就是绘制反射与折射。如果能够在绘画中准确地诠释物体的高光与阴影，就会给观者带来非常真实的视觉感受。想要绘制出符合物体本身材质的光影效果，最好的办法就是观察。

本节将以几个常见简单物品的绘制为例，在展示几种材质的表现方法的同时，体现出观察的重要性。

3.3.1　苹果

让我们从简单和常见的苹果开始学习小物品的绘制，具体的步骤如下。

01 新建“渐变”图层，选择“渐变”工具随意拉出一个渐变色作为背景。在“渐变”图层的上方新建“草稿”图层，选择“铅笔”工具绘制出苹果的形状，如图 3-38 所示。绘制时不要想当然地按照自己脑海中对苹果的印象进行绘制，要找到合适的资料作为参考，如照片等。

图 3-38

02 区分苹果身和苹果梗的颜色。新建"上色"图层，选择"画笔"工具，选择"硬边圆压力不透明度"笔刷，选择（R206，G216，B181）色为苹果身填色，选择（R102，G078，B044）色为苹果梗填色，绘制效果如图 3-39 所示。

图 3-39

03 将光源位置设定在苹果的斜右上方。分别选择（R186，G170，B101）色、（R158，G113，B092）色、（R158，G056，B033）色、（R074，G027，B019）色和（R113，G038，B045）色等，铺设出苹果的色块。新建一个图层，选择"柔边圆压力不透明度"笔刷，选择（R062，G053，B054）色绘制出苹果投射在桌面上的阴影。由于苹果靠近投影的部分是暖红色的，所以投影也需要带上一些偏暖的色彩倾向，绘制效果如图 3-40 所示。

图 3-40

04 选中"上色"图层，选择"硬边圆压力不透明度"笔刷，利用"吸管"工具灵活取用颜色，增加更多的块面，让苹果的颜色更丰富，同时把颜色太重的部分拉回来一些。同步刻画苹果梗，保持各部分绘制进度的统一，绘制效果如图 3-41 所示。

图 3-41

05 继续刻画苹果的表面，使受光面到明暗交界线的过渡更平滑，让苹果逐渐"圆"起来。在该"掐阴影"的地方"掐"一下阴影，如苹果台的转折处。大体积刻画完成后，将笔刷直径缩小至 2~5 像素，随意吸取附近的色彩涂画几笔，营造拉丝效果，绘制效果如图 3-42 所示。

图 3-42

技巧与提示：

真实的苹果表面有色彩间杂的拉丝效果，而不是完美的红绿过渡。

06 选择 (R242，G227，B206）色点出苹果表面的高光，强化体积感。观察苹果的果皮可以发现，由于苹果果皮表面并不平滑，所以表皮的高光并不是一个整体，而是由许多细小的高光点组成的，如图 3-43 所示。完成苹果的绘制，绘制效果如图 3-44 所示。

图 3-43

图 3-44

3.3.2　玻璃杯

本例将通过绘制玻璃杯来介绍透明玻璃材质和有色液体材质的表现方法，具体的步骤如下。

01 新建画布，新建“渐变”图层，选择“渐变”工具 随意地拉出一个渐变色作为背景。在“渐变”图层的上方新建“草稿”图层，选择“铅笔”工具 绘制出几个不同形状的玻璃杯，绘制效果如图 3-45 所示。

图 3-45

02 新建一个图层，绘制杯中的液体。由于玻璃本身没有颜色，为了让画面更丰富，往玻璃杯里“倒”一些葡萄汁。葡萄汁是透明度较高的液体，在受到光照时，折射到杯底的光线会照亮周围，所以杯底的葡萄汁的颜色会比较明亮、鲜艳。葡萄汁为 (R040，G021，B032）色，反光为 (R139，G036，B065）色，液体表面为 (R134，G106，B129）色，绘制效果如图 3-46 和图 3-47 所示。

图 3-46

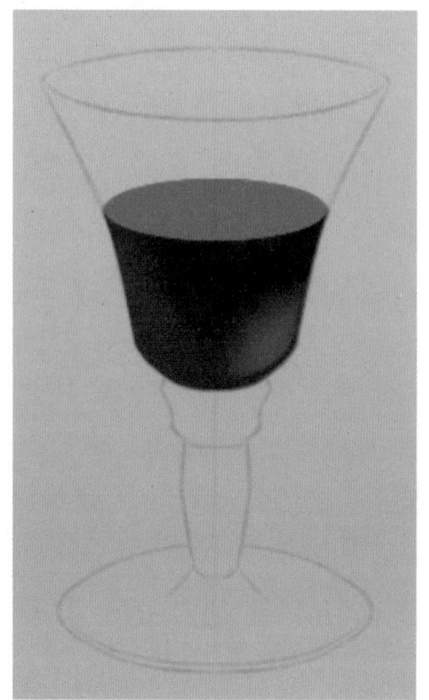

图 3-47

图 3-49

03 新建一个图层，选择“柔边圆压力不透明度”笔刷，分别选择■（R143，G139，B162）色和■（R088，G078，B092）色，画出玻璃杯上反射深色环境光的部分，加强玻璃杯的体积感。这个部分应根据玻璃杯本身的体积拉伸或收缩，从而勾勒出玻璃杯不同的外形样貌，绘制效果如图 3-48 和图 3-49 所示。

图 3-48

04 新建一个图层，分别选择■（R025，G011，B018）色、■（R056，G029，B041）色等，刻画玻璃杯的环境反射，进一步强化玻璃杯的体积感。轻轻地扫一扫葡萄汁的远端边界，柔化边界的线条，绘制效果如图 3-50 和图 3-51 所示。

图 3-50

图 3-51

05 新建一个图层，分别选择■（R156，G152，B175）色和■（R145，G122，B148）色，画出玻璃杯的投影。由于折射的关系，会有一部分光线穿透玻璃杯中的葡萄汁，投射到杯底和桌面上，使杯底和桌面也被“染”上些许葡萄汁的色彩，如图 3-52 所示。

图 3-52

06 新建一个图层，选择白色绘制出玻璃杯的高光，选择“橡皮擦”工具将高光的边缘擦得锐利一些。最后点出一些细碎的高光点，完成玻璃杯的绘制，绘制效果如图 3-53 所示。

图 3-53

3.3.3　糖果

本例将通过绘制水果味的硬糖来介绍半透明材质的表现方法，具体的步骤如下。

01 新建画布，新建“渐变”图层，选择“渐变”工具拉出一个甜美的粉色系渐变。新建“线稿”图层，选择白色，选择“铅笔”工具起稿勾线，画出 4 颗硬糖的轮廓，绘制效果如图 3-54 所示。

图 3-54

02 将 4 颗水果硬糖设定为橘子、葡萄、蔓越莓和荔枝 4 种口味。新建一个图层，选择“硬边圆压力不透明度”笔刷，根据设定为水果硬糖平涂上不同的底色，如图 3-55 所示。此处选用的颜色为：■（R254，G102，B091）色、■（R251，G084，B104）色、■（R255，G226，

B194）色和■（R227，G195，B094）色。

图 3-55

03 观察一下手边的硬糖，可以发现水果硬糖属于 3S 材质，即 Sub-Surface-Scattering，具有半透明、透光的特质。新建一个图层，选择“柔边圆压力不透明度”笔刷，选择白色刻画出硬糖的体积感和光泽感，绘制效果如图 3-56 所示。

图 3-56

04 强化硬糖表面的糖丝效果。先绘制一些白色细丝，选择“模糊”工具 模糊后，再绘制一些清晰的糖丝。此时糖果本身的体积已经表现得很清楚了，可以关闭“线稿”图层，绘制效果如图 3-57 所示。

图 3-57

05 新建一个图层，选择白色绘制出硬糖表面的高光部分。在“渐变”图层上方新建一个图层，选择■（R241，G144，B122）色绘制出硬糖投射到背景上的阴影，绘制效果如图 3-58 所示。

图 3-58

06 合并所有图层，选择“模糊”工具 将硬糖的轮廓模糊一下，让硬糖的视觉效果更柔滑。选择“画笔”工具 ，缩小笔刷直径，绘制一些撒在糖果上的砂糖，丰富画面效果。完成硬糖的绘制，效果如图 3-59 所示。

图 3-59

3.3.4 魔术手套

本例绘制的是一只皮质的魔术手套，它浮在半空，没有投影，具体的步骤如下。

01 新建画布，新建“渐变”图层，选择“渐变”工具 拉一个酒红色调的渐变色作为背景。画手套从画手开始，新建“手部”图层，选择“铅笔”工具 ，在画布中央绘制出手的轮廓，绘制效果如图 3-60 所示。

图 3-60

技巧与提示：

绘制手部姿势时，可以对照镜子摆出自己想要绘制的手势，将选定的手势拍下来观察或随时通过镜子观察。

02 新建“手套”图层，根据手的姿态，绘制包裹手部的手套。手套的线稿绘制完毕后，关闭“手部”图层，绘制效果如图 3-61 所示。魔术手套的材质是细腻的皮质，穿戴在手上时，手套和手指之间会存在一些空隙，不会紧紧包裹住手指。如果将手套画得紧贴手指，观感上会更像橡胶手套。

图 3-61

03 新建“底色”图层，选择“套索”工具 把手套部分框选出来，选择“硬边圆压力不透明度”笔刷，选择 （R223，G048，B045）色，铺手套的底色，如图 3-62 所示。

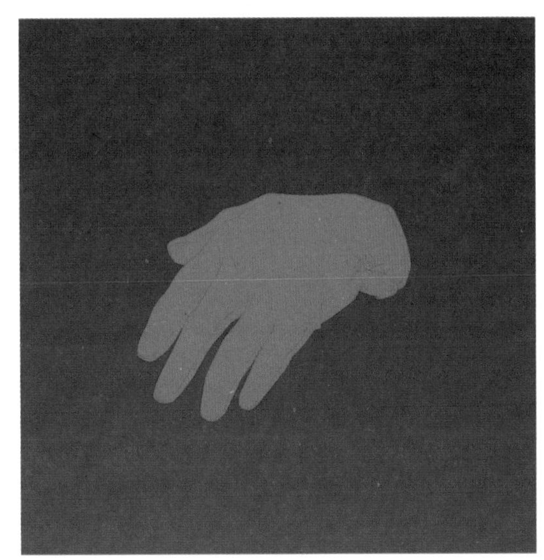

图 3-62

04 将光源设定在手套的斜下方，新建“阴影”图层，选择 （R131，G005，B006）色粗略地绘制出手套的阴影部分，包括不同的手指相互遮挡形成的阴影、皮质褶皱产生的阴影等，绘制效果如图 3-63 所示。

图 3-63

05 在所有图层的上方新建一个图层，选择■（R076，G004，B007）色绘制出颜色更深的闭合阴影，再选择“柔边圆压力不透明度”笔刷将各图层的阴影调节得自然柔和一些，绘制效果如图 3-64 所示。进行此步时，需要一边绘制一边思考每个大面的转折和每个小褶皱的走向，尽量刻画得真实。

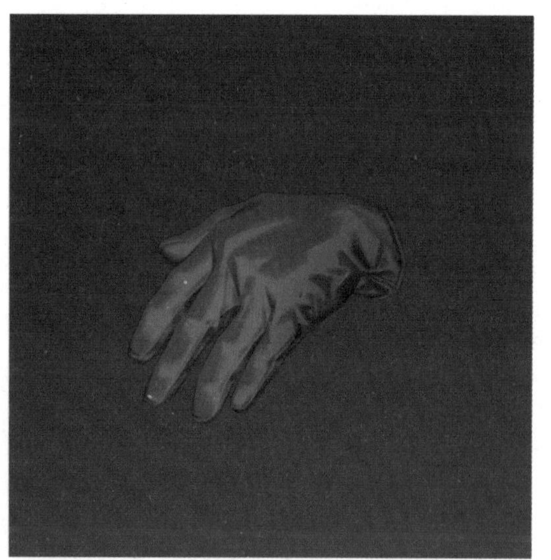

图 3-64

技巧与提示：

绘制闭合阴影时会盖住线稿。真实世界中并没有“线”，而是各种面的转折产生了“线”。

06 新建一个图层，选择“硬边圆压力不透明度”笔刷，细化出手套的缝合线，再选择■（R248，G118，B105）色在缝合线上点缀一些高光。完成皮质魔术手套的绘制，效果如图 3-65 所示。

图 3-65

第 4 章

人物绘制基础

在插画、漫画或者游戏 CG 绘画的领域，人物绘制都是相当重要的组成部分。在不同的领域，对人物绘制的要求会有不同的偏重。学习和了解人体，并随着绘画量的累积不断巩固及加深对人体的理解，会让你在任何需要绘制人物的绘画领域游刃有余。

4.1 人物头部绘制方式

让我们从人物头部的五官、肤色和发型开始，逐步了解人物绘画的要点。不要忘记“体积”的塑造，哪怕仅是线稿，也要尽力画出体积感。

4.1.1 不同角度五官的绘制方式

以下案例中需要重点注意的部分，都将用红色和蓝色的线条标注出来。

1. 带有俯视角度的倾斜半侧

这个角度的人物会展露出大量的头顶和额头，远端的眼睛被鼻骨遮挡，只能看到少许部分，如图 4-1 所示。寻找双眼之间隐藏的连接线，这条线能体现出头部的倾斜角度，也可以帮助了解和绘制当前的唇部状态。

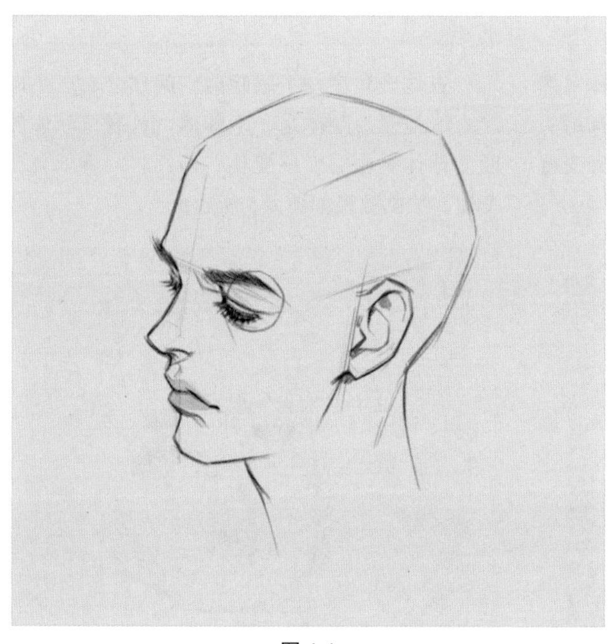

图 4-1

2. 带有仰视角度的倾斜半侧

与俯视角度的倾斜半侧角度不同的是，人物双眼之间的连接线角度发生了变化，嘴唇的角度也随之改变，注意耳朵的位置也有所变化，绘制效果如图 4-2 所示。

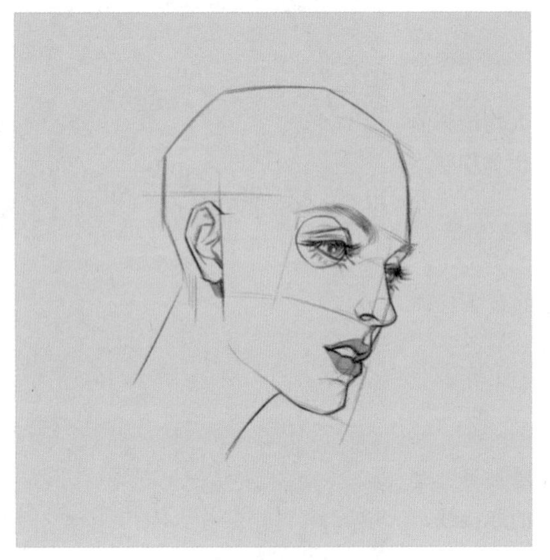

图 4-2

3. 正面微侧

在这种角度下，额头部分几乎完全可视，鼻子部分则通常看不到鼻孔。耳朵的位置显示出是否有抬头或者低头的倾斜。微张的嘴令鼻底到下巴的距离变得更长，绘制效果如图 4-3 所示。

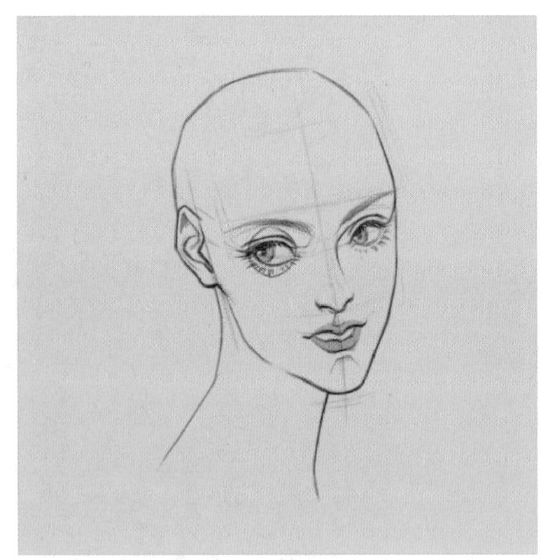

图 4-3

4. 近乎全侧

全侧角度下需要注意人物眼球和眼睑的位置。眼球是陷在眼眶内的构造，侧面时，眼眶的骨骼会遮挡住大部分的眼球，这导致人物在侧面时，可以被观察到的眼球部分很少，绘制效果如图 4-4 所示。

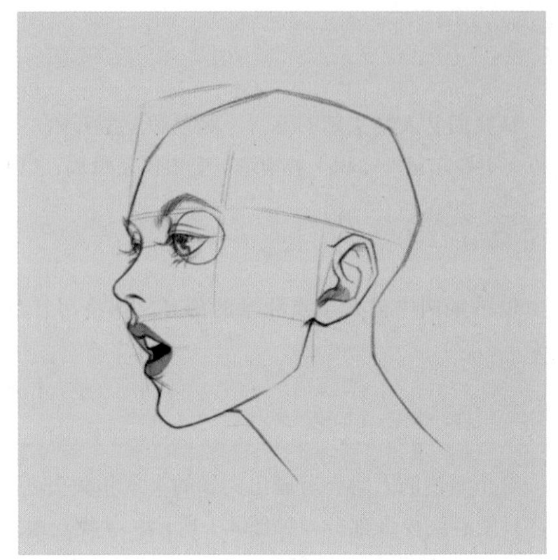

图 4-4

5. 仰视正面微侧

在这个角度，下眼睑的中间部分会产生向上的弧度。这是因为眼球是一个球体，包裹住球体的线条会随着球体表面的弧线变化。仰视时，鼻子会在视觉上变短，绘制效果如图 4-5 所示。

图 4-5

6. 45° 角俯视半侧

45° 角会展示出人物的头顶和额头，与正面角度一样，几乎看不到鼻孔。下颚线会显得比较凌厉，下巴的角度在视觉上更为尖锐。另一只耳朵隐藏在头部不可被观察到的转面，绘制效果如图 4-6 所示。

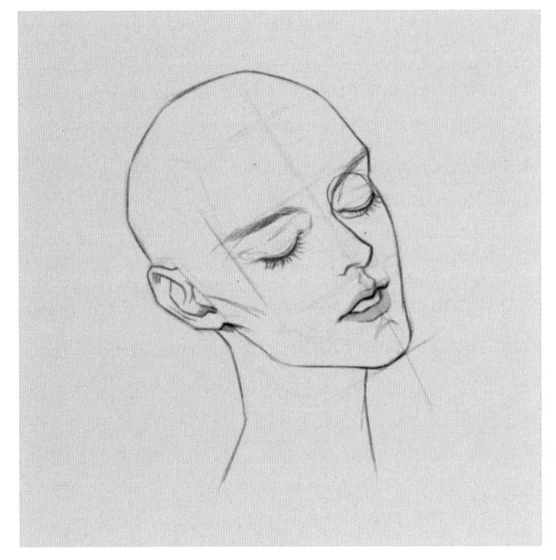

图 4-6

4.1.2　不同性格人物的表情

绘画时可以赋予人物不同的表情，令人物具有灵魂，画面也会因此而生动。

1. 喊叫

喊叫时，眉头挤压出皱纹，鼻翼上缩，下颚骨打开，在视觉上脸变得更长，绘制效果如图 4-7 所示。

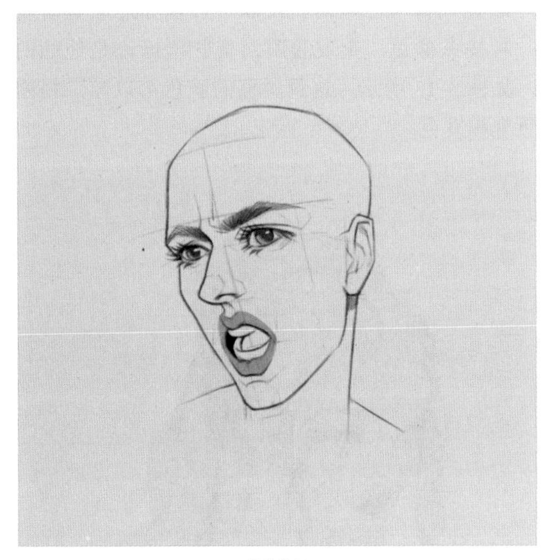

图 4-7

2. 怀疑

怀疑时，双眉高度不一，露出的眼球的大小和两侧嘴角的高度也有所不同，绘制效果如图 4-8 所示。

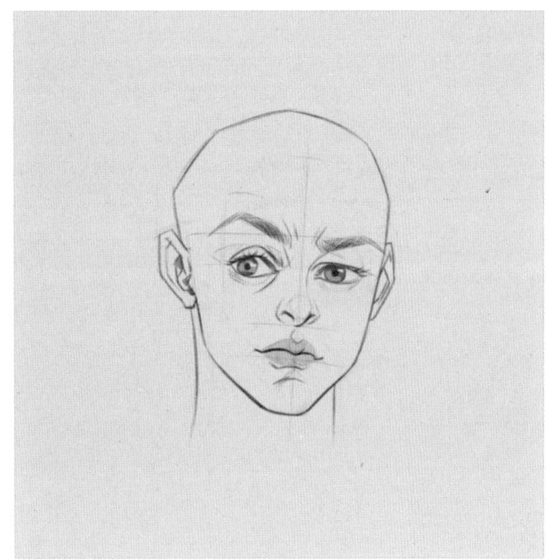

图 4-8

3. 开心

开心时，露出上下排牙齿的笑容，使卧蚕向上挤压，双眉舒展。展开的口轮匝肌挤压脸部肌肉，在嘴部两侧形成凹陷，绘制效果如图 4-9 所示。

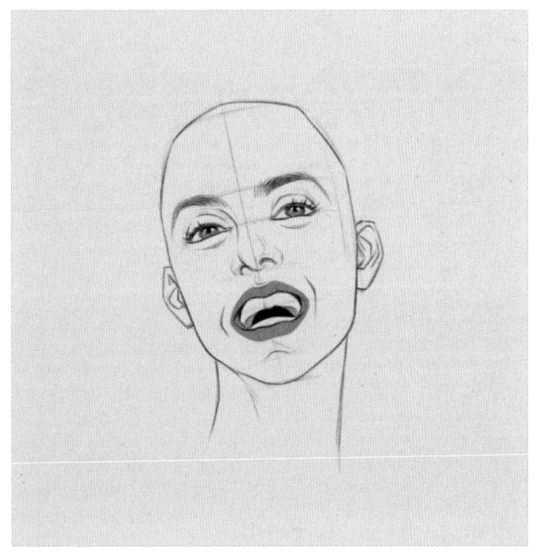

图 4-9

4. 惬意

惬意时，设想人物沐浴在冬日阳光下，眯起双眼，嘴角轻微向两侧牵拉，下颚微微张开且并不用力，口轮匝肌没有挤压脸部其他肌肉形成挤压凹陷，绘制效果如图 4-10 所示。

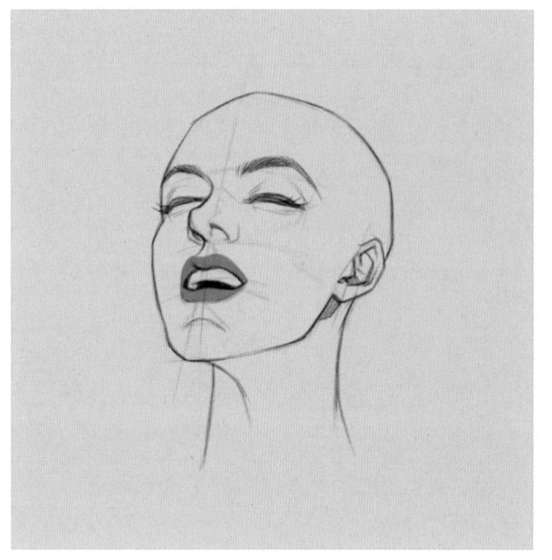

图 4-10

5. 思考

思考时，屏住嘴唇，单侧嘴唇收紧，眉毛上挑，眼珠转向一侧的上方，绘制效果如图 4-11 所示。

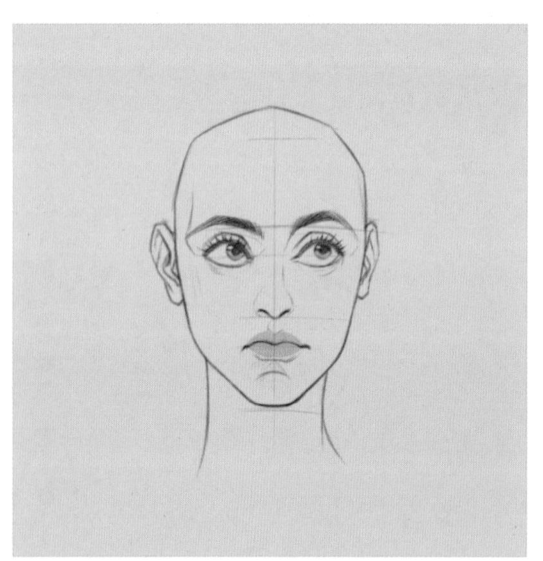

图 4-11

6. 惊讶

惊讶时，眉毛高高耸起，挤压额头处的皮肤。鼻孔扩大，下颚微微张开。提上唇肌将上唇向上提拉，绘制效果如图 4-12 所示。

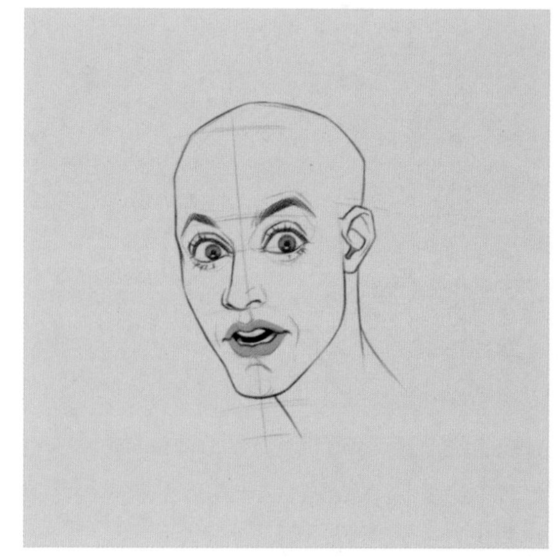

图 4-12

4.1.3 发型、发色和肤色

CG 绘画是不受真实情况限制的，可以任由画师随意发挥自己的想象力，塑造出角色的不同形象。在不同的故事中，角色随着年龄、地域、时代的变化会拥有完全不同的造型。

1. 白色皮肤

欧洲人偏粉色调的白皮肤，可以算是最容易绘制的一种皮肤颜色。金发碧眼白皮肤可以说是他们的标志，如图 4-13 所示。这种类型的肤色可以随意搭配任何妆容和发色。

图 4-13

漫射天光下，白色皮肤的常用色卡如下。

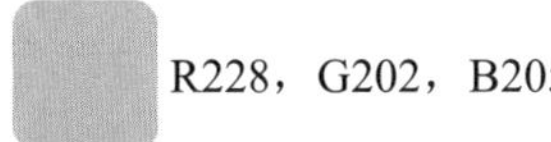

R228，G202，B205

R219，G178，B174

R201，G166，B162

R199，G142，B149

同款发型的不同发色能赋予人物不同的性格特征，如图 4-14 和图 4-15 所示。

图 4-14

图 4-15

同一人物的不同发型能表达人物不同的身份，如图 4-16 和图 4-17 所示。

图 4-16

图 4-17

2. 黄色皮肤

亚洲人的皮肤偏向黄色调，头发颜色通常是棕色或者黑色的，在 CG 绘画中也可以绘制成其他颜色，如图 4-18 所示。这种肤色的妆容在设计上比较自由。

图 4-18

漫射天光下，黄色皮肤的常用色卡如下。

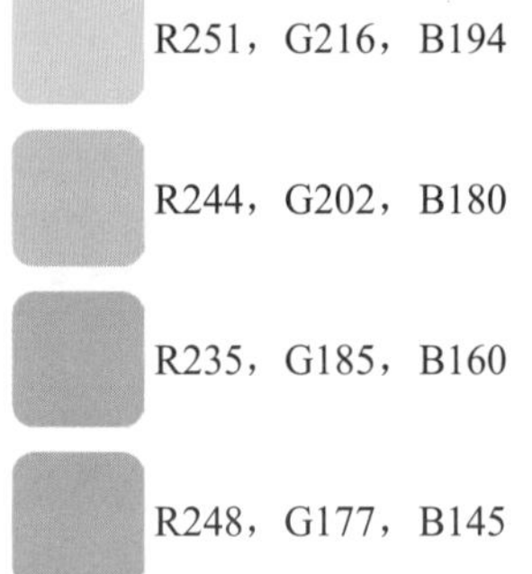

同款发型的不同发色能赋予人物不同的性格特征，如图 4-19 和图 4-20 所示。

图 4-19

图 4-20

同一人物的不同发型能表达人物不同的身份，如图 4-21 和图 4-22 所示。

图 4-21

图 4-22

3. 棕色皮肤

印第安人的皮肤是红棕色的，如图 4-23 所示。其他人种也可以通过日晒得到偏棕的深肤色。这种肤色容易给人健康的感觉，搭配一些暖色调或带有金属色泽的妆容会非常好看。

图 4-23

漫射天光下，棕色皮肤的常用色卡如下。

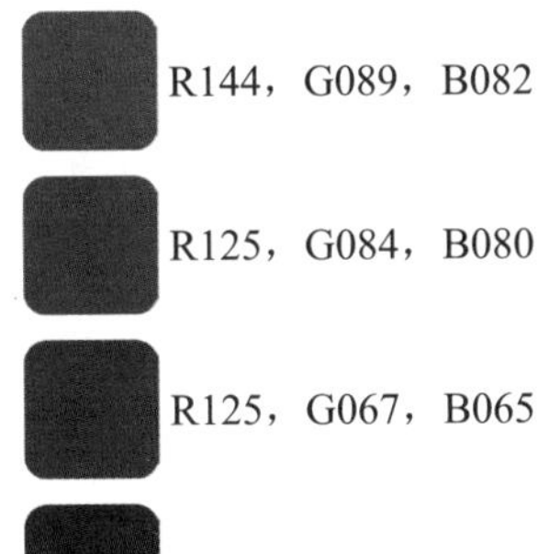

同款发型的不同发色能赋予人物不同的性格特征，如图 4-24 和图 4-25 所示。

图 4-24

图 4-25

同一人物的不同发型能表达人物不同的身份，如图 4-26 和图 4-27 所示。

图 4-26

图 4-27

4. 黑色皮肤

黑色皮肤通常指非洲人的深色皮肤。这种色调的皮肤通常非常有光泽，适合色彩鲜艳且纯度高的妆容，如图 4-28 所示。在发色的选择上没有需要避开的色彩。

图 4-28

漫射天光下，黑色皮肤的常用色卡如下。

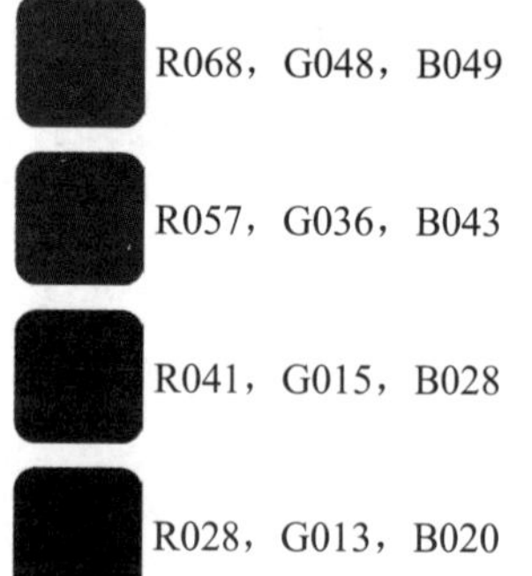

同款发型的不同发色能赋予人物不同的性格特征，如图 4-29 和图 4-30 所示。

图 4-29

图 4-30

同一人物的不同发型能表达人物不同的身份，如图 4-31 和图 4-32 所示。

图 4-31

图 4-32

4.2　人物体态绘制方式

不同性别、年龄、体型与不同年龄段的人体能够展示出人体丰富多变的美。人体本身的灵活度很高，有所动作时，肌肉之间的拉伸与挤压会产生动感与韵律。

4.2.1　不同性别的人体比例区别

绘制人物时可以在人物旁边建立一个头身比标尺。角色的头身比和身高息息相关，如 8 头身是最常见的男性角色身高，约等于现实中的 180cm。图 4-33 所示的男性角色为 8 头身，图 4-34 所示的女性角色超出 7 头身。尽管身高差距并不大，体格差距却非常明显。在现实中也有纤细的男性和强壮的女性，不同的人体拥有各自不同的美感。

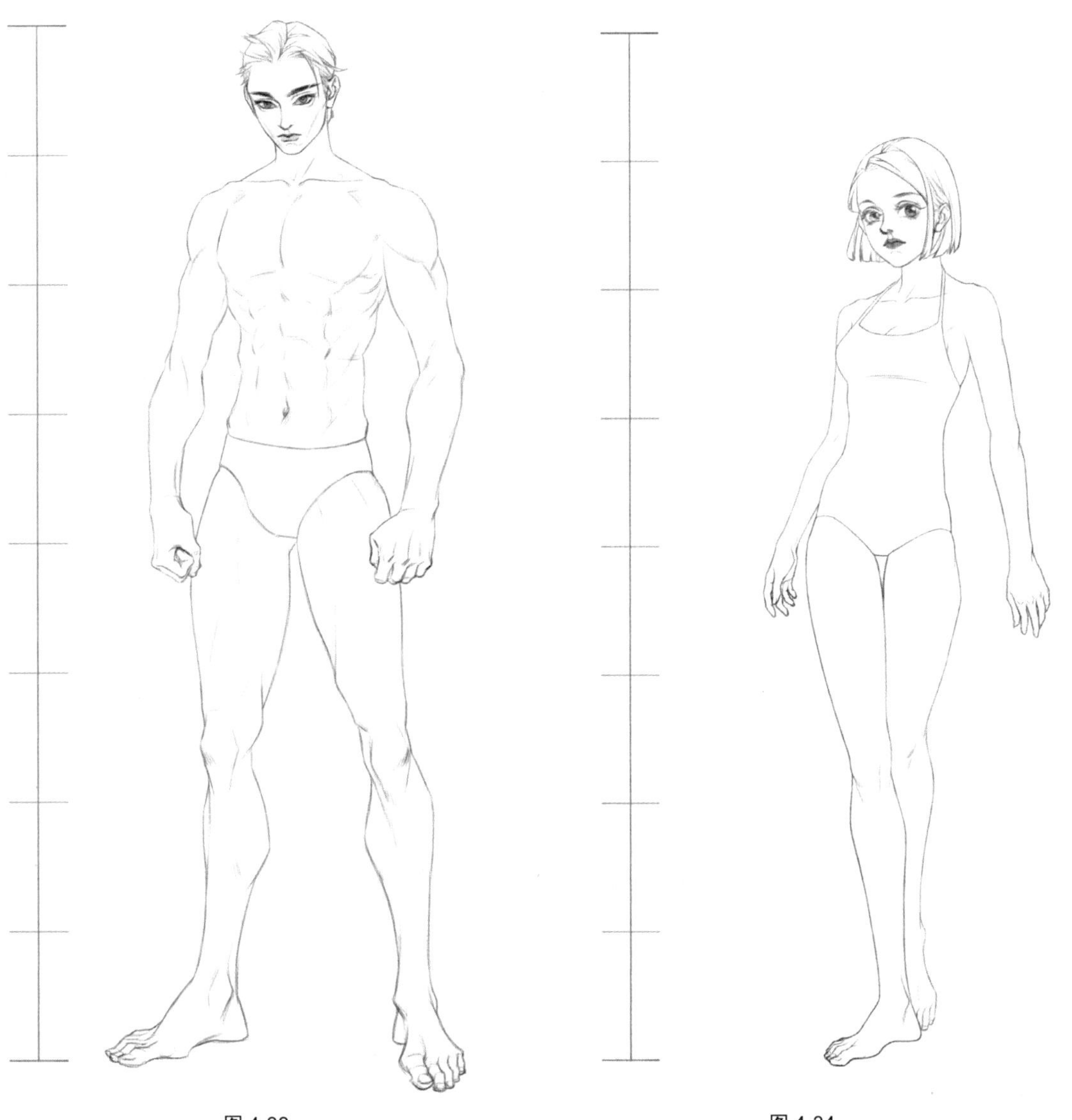

图 4-33　　图 4-34

1. 手部

男性的手：指节骨骼分明，手掌宽大，绘制时常使用直线，线条硬挺，如图 4-35 所示。

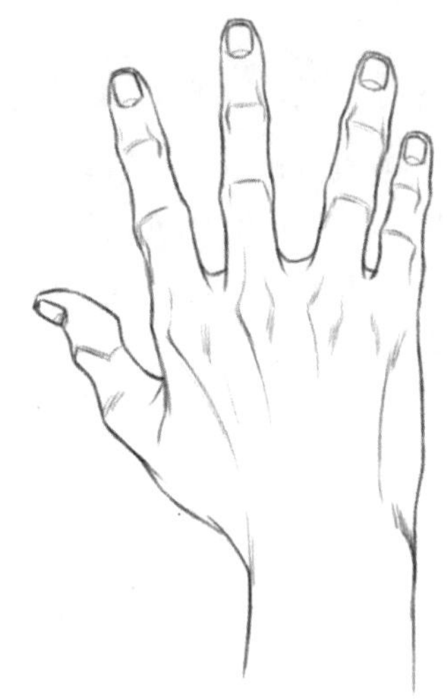

图 4-35

女性的手：骨骼相对较小，各个骨节之间过渡平滑，指甲圆润，如图 4-36 所示。

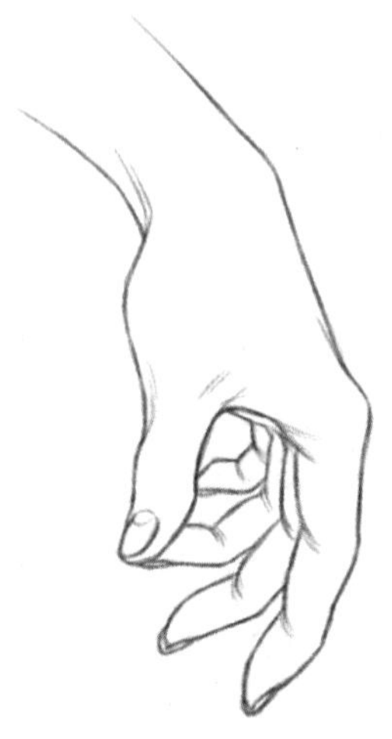

图 4-36

2. 躯干

男性躯干：男性肩膀宽阔，体脂通常比同等质量的女性低，线条棱角分明，胸腔呈倒 T 形，如图 4-37 所示。

图 4-37

女性躯干：女性身形圆润，皮下脂肪更多。可以将整体看成一个长方体或椭圆形，如图 4-38 所示。

图 4-38

3. 臀部

男性臀部：状似长方体，肌肉紧实，有时可以看到明显的臀大肌，如图 4-39 所示。

女性臀部：女性盆骨较男性更开阔，臀部呈现正 T 形，臀后有脂肪垫，线条圆滑，如图 4-40 所示。

4. 足部

男性足部：骨骼非常明显且突出，尤其是内外脚踝和趾长伸肌处，如图 4-41 所示。

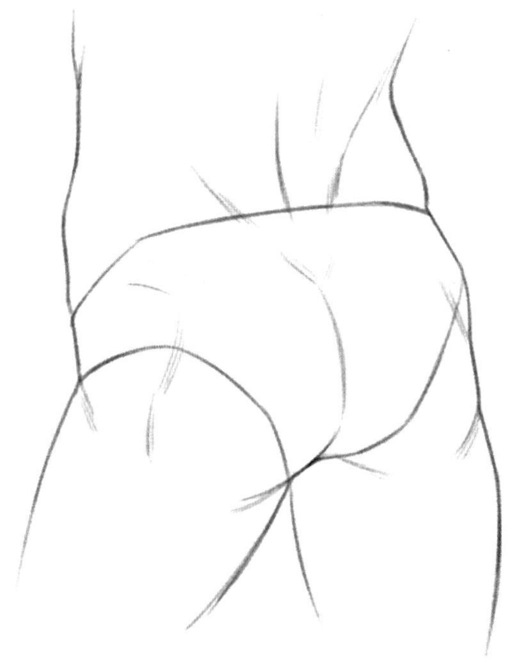

图 4-39

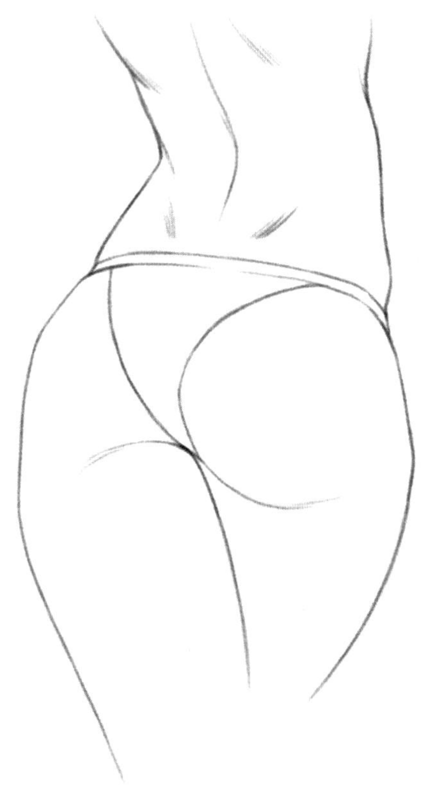

图 4-40

女性足部：女性足部通常柔和得多，各部分的骨关节都不会很明显，如图 4-42 所示。

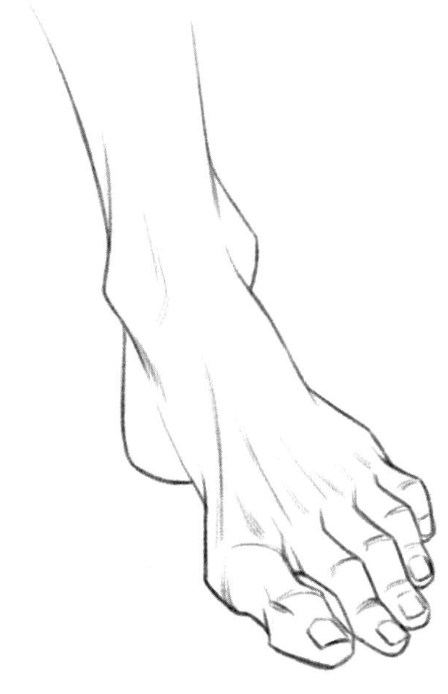

图 4-41

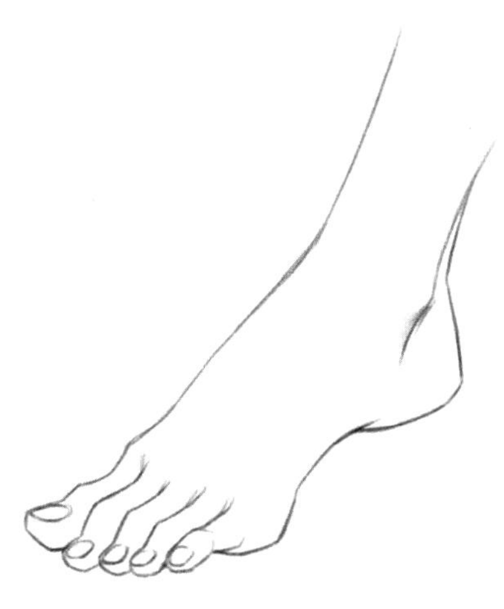

图 4-42

4.2.2　不同年龄 / 身形的表现

随着年龄的增长，骨骼也会生长或萎缩，使不同年龄的同一个人物的头身比产生变化。

1. 小学女孩

小学女孩身高为4~4.5头，骨骼尚在成长期，眼睛在头部的位置比成年人低，绘制效果如图4-43所示。

2. 高中男孩

高中男孩身高为7~8头，骨骼仍未结束成长，面部肌肉紧致，五官没有彻底舒展开，绘制效果如图4-44所示。

图4-43

图4-44

3. 上班族女士

上班族女士身高为 6~7 头，骨骼成长完成，身材比例已经固定。肌肉和骨骼都处在完美的状态，绘制效果如图 4-45 所示。

图 4-45

4. 老年男士

老年男士身高为 6 头，由于年龄的持续增长，骨骼开始萎缩，身高也会降低。人物进入老年后，肌肉开始松弛，面部和脖子会最先出现皱纹，绘制效果如图 4-46 所示。

图 4-46

4.2.3 Q 版人物绘制方式

Q 版是一种夸张的变形，这种类型的人物的比例通常在 2~3 头身之间。其特点是人物的头部和眼睛通常较大，鼻子只有轻轻一点或根本不绘制，嘴巴也比较小。绘制 Q 版人物时注意以上特点，就能比较容易地绘制出生动、可爱的 Q 版形象。

Q 版也会有很多不同的头身比例，例如 2 头身、3 头身、4 头身、5 头身等。头身比例越小通常会使人物显得越可爱。本节的两个图例都是以 2.5 头身的比例绘画的，人物的头部、躯干、腿的比例是 1∶0.5∶1，如图 4-47 和图 4-48 所示。

图 4-47

图 4-48

为了凸显 Q 版人物的可爱感，我们可以将头部视作一个正圆形来绘画，眼睛的位置越低，幼年感就越强。在身材比例方面，绘制出圆圆胖胖的肉感能显得人物更可爱。

技巧与提示：

Q 版人物的肩部宽度一般会小于头部的宽度。

4.2.4 让人物拥有动势

动势线是由于人物运动而产生的线，它会随着人物姿势的变化而变化。找到并夸张化动势线，能让画面更具活力。

一个人物通常具有多条动势线，但只有一条主线，其他的都是辅助线。人物姿势不同，动势线也会截然不同。除了头、颈和躯干，人物的手臂、大腿、小腿、脚背也都可以形成动势线。当人物的动作比较夸张时，动势线能够更容易地被观察到。

动势线和人物的重心息息相关。绘制人物动态时，需要注意观察人物的主要动势线和辅助动势线构成的形状是不是能够“立得住”，是否存在一个重心。尽量先绘制出一个大的动态，不要拘泥于小动势线。

如图 4-49~ 图 4-54 所示为一些人物动态与相应的动势线。

图 4-49

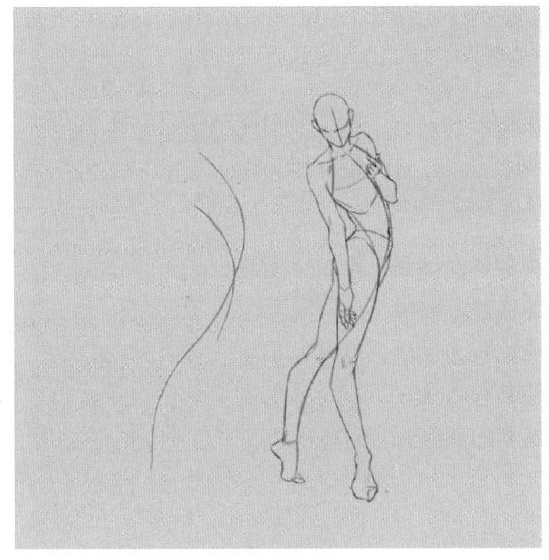

图 4-50

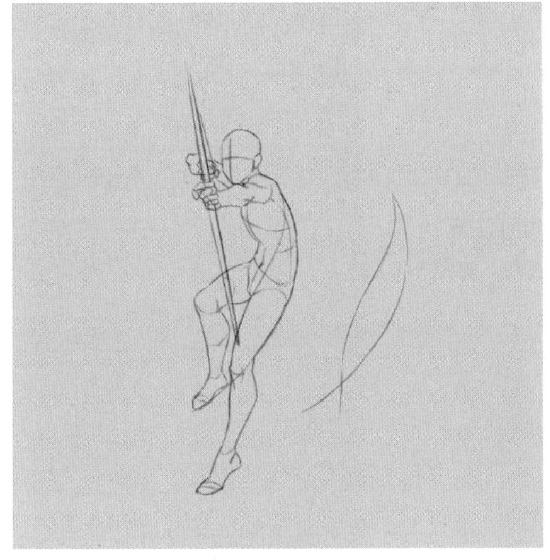

图 4-51

图 4-52

图 4-53

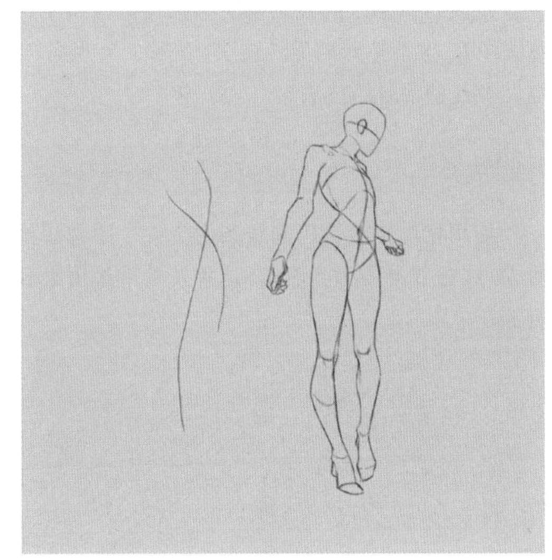

图 4-54

5.1 水墨古风插画概述

本节主要介绍什么是水墨古风插画以及古风插画的常用线条。

5.1.1 什么是水墨古风插画

水墨古风插画是以中国传统文化为基础发展出来的一种独特的插画风格，它如同诗词歌赋一般传递着中国传统的美学意境，并通过不断地发展，与新型的绘画媒介相融合。水墨古风插画包含以人或以景为主体的多种绘画题材，而无论以何为主体，画作大都传递着一种具有古典气韵的意境美。近来，越来越多的古风笔刷应运而生，为绘画者的创作开拓了更丰富的空间。

5.1.2 水墨古风插画线条

水墨古风插画的线条与工笔画类似，属于传统国画技法。传统国画技法中有 18 种特殊的描线技法，统称“十八描”。本节将举例介绍“十八描”中几种常用的技法。

1. 柳叶描

使用柳叶描绘制出的线条两头尖，中部浑圆稳定。绘制时注重一气呵成，线条效果若柳叶迎风。这种技法常被用来表现飘动的衣纹，如图 5-1 所示。

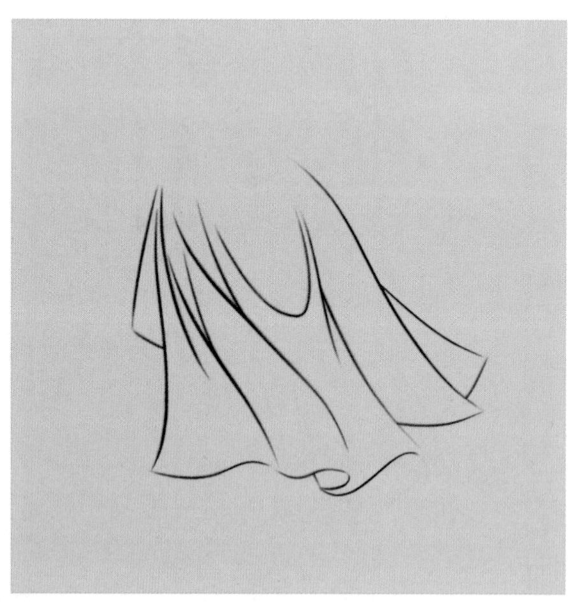

图 5-1

2. 竹叶描

竹叶描相较于柳叶描更为刚硬，着力点在线中，线条效果如同竹叶，如图 5-2 所示。

本章主要介绍水墨古风插画的基础知识，并通过案例详细讲解古风插画的具体绘制方法。尽管这种主题的插画统称为“古风插画”，但不同作者有着各自鲜明的绘画风格。本书仅提供一种绘画思路，喜欢古风插画风格的读者可以通过多看、多画来寻找属于自己的独特风格。

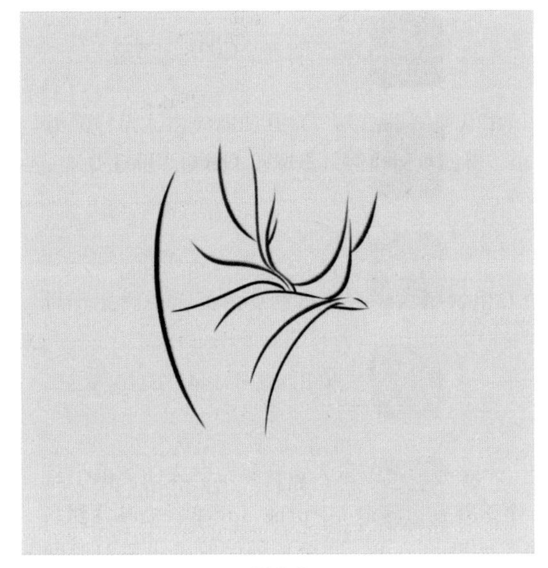

图 5-2

3. 减笔描

减笔描的线条概括简练，多用于表达衣物的转折。绘制的核心思想是用最少的线条来概括形体，如图 5-3 所示。

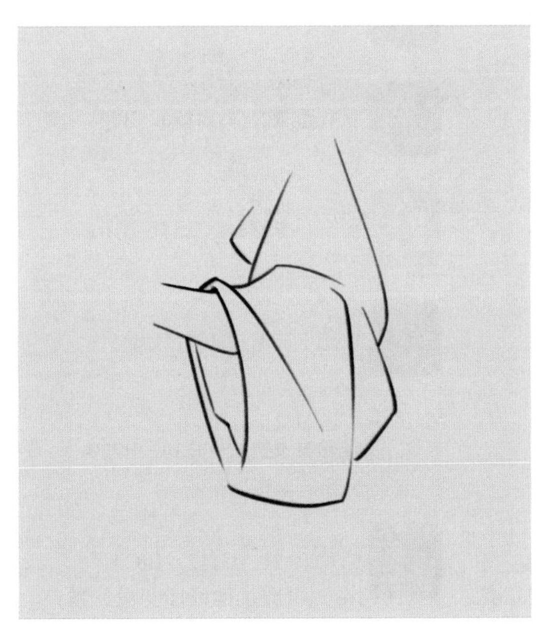

图 5-3

4. 高古游丝描

高古游丝描是一种线条效果极细的笔法，用笔注重圆润细致、粗细统一。使用这种技法绘制出的线条曲而长，没有锐利的转折，给人以舒缓之感，如图 5-4 所示。

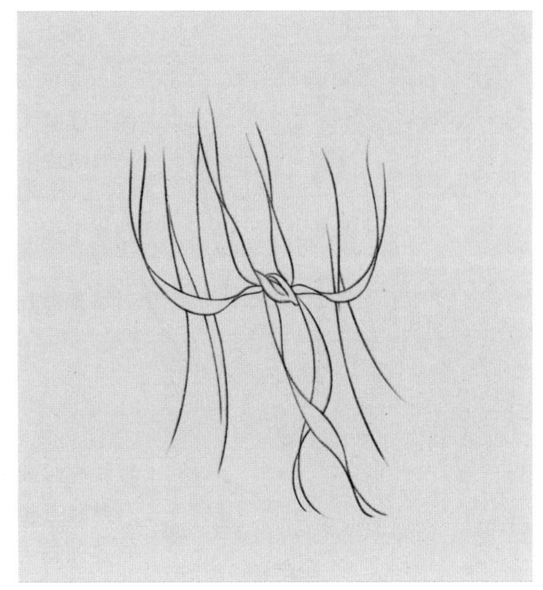

图 5-4

5. 行云流水描

行云流水描的笔画绵长而连贯，中途不断笔。使用这种技法绘制出的线条效果如云卷云舒、转折流畅，如图 5-5 所示。

图 5-5

6. 曹衣描

曹衣描是一种以直线来表现密布衣纹的技法。通过这种技法绘制出的纹路重叠繁密，如同刚出水一般，如图 5-6 所示。

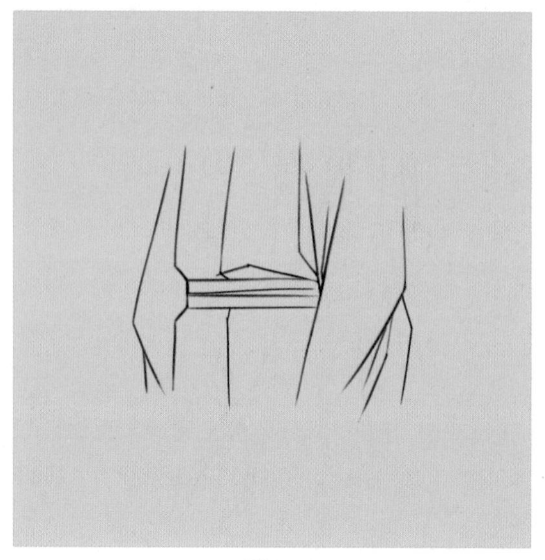

图 5-6

5.1.3 古风插画常用色彩

古时的绘画创作受限于材料，在颜色的选择上远远没有现在的数字 CG 插画丰富，但其中蕴含的韵味极为深远。选择传统绘画中的常用色彩进行古风 CG 插画创作，能让画面更具古韵。本节列出了一些传统绘画的常用色卡及 RGB 值，供读者绘画时参考。

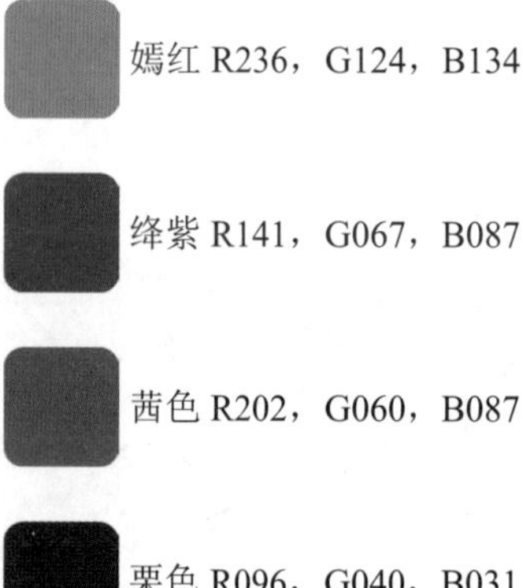

胭脂 R156，G041，B053

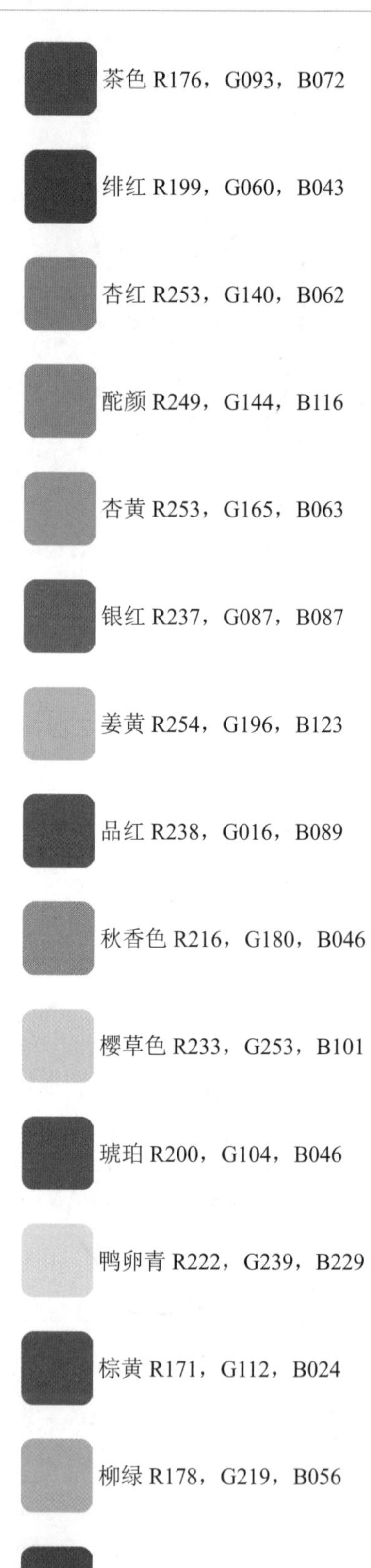

5.2　古风插画常见背景元素

本节通过较简单的植物元素案例和较复杂的山水背景案例，介绍一些水墨笔刷的用法和古风插画背景元素的绘制方法。

5.2.1　海棠

海棠花是一种经常出现在古风插画中的花卉元素，既可以用作背景，也可以用作人物衣物上的花纹，具体的步骤如下。

01 新建画布，新建“草稿”图层，选择一种最顺手的笔刷，绘制出一组完整的海棠。注意分配好海棠的不同开放状态和朝向，绘制效果如图 5-7 和图 5-8 所示。

图 5-7

图 5-8

02 选择“涂抹”工具 ，选择“柔边圆压力不透明度”笔刷，在草图的基础上直接把线条涂抹平滑。多余的部分选择“橡皮擦”工具 擦去即可，绘制效果如图 5-9 和图 5-10 所示。

图 5-9

图 5-10

03 确定花朵的基色。选中“草稿”图层，单击“图层”面板右下角的“创建新的填充或调整图层”按钮 ，通过调整图层的“色相 / 饱和度”数值调整花卉线稿的颜色，调整后的效果如图 5-11 所示。

图 5-11

04 新建“上色”图层，选择“水边”笔刷，选择 （R246，G188，B171）色给花瓣上色，绘制效果如图 5-12 和图 5-13 所示。

图 5-12

图 5-13

05 利用“水边”笔刷的半透明特性，逐层加深花瓣的颜色，绘制效果如图 5-14 和图 5-15 所示。

图 5-14

图 5-15

06 选择■（R208，G073，B063）色，加深接近花蕊部分的色彩。新建一个图层，选择“硬边圆压力不透明度”笔刷，选择■（R247，G226，B201）色点出花蕊，绘制效果如图 5-16 和图 5-17 所示。

图 5-16

图 5-17

07 合并所有图层，选择“套索”工具 选出单个花朵，再选择“移动”工具 将画好的花朵排列成组。可以适当地多复制几朵花骨朵作为衬托，排列效果如图 5-18 所示。

图 5-18

08 新建一个图层，选择“勾一淡侧锋”笔刷，选择 （R202，G206，B210）色绘制出枝干的草图，确定枝干的走向即可，绘制效果如图 5-19 所示。

图 5-19

09 细化枝干。选择 （R171，G176，B181）色增加叶片。为了使画面更丰富，可以在叶片上增加一些不同于固有色的颜色，如 （R159，G133，B141）色、 （R215，G209，B203）色、 （R233，G198，B169）色等，绘制效果如图 5-20 和图 5-21 所示。

图 5-20

图 5-21

10 新建一个图层，选择■（R136，G130，B142）色，在花朵颜色最深的部分添加一些冷色调，注意用量不要过多，绘制效果如图 5-22 和图 5-23 所示。

图 5-22

图 5-23

11 合并所有图层，执行“滤镜”|“杂色”|“添加杂色”命令，给海棠增加一些噪点，让画面的整体效果更贴近在宣纸上手绘的效果，绘制效果如图 5-24 和图 5-25 所示。

图 5-24

图 5-25

12 新建一个图层，将图层混合模式设置为“深色”，选择“E- 宣纸纹理”笔刷，选择一个偏蓝的浅色，给画面刷出纸张效果。完成海棠的绘制，效果如图 5-26 所示。

图 5-26

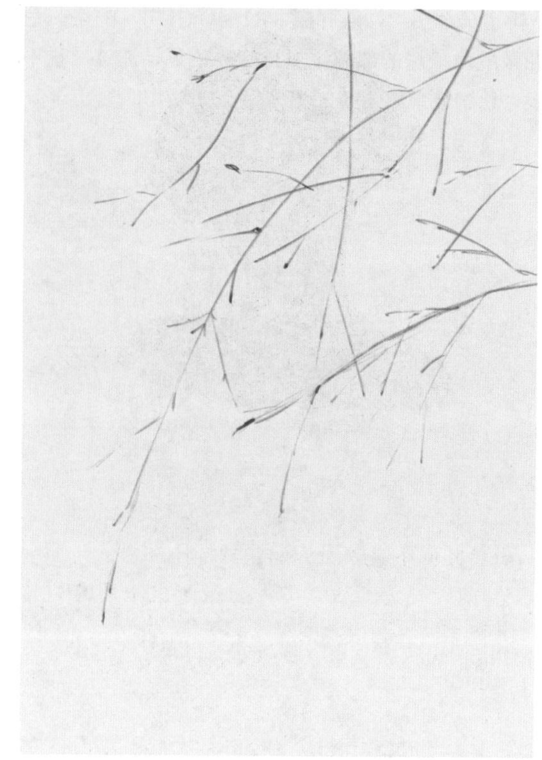

图 5-27

5.2.2 修竹

竹枝也是经常出现在古风插画中的元素。与海棠的柔美不同，竹枝更常用于衬托男性人物，具体的步骤如下。

01 新建画布，新建“草图”图层，选择“勾—淡侧锋”笔刷，选择■（R144，G155，B153）色绘制出竹枝的草图，如图 5-27 所示。

技巧与提示：

绘制草图时，要注意多观察真实竹枝的形态，如修竹枝节最细的部分会由于支撑不住新生竹叶的重量而向下垂坠。

02 选择■（R081，G091，B087）色细化草图，擦除多余和杂乱的部分，加粗靠近主体的枝节，加重枝干分叉处的颜色，完成竹枝部分的绘制，效果如图 5-28 所示。

03 新建一个图层，继续使用“勾—淡侧锋”笔刷，分别选择■（R197，G202，B202）色和■（R213，G216，B191）色，绘制出最远处的竹叶，绘制效果如图 5-29 所示。压感笔下笔的角度不同，这款笔刷绘制出的线条也会有不同的形态，多尝试几次就能轻松上手。

图 5-28

图 5-29

04 分别新建图层，分组绘制出远近不同的竹叶。绘制远处的竹叶时可以将笔刷的不透明度适当降低，绘制近处的竹叶时则反之，通过竹叶不透明度的变化来强化画面的空间感，绘制效果如图 5-30 所示。

图 5-30

05 与花卉叶片的绘制类似，竹叶也不要始终选择同类色彩进行绘画。新建一个图层，给竹叶添加一些偏黄或偏蓝的绿色，如■（R171，G178，B120）色和■（R128，G141，B138）色，这样能使画面更加生动、通透，绘制效果如图 5-31 所示。

图 5-31

06 根据近大远小的透视原理，近处的竹叶要比远处的竹叶更大。新建一个图层，将笔刷的不透明度调整为 100%，绘制出最近处色泽凝实的大片竹叶，绘制效果如图 5-32 所示。“勾—淡侧锋”笔刷的特性是“一侧重、一侧轻”，使用这款笔刷绘制的竹叶比较贴近真实竹叶的质感。

07 新建一个图层，为最近处的竹叶顶端或末端增添一些不同色系的颜色■（R106，G031，B067），让画面更加生动，绘制效果如图 5-33 所示。

08 新建一个图层，将图层模式设置为“深色”，选择“E-宣纸纹理”笔刷，为画面增加纸张效果，如图 5-34 所示。完成修竹的绘制。

图 5-32

图 5-33

图 5-34

5.2.3 远山

充满古韵的水墨山水是古风插画中经常出现的背景元素，具体的步骤如下。

01 新建画布，新建“草稿”图层，选择“油漆桶”工具，选择■（R214，G205，B166）色填满整个画布作为背景。选择“枯墨”笔刷，选择■（R194，G186，B150）色绘制出大致的山水草图，如图 5-35 所示。

> **技巧与提示：**
>
> 在草图阶段需要确定元素的排布。

02 细化草图，选择■（R115，G110，B82）色勾勒出基本的山石轮廓，如图 5-36 所示。

03 新建“底色”图层，选择“渲染 4”笔刷，选择■（R155，G151，B124）色给山峦铺底色，注意下笔要轻。这款笔刷在笔触轻柔时能绘制出纸张纹理效果，绘制效果如图 5-37 所示。

04 继续轻柔地铺设色彩，分别选择■（R107，G104，B085）色和■（R173，G162，B104）色，通过重复铺色来加强笔刷带来的纸张纹理效果。注意绘制深色山峦时不要一次下手太重，要慢慢叠加，绘制效果如图 5-38 所示。

图 5-35

图 5-37

图 5-36

图 5-38

05 重复步骤 04 继续加深画面。画面颜色较深的地方，选择更深的色彩■（R019，G017，B010）轻柔地层层铺绘。选择■（R202，G197，B183）色在部分石块上刷出浅色区域。灵活使用“吸管”工具，吸取画面中已有的颜色，为天空铺设出有层次感的色彩，绘制效果如图 5-39 所示。

图 5-39

06 新建一个图层，选择“树木”笔刷，选择■（R030，G025，B021）色在山峦中点缀出错落有致的林木，如图 5-40 所示。

07 新建一个图层，分别选择■（R075，G235，B231）色和■（R081，G141，B174）色铺出湖水底色，在湖水周围的岩石上也铺上一些湖水的环境色作为呼应，绘制效果如图 5-41 所示。

08 选择“鸟—鸟群”笔刷，选择白色，在画面右上角的天空中通过单击点出一组鸟群，如图 5-42 所示。

09 合并所有图层，执行“滤镜”|“杂色”|“增加杂色”命令，给画面增加噪点，如图 5-43 所示。

图 5-40

图 5-41

图 5-42

图 5-43

10 按快捷键 Ctrl+J 复制图像，执行“滤镜”|“风格化”|“查找边缘”命令，将图层混合模式设置为“叠加”，突出画面中的轮廓形状，并选择“橡皮擦”工具 擦去不需要突出的部分。在这一步中基本只保留了前方部分树木的轮廓，绘制效果如图 5-44 所示。

图 5-44

11 调节画面色彩，强化和谐感。新建一个图层，选择“油漆桶”工具 ，选择 (R081，G141，B174) 色填充整个画面。填充完毕后，将图层的不透明度降低为 50%，并将图层混合模式设置为“点光”，绘制效果如图 5-45 所示。

图 5-45

12 新建一个图层，将图层混合模式设置为“深色”，选择“E- 宣纸纹理”笔刷，为画面增加纸张纹理，绘制效果如图 5-46 所示。完成远山的绘制。

图 5-46

5.3 不同身份人物的服饰

古代阶级制度森严，不同身份人物的服饰有很大区别，除了材质和规制，有些特殊身份的人物服饰还拥有专属的色彩。本节将通过案例来详细介绍不同身份古风人物的绘制方法。

5.3.1 大家闺秀

大家闺秀指的是名门世家中才貌双全的女子，知书达理、举止优雅。这类人物由于平日无须劳作，穿着的衣服质地较好，层次繁复，花纹也更为华丽。在本案例中将重点介绍古风首饰的绘制方法，具体的步骤如下。

01 新建画布，新建“草稿”图层，选择“铅笔”工具 ，使用不同颜色的线条区分区域，绘制出一位姿势乖巧、身着襦裙的大家闺秀的草图，如图 5-47 所示。

图 5-47

技巧与提示：

在草图阶段要尽可能确定思路，这样会比后期修改轻松得多。

02 将“草稿”图层的不透明度降低，新建“线稿”图层，选择“勾一淡侧锋”笔刷，选择 (R199，G203，B204）色，根据草稿勾勒出利落的线稿。笔者准备绘制一幅配色清淡的图画，所以勾线时选择了较浅的色彩。线稿绘制完成后，关闭“草稿”图层，绘制效果如图 5-48 所示。

03 新建“肤色”图层，选择“渲染—上色”笔刷，选择 （R245，G236，B231）色铺出肤色，如图 5-49 所示。

04 选择较肤色深的颜色 （R208，G163，B151）作为阴影色，通过反复叠加的方式铺设出皮肤的深色部分，强化人体轮廓。注意下笔要轻柔，绘制效果如图 5-50 所示。

图 5-48

图 5-49

图 5-50

05 新建一个图层，选择“湿润渲染”笔刷，缩小笔刷直径，绘制五官和指甲，如图 5-51 所示。眉毛为■（R110，G099，B088）色，眼珠为■（R040，G041，B033）色和■（R160，G145，B132）色，眼白为■（R227，G213，B210）色，上下眼睑与面部红晕为■（R218，G165，B156）色，嘴唇和指甲为■（R233，G137，B133）色。

图 5-51

06 深入刻画五官。选择“硬边圆压力不透明度”笔刷，缩小笔刷直径，选择■（R053，G052，B041）色绘制出睫毛，选择■（R190，G106，B107）色加深双眼皮褶，选择白色加强眼珠和嘴唇的高光，绘制效果如图 5-52 所示。

图 5-52

07 新建一个图层，选择“渲染—上色”笔刷，选择■（R140，G138，B126）色，铺出头发的底色，注意在高光处留白，绘制效果如图 5-53 所示。

图 5-53

08 选择较头发底色更深的色彩■（R041，G042，B034），通过反复叠加的方式继续绘制头发，直到叠加出理想的发色，绘制效果如图 5-54 所示。

图 5-54

09 新建一个图层，分别选择■（R224，G231，B239）色、■（R236，G234，B235）色、■（R213，G182，B164）色、■（R253，G230，B158）色、■（R213，G214，B218）色、■（R246，G206，B194）色和■（R239，G235，B224）色，铺出各个区域服饰的底色，如图 5-55 所示。在这个阶段可以多尝试几种不同的配色方案，最终确定一套最喜欢的配色。

图 5-55

10 新建一个图层，分别选择■（R177，G183，B178）色、■（R196，G176，B148）色、■（R159，G162，B177）色、■（R227，G194，B189）色等较底色更深的颜色作为阴影色，顺着褶皱的起伏绘制出服饰的阴影部分，绘制效果如图 5-56 所示。

图 5-56

11 手绘水墨画经常采取逐层渲染的手法，在数字绘画上也可以参考这种画法。在第一层阴影上，分别选择■（R144，G138，B143）色、■（R129，G122，B133）色等，再绘制一层更深的色彩来加深服饰的阴影部分，强化服饰的立体感和层次感，绘制效果如图 5-57 所示。

图 5-57

12 新建“发饰线稿”图层，选择“染墨浓（T，R）”笔刷，选择■（R043，G033，B000）色，设计几款不同的发饰配件，绘制出线稿，如图 5-58 所示。

图 5-58

13 在“发饰线稿”图层的下方新建“发饰颜色”图层，根据首饰的材质，选择■（R123，G107，B019）色铺设底色，如图 5-59 所示。

图 5-59

14 选择“斧劈焦墨 2（T，R）”笔刷，选择■（R255，G231，B107）色点出发饰的亮部，强化质感，如图 5-60 所示。

图 5-60

15 合并“发饰线稿”和“发饰颜色”图层，选择“矩形选框”工具选中发饰，右击被选中的区域，在弹出的快捷菜单中执行“自由变换”命令，调整发饰的大小和方向，将几款发饰配件分别插入发髻中，组合成一套完整的首饰，并擦去多余的部分，绘制效果如图 5-61 所示。

图 5-61

16 新建一个图层，缩小笔刷直径，选择白色在纱衣上勾勒出花朵纹样。选择“橡皮擦”工具，选择“斧劈焦墨 2（T，R）”笔刷，擦除部分纹样，营造刺绣质感。

最后选择■（R208，G208，B208）色给花纹描边，加强刺绣，突出布面的立体感，绘制效果如图 5-62 和图 5-63 所示。

图 5-62

图 5-63

17 给外衣增添花纹图案（图案为 5.2.1 节中所绘制的海棠花组）。导入花纹图案，按快捷键 Ctrl+J 将花纹图案复制 2 次，为最上面一层花纹图案添加“查找边缘”滤镜，并将图层混合模式设置为“深色”。下方两个图层的图层混合模式分别设置为“叠加”和“正常”，如图 5-64 所示。设置完毕后，花纹图案的整体效果如图 5-65 所示。

图 5-64

图 5-65

18 合并所有花纹图层，将花纹图案放置在合适的部位，并擦除溢出外衣轮廓的多余部分。选择“橡皮擦”工具，选择“柔边圆压力不透明度”笔刷，将笔刷不透明度降低至 30%，再擦除一些外套轮廓内不需要过于清晰的花纹部分，绘制效果如图 5-66 和图 5-67 所示。

图 5-66

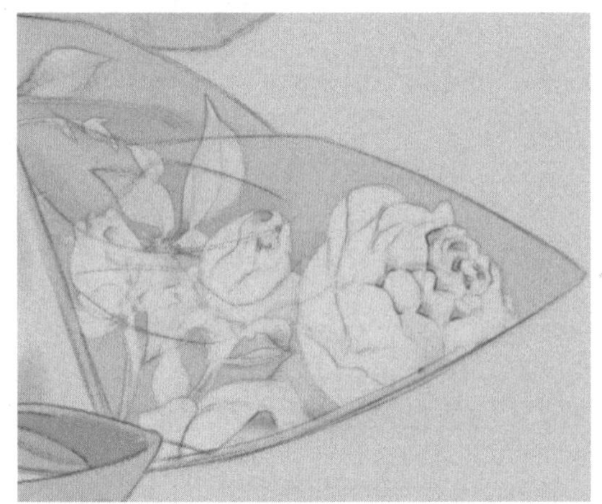

图 5-67

19 合并所有图层，执行“滤镜”|“杂色”|“添加杂色”命令，为画面添加杂色。选择“E- 宣纸纹理”笔刷，选择一个偏冷的颜色为画面刷出宣纸纹理效果，绘制效果如图 5-68 所示。完成大家闺秀的绘制。

图 5-68

5.3.2 文人墨客

提到文人墨客，很容易让人联想到擅长琴棋书画，文采斐然的风雅之士。本例以琴为主题，绘制了一位优雅的琴师。在本例中将重点介绍古琴的绘制方法，具体的步骤如下。

01 新建画布，新建“草稿”图层，绘制一位身着布衣的文人琴师的草图，如图 5-69 所示。绘制草图时用不同色彩的线区分不同的区块，这样能使勾线的思路更清晰。

图 5-69

02 降低“草稿”图层的不透明度，新建“线稿”图层，选择“勾—淡侧锋”笔刷，选择■（R186，G186，B191）色勾出线稿。线稿绘制完毕后，关闭“草稿”图层，绘制效果如图 5-70 所示。

03 新建“底色”图层，分别选择■（R216，G219，B226）色、■（R168，G177，B176）色、■（R097，G114，B108）色和■（R158，G166，B081）色，铺出各个区域底色。笔者想要在这个案例中使用 5.2 节中绘制的修竹元素作为衣物的花纹图案，所以选择了与修竹相搭配的青绿色作为服饰的主色调。人物的皮肤底色受到服饰的绿色调影响，会有些许偏青，而不是常见的暖红色。否则服饰青绿，面部暖红，会显得色彩搭配较不融洽。选择■（R221，G223，B220）色铺设出皮肤的底色，绘制效果如图 5-71 所示。

04 新建一个图层，分别选择■（R222，G192，B185）色和■（R200，G190，B188）色，绘制出人物皮肤的阴影。选择■（R177，G183，B195）色绘制出内层衣物的阴影，注意褶皱的走向，绘制效果如图 5-72 所示。

图 5-70

图 5-71

05 新建一个图层，选择“渲染—上色”笔刷，选择■（R192，G145，B135）色进一步加深皮肤的暗部。分别选择■（R107，G121，B123）色和■（R047，G060，B069）色，绘制出外层衣物的阴影。同样地，注意强调出衣物的褶皱，绘制效果如图 5-73 所示。

图 5-72

图 5-73

06 新建一个图层，给皱褶部分添加一些暖色■（R093，G085，B097），与皮肤的暖色部分相呼应。新建一个图层，选择■（R125，G137，B135）色铺出头发的底色，注意留白头发的光泽，绘制效果如图 5-74 所示。

图 5-74

07 选择■（R050，G044，B044）色，逐层渲染出头发的暗色部分。渲染完成后，选择“橡皮擦”工具擦除画出界的部分。新建一个图层，分别选择几种青绿色系的颜色，如■（R145，G125，B044）色、■（R162，G170，B098）色、■（R135，G132，B106）色、■（R071，G084，B076）色等，绘制出衣饰的底色，并大致勾画出暗部，绘制效果如图 5-75 和图 5-76 所示。

图 5-75

图 5-76

08 选择“斧劈焦墨 2（T，R）”笔刷，选择■（R237，G209，B099）色点出衣饰的亮部，如图 5-77 所示。

图 5-77

09 新建一个图层，选择“硬边圆压力不透明度”笔刷，绘制五官。上下眼睑和嘴唇为■（R154，G119，B108）色，眼珠和眼线为■（R061，G062，B059）色。选择“橡皮擦”工具，选择“柔边圆压力不透明度”笔刷，可以擦出类似渐变的效果，绘制效果如图 5-78 所示。

图 5-78

10 继续细化五官。选择■（R061，G062，B059）色为眉毛增加一些青绿色，选择■（R070，G054，B054）色拉出睫毛，并增画几根飘逸的发丝。选择白色给眼睛和嘴唇点上高光，让人物生动起来，绘制效果如图 5-79 所示。

图 5-79

11 绘制古琴。新建一个图层，分别选择■（R087，G080，B054）色和■（R051，G042，B045）色绘制出古琴的底色。由于古琴的正面受光，所以正面的颜色较侧面更明亮，绘制效果如图 5-80 所示。

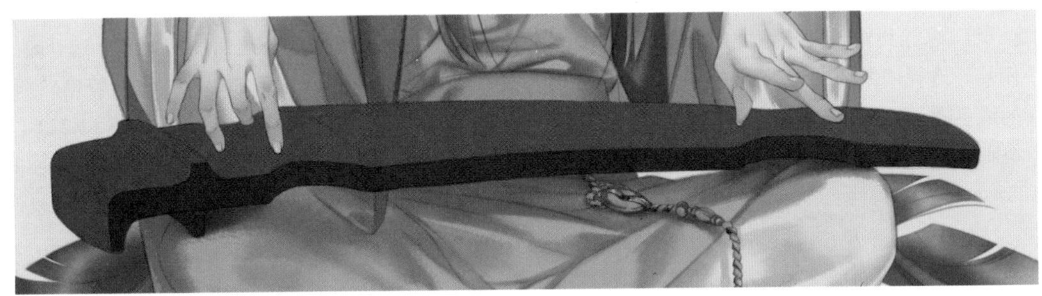

图 5-80

12 选择“染墨浓（T，R）”笔刷，分别选择色卡■（R062，G057，B056）色和■（R059，G063，B066）色，利用笔刷自带的杂点效果，刷出类似木头的质感，如图 5-81 所示。

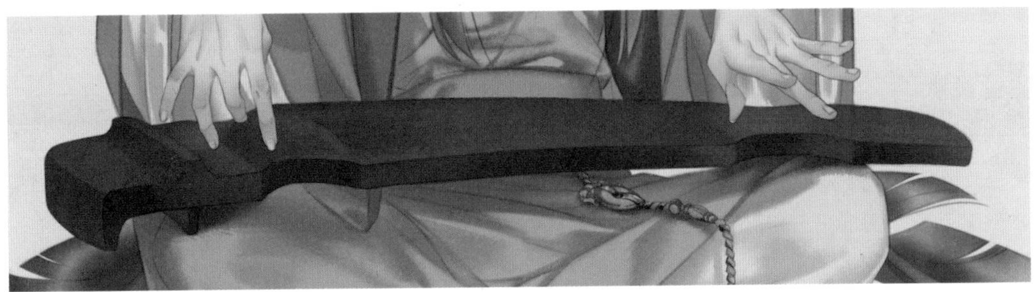

图 5-81

13 新建“琴弦”图层，选择“硬边圆压力不透明度”笔刷，选择■（R101，G090，B075）色画出琴弦。选择白色点出琴身转折处的高光，绘制效果如图 5-82 所示。

图 5-82

技巧与提示：

绘制琴弦时，可以先画出一根琴弦，然后将其余 6 根琴弦复制出来，提高作画效率。

14 新建一个图层，按住 Alt 键单击新图层和“琴弦”图层之间的分隔线，将新图层锁定在“琴弦”图层上。选择黑色和白色，随意地给琴弦扫出暗部和亮部，让琴弦能更好地融入木琴的主体，如图 5-83 所示。

图 5-83

15 画到这一步，感觉到外套的襟带颜色过深，需要调整。新建一个图层，选择“柔边圆压力不透明度”笔刷，选择亮度高的绿色■（R116，G135，B087）刷一下襟带部分，让整个画面的颜色亮起来，如图 5-84 所示。

图 5-84

16 选择“硬边圆压力不透明度”笔刷，选择■（R160，G167，B083）色在襟带边绘制出两条装饰绣线。选择“斧劈焦墨 2（T，R）”笔刷，选择■（R222，G215，B119）色在绣线中部点出高光，绘制效果如图 5-85 所示。

图 5-85

17 给外套添加花纹图案（图案为 5.2.2 节中所绘制的修竹元素）。导入修竹图案，按快捷键 Ctrl+J 复制一层，为上方图层添加 “查找边缘” 滤镜，并将图层混合模式设置为“深色”，如图 5-86 所示。合并两个花纹图层，将设置好的花纹图案放置在合适的部位，并擦除溢出外套轮廓的多余部分，如图 5-87 和图 5-88 所示。

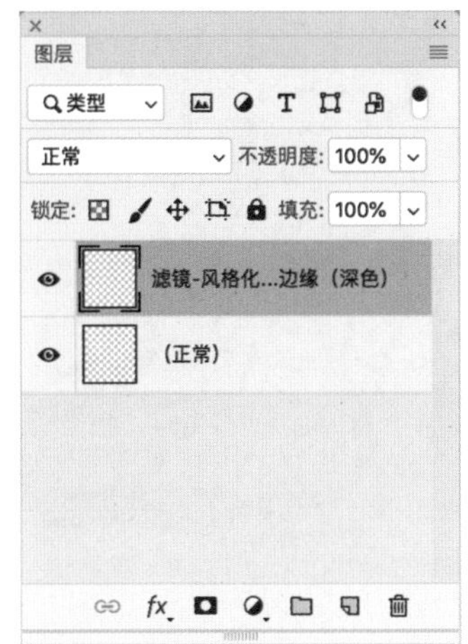

图 5-86

图 5-87

18 合并所有图层，执行“滤镜”|“杂色”|“添加杂色”命令，为画面添加杂色。新建一个图层，选择“E- 宣纸纹理”笔刷，为画面刷出宣纸纹理效果，绘制效果如图 5-89 所示。完成文人墨客的绘制。

图 5-88

图 5-89

5.3.3　沙场战将

武将是经常出现在古风插画中的人物类型，通常身着武士铠、锁子甲等铠甲。本例结合现代元素，设计了一位身着甲胄和披风，背身站立的男性武将。在本例中将重点介绍铠甲的绘制方法，具体步骤如下。

01 新建画布，新建“草稿”图层，绘制一个身着铁甲的战将的草图。多找一些参考资料，结合自己的审美绘制出甲胄的纹样，注意用不同色的线区分各区域，绘制效果如图 5-90~ 图 5-92 所示。寻找参考资料时需要注意不同地域和文化之间纹样的区别。

图 5-90

图 5-91

图 5-92

02 降低“草稿”图层的不透明度，新建“线稿”图层，选择“勾—淡侧锋”笔刷，选择■（R139，G140，B142）色勾出线稿。线稿绘制完毕后，关闭“草稿”图层，绘制效果如图 5-93 所示。

图 5-93

03 新建一个图层，铺出各区域的底色，如图 5-94 所示。皮肤为■（R215，G204，B202）色，内层衣物为■（R172，G191，B205）色，外层鳞甲为■（R025，G031，B045）色，铁甲为■（R027，G029，B025）色，金甲为■（R138，G116，B061）色，皮带、刀柄、脚后跟为■（R061，G071，B073）色，刀身为■（R043，G046，B051）色。

图 5-94

04 新建“头发”图层，选择“渲染—上色”笔刷，选择■（R076，G093，B103）色铺设头发底色，并适当留白。绘制出的色块边缘如果太硬，可以选择“涂抹”工具 擦淡。新建“面部”图层，选择■（R135，G108，B097）色绘制出面部的暗部，加强立体感。选择■（R187，G153，B152）色在耳根处添加一些血色。选择■（R213，G202，B197）色画出眼白，绘制效果如图 5-95 所示。

05 单击“头发”图层，选择■（R035，G037，B034）色继续铺色，加深头发颜色与明暗对比。单击“面部”图层，选择“硬边圆压力不透明度”笔刷，绘制人物的眉眼部位。选择■（R106，G044，B046）色给嘴唇内侧增加一些血色，绘制效果如图 5-96 所示。

06 单击“头发”图层，选择“勾—淡侧锋”笔刷，增绘一些飘散的发丝，如图 5-97 所示。这款笔刷绘制发丝的效果很好。

图 5-95

图 5-96

图 5-97

07 新建一个图层，选择“渲染—上色”笔刷，分别选择■（R062，G068，B091）色、■（R096，G104，B116）色等，大致铺出身上鳞甲与肩膀铁甲处的亮色部分，如图 5-98 所示。

图 5-98

08 选择“斧劈焦墨 2（T，R）”笔刷，选择白色，给鳞甲增添一些点状高光，如图 5-99 所示。

图 5-99

09 寻找或者绘制一个鳞甲类笔刷，如图 5-100 所示。

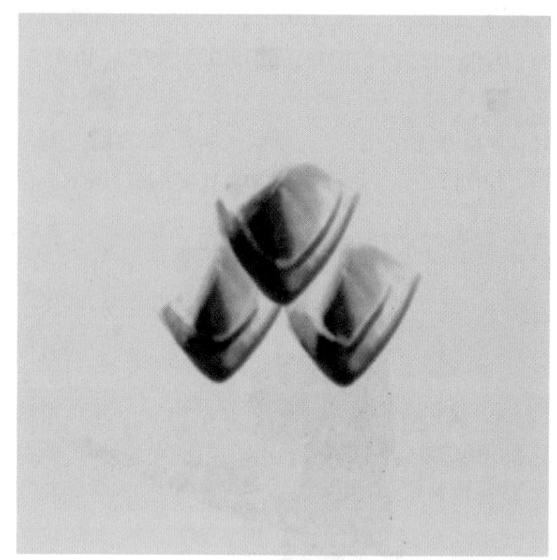

图 5-100

10 新建一个图层，使用鳞甲类笔刷竖着向下刷，绘制出连成整体的鳞甲，如图 5-101 所示。刷制人物身上的鳞甲时要注意衣物的走向。刷制完毕后的人物鳞甲如图 5-102 所示。

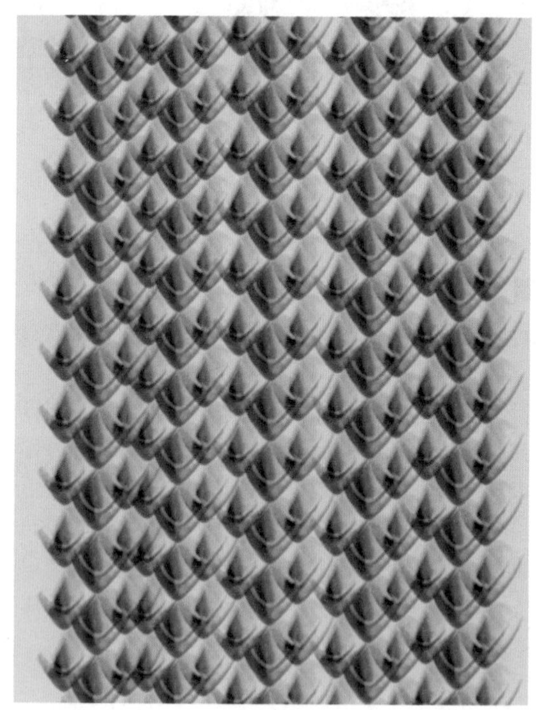

图 5-101

11 新建一个图层，选择“渲染—上色”笔刷，细化整片鳞甲四周的包边和铆钉。亮部为■（R124，G130，B136）色，暗部为■（R039，G042，B053）色，绘制效果如图 5-103 所示。

图 5-102

图 5-103

12 新建一个图层，铺出皮质刀带和腰带的深色部分■（R031，G032，B034），再用饱和度高一些的蓝色■（R077，G117，B134）铺出亮部，绘制效果如图 5-104 所示。

13 缩小笔刷直径，细化出皮带的缝纫线，并绘制出暗部，绘制效果如图 5-105 所示。

图 5-104

图 5-105

14 新建一个图层，选择“染墨浓（T，R）”笔刷，选择■（R017，G017，B019）色绘制出肩甲花纹中凹陷、不受光的部分，如图 5-106 所示。

图 5-106

15 选择“斧劈焦墨 2（T，R）”笔刷，选择■（R212，G225，B225）色为肩甲增添高光，加强立体感和金属质感，如图 5-107 所示。

图 5-107

16 新建一个图层，选择“染墨浓（T，R）”笔刷，选择■（R043，G032，B013）色绘制出金甲上花纹的暗部，注意利用笔刷的粗糙质感绘制出体积感，绘制效果如图 5-108 所示。

图 5-108

17 选择“斧劈焦墨 2（T，R）”笔刷，选择■（R255，G252，B233）色为金甲部分增添高光，如图 5-109 所示。

图 5-109

18 新建一个图层，绘制披风与头巾等布料部分。这种材质的绘制方法在“大家闺秀”和“文人墨客”案例中已多次介绍，此处不再赘述。此处选择的颜色为：■（R142，G060，B065）色、■（R093，G008，B011）色、■（R071，G021，B023）色、■（R168，G094，B099）色等，绘制效果如图 5-110 所示。

19 合并所有图层，执行“滤镜”|“杂色”|“添加杂色”命令，为画面添加杂色。选择“E- 宣纸纹理”笔刷，为画面刷出宣纸纹理效果。完成沙场战将的绘制，绘制效果如图 5-111 所示。

图 5-110

图 5-111

5.3.4　敦煌飞天

敦煌壁画的特点是色彩绮丽、用线流畅。飞天是莫高窟艺术的象征之一，给予人美的享受。绘制这类人物时需要注意人物舞蹈的韵律和五官的描绘，具体的步骤如下。

01 新建画布，新建“草稿”图层，使用不同颜色的线条区分区域，绘制出草稿，如图 5-112 所示。飞天舞女的姿态是非常灵动的，在绘制草稿时要注意让彩带也随着舞女的舞步“舞动”起来。

图 5-112

02 降低“草稿”图层的不透明度，新建“线稿”图层，选择“勾—淡侧锋”笔刷，选择■（R178，G175，B169）色勾线。绘制完毕后，关闭“草稿”图层，绘制效果如图 5-113 所示。

技巧与提示：

勾线时可以根据人物设定灵活变通勾线的方法和选色，如本例中将人物设定成浅色眼珠，所以勾线时没有勾出眼珠。

03 参考敦煌壁画的资料图片，总结资料中的配色规律，为人物和服饰铺设合适的色彩。新建“底色”图层，选择■（R238，G221，B211）色绘制出皮肤，分别选择■（R173，G182，B177）色、■（R232，G227，B224）

色和■（R228，G157，B107）色绘制出服饰，绘制效果如图 5-114 所示。

图 5-113

图 5-114

04 新建一个图层，选择“渲染—上色”笔刷，选择■（R224，G190，B164）色通过逐层叠加的方式细化肤色，如图 5-115 所示。

图 5-115

05 选择■（R201，G135，B109）色再次加深肤色。人物的设定不同，肤色也会有所区别，如舞女的肤色整体上会比大家闺秀的肤色深一些。给舞女的脸颊、掌心和指甲染上红色，如■（R181，G066，B047）色、■（R234，G184，B169）色等，加强热情的感觉，绘制效果如图 5-116 所示。

图 5-116

06 新建一个图层，选择■（R130，G124，B131）色，根据头发的造型和走势铺出头发的第一层底色，注意留白高光，绘制效果如图 5-117 所示。

图 5-117

07 选择■（R065，G063，B067）色，再次渲染加深发色，如图 5-118 所示。相对于其他 3 个案例，这次头发绘制的黑白对比更强烈，灰色区域更少。这种强对比的处理可以让舞女的头发产生湿漉漉的效果。

图 5-118

08 选择“勾—淡侧锋”笔刷，绘制一些飘散的发丝。新建一个图层，刻画五官和妆容。选择“硬边圆压力不透明度”笔刷，选择■（R147，G086，B074）色绘制眉毛，选择■（R213，G106，B092）色绘制眼影和口红。在需要柔和过渡的部分，选择“橡皮擦”工具，选择“柔边圆压力不透明度”笔刷擦出过渡效果，绘制效果如图 5-119 所示。

图 5-119

09 分别选择■（R039，G113，B121）色和■（R163，G190，B138）色画出碧色的瞳孔，选择白色点出高光，绘制效果如图 5-120 所示。

图 5-120

10 缩小笔刷直径，选择■（R161，G066，B079）色拉出眼线，并刻画出与头发同色的上下睫毛。再次描摹加深眉毛，绘制效果如图 5-121 所示。

图 5-121

技巧与提示：

飞天舞女的眉形是极具特色的细弯眉。

11 新建一个图层，选择“渲染—上色”笔刷，分别选择■（R202，G191，B189）色、■（R132，G147，B152）色和■（R216，G119，B096）色，绘制出服饰的褶皱和阴影，绘制效果如图 5-122 所示。

技巧与提示：

可以通过下笔的轻重来控制阴影色的深浅。

12 再次加深阴影。新建一个图层，灵活使用“吸管”工具吸取画面中已有的颜色作为阴影色，让面画各区域的配色产生呼应效果，看上去更加和谐、灵动，绘制效果如图 5-123 所示。

13 给服饰添加花纹图案（图案为 5.2.3 节中所绘制的远山元素）。导入远山图案，按快捷键 Ctrl+J 复制一层，将上方图层的混合模式设置为“滤色”，下方图层的混合模式设置为“排除”，如图 5-124 所示。合并两个图层，选择“移动”工具把远山图案拖至裤腿上，用橡皮擦除溢出轮廓的部分，如图 5-125 所示。

图 5-122

图 5-123

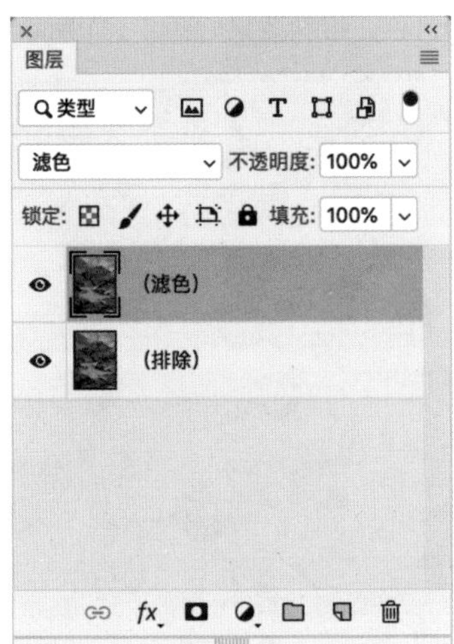

图 5-124

图 5-125

14 新建一个图层，选择“豪放笔 4”笔刷，选择■（R167，G191，B188）色绘制彩带的正面。绘制彩带时如果画出界了，不必擦得特别干净，尽量让画笔也“舞动”起来，画得随意一些。选择■（R217，G149，B015）色为人物身上佩戴的金饰填上底色，绘制效果如图 5-126 所示。

图 5-126

15 强化彩带和金饰。选择■（R234，G133，B089）色绘制彩带的反面。选择“染墨浓（T，R）”笔刷，选择■（R088，G060，B017）色绘制出金饰的暗部，绘制效果如图 5-127~ 图 5-129 所示。

图 5-127

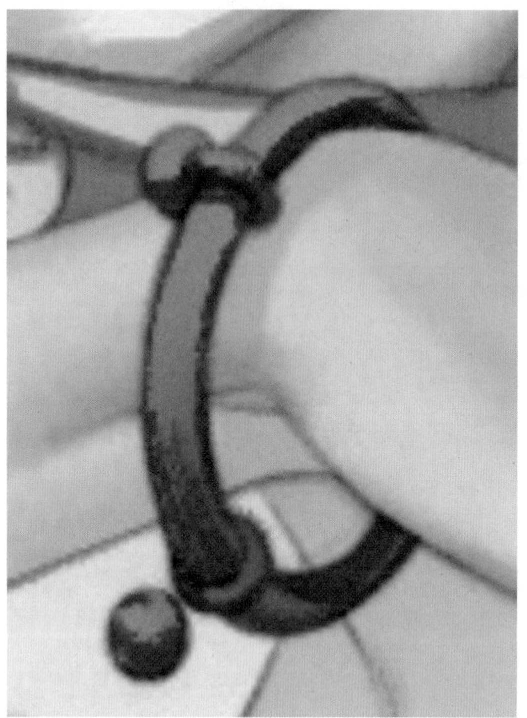

图 5-128

图 5-129

16 选择“斧劈焦墨 2（T，R）”笔刷，选择 （R255，G234，B174）色点出亮部，强化质感，绘制效果如图 5-130 所示。

17 新建一个图层，选择“渲染—上色”笔刷，绘制出手鼓的底色和基础的阴影。鼓面为 （R219，G193，B176）色，鼓身为 （R075，G054，B060）色、 （R190，G124，B013）色、 （R206，G106，B079）色和 （R149，G075，B070）色，绘制效果如图 5-131 所示。

图 5-130

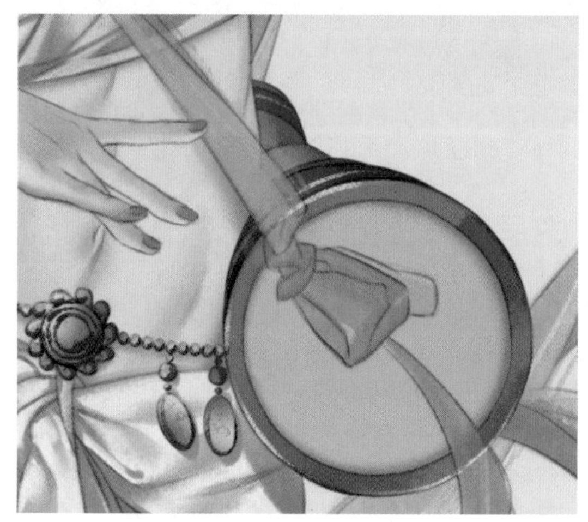

图 5-131

18 新建一个图层，选择“E- 宣纸纹理”笔刷，利用笔刷效果给鼓面刷出纹理，再复制 5.2.1 节中的花朵元素贴在鼓面上作为图案，丰富画面，绘制效果如图 5-132 所示。

图 5-132

19 合并所有图层，执行“滤镜”|“杂色”|“添加杂色”命令，为画面添加杂色。新建一个图层，选择“E- 宣纸纹理”笔刷，为画面刷出宣纸纹理效果，绘制效果如图 5-133 所示。完成敦煌舞女飞天的绘制。

图 5-133

5.4　古风插画实例——松雪谣

松雪谣绘制的是落雪时刻，天光微露，类似于全局光的一个瞬间。从整幅画的镜头视角看，占据画面最前方的松树和主体人物成为了画面中色调最暗的部分，与远处的云朵和天光产生了强烈的明暗对比。松雪谣的完成图如图 5-134 所示。

内容设定

季节：冬季
时刻：早晨
场所：松林
光源：背光

主要技法

1. 水墨风格的松树和雪花的画法。
2. 处理背光环境中画面的方法。

图 5-134

5.4.1 新建画布

建立一张尺寸为 2220 像素 ×3106 像素的画布，分辨率为 300 像素 / 英寸，如图 5-135 所示。

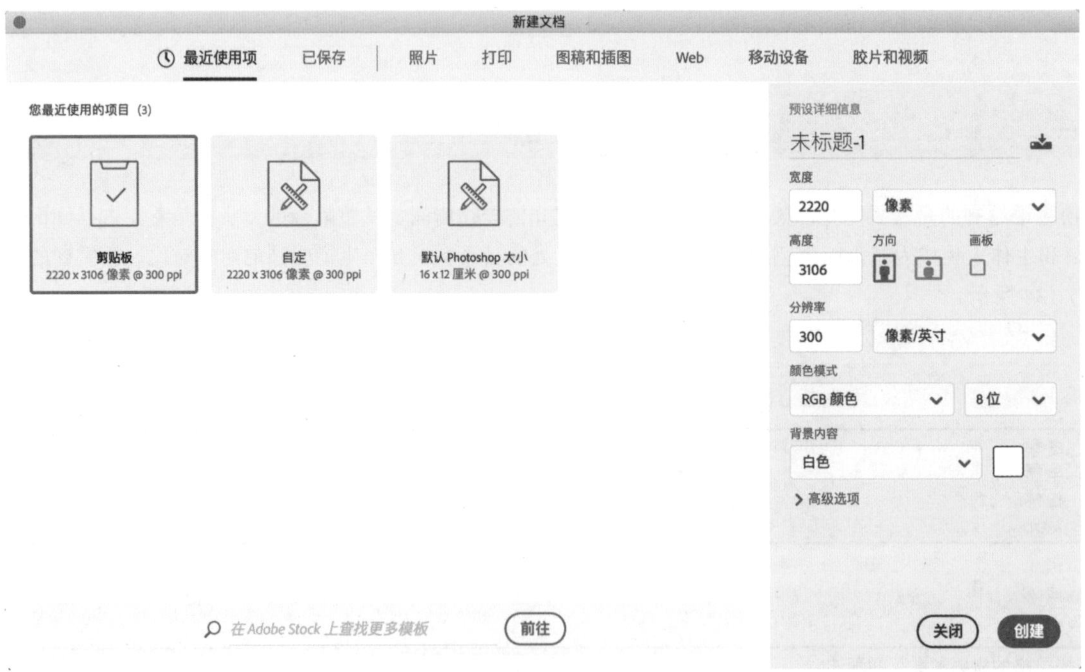

图 5-135

5.4.2　绘制背景

01 新建“背景”图层组，在组内新建“云朵”图层，选择“柔边圆压力不透明度”笔刷，将流量设置为50%，选择（R233，G238，B254）色铺出较为平面的背景云朵。选择（R253，G237，B253）色给云层添加一些暖色，暗示云层背后的天光。在靠近地面没有云朵的部分也涂抹一些同样的色彩，绘制效果如图 5-136 所示。

图 5-136

02 新建“树木步骤”图层组，在组内新建“树木剪影”图层，选择“枯墨”笔刷，选择（R110，G116，B117）色用剪影的方式大致描绘出两棵松树的枝干，如图 5-137 所示。由于是背光环境，所以在此处选择了一个中性偏灰的色彩。

03 新建一个图层，选择（R075，G080，B080）色为枝干的剪影勾勒出一些深色的轮廓线，注意不要全部勾勒完整，绘制效果如图 5-138 所示。

技巧与提示：

虽然画面整体处于背光状态，但不同的位置依然存在轻微的光照差别。

图 5-137

图 5-138

04 新建一个图层，进一步刻画松枝的结节和主体的枝条，如图 5-139 所示。

图 5-139

图 5-140

技巧与提示：

注意树干的走势是螺旋生长的。

05 新建“松枝”图层，细化松枝，为上一步绘制的结节添加细节，并补充一些更细碎的枝条，如图 5-140 所示。

06 新建一个图层，将图层混合模式设置为“正片叠底”，并将该图层锁定在“松枝”图层上。选择 “淡墨浸湿”笔刷，将流量设置为 30%，选择一些较为暗淡的色彩，如 ■（R076，G086，B071） 色、 ■（R040，G057，B057）色等，给松枝增添色彩倾向，绘制效果如图 5-141 所示。

07 新建“松针”图层组，在组内新建“松叶形状”图层，开始铺松叶。选择 “松叶—淡” 笔刷，打开 “画笔设置” 面板，将 “间距” 调整为 150%，如图 5-142 所示。切换到“形状动态”栏，将“角度抖动”的“控制”设置为“钢笔斜度”，如图 5-143 所示。完成设置后，可以利用压感笔的压感轻重来控制松叶的大小、浓淡，利用压感笔的倾斜度来控制松叶的朝向，绘制效果如图 5-144 所示。

图 5-141

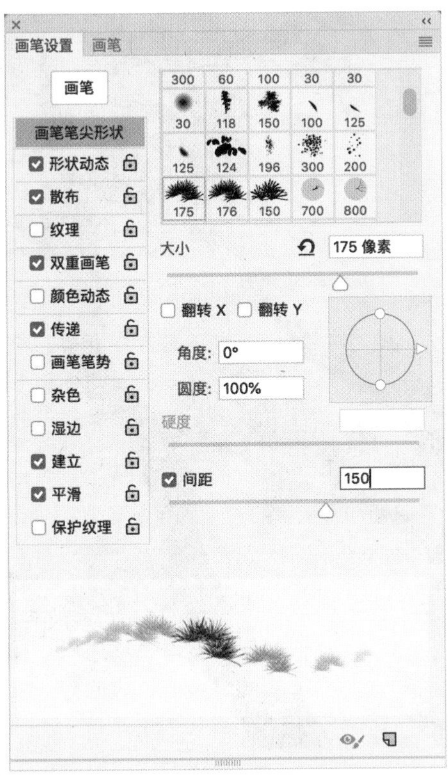

图 5-142

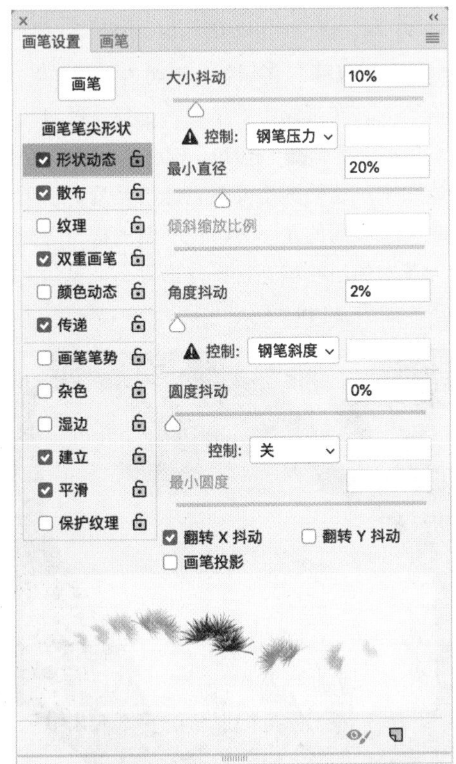

图 5-143

图 5-144

08 新建“色彩倾向”图层，分别选择深浅与色彩倾向不同的多种绿色为松叶上色。此处选用的颜色为：（R004，G075，B079）、（R093，G113，B039）、（R179，G195，B211）等，绘制效果如图 5-145 所示。

图 5-145

09 按住 Alt 键，单击“色彩倾向”图层和“松叶形状”图层之间的分隔线，将“色彩倾向”图层锁定在“松叶形状”图层上，并单击“添加矢量蒙版”按钮为“松叶形状”图层增加蒙版。选择“柔边圆压力不透明度”笔刷，选择黑色，擦淡一些松叶，使松叶的浓淡差异更大，绘制效果如图 5-146 所示。

图 5-146

10 由于是背光，所以松叶颜色实际上不会如此鲜艳。按快捷键 Ctrl+J 复制“松叶形状”图层并放在所有图层上方，并单击“添加矢量蒙版”按钮为复制出的图层增加蒙版，如图 5-147 所示。选择“橡皮擦”工具轻柔地擦除一些想留出鲜艳颜色的部位，绘制效果如图 5-148 所示。

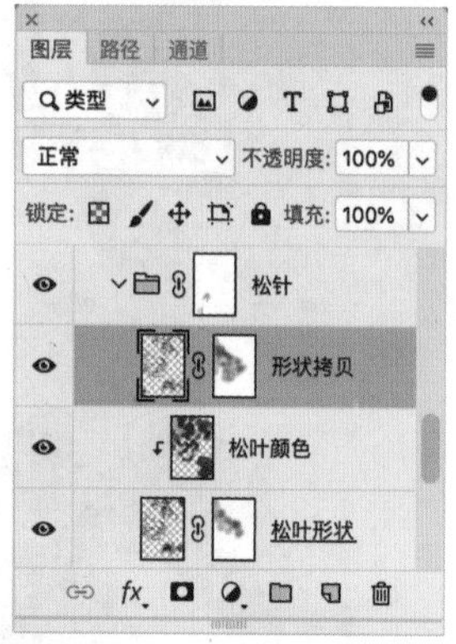

图 5-147

图 5-148

5.4.3 绘制人物线稿

01 新建“人物线稿”图层组，在组内新建“人物草图”图层，确定人物在画面中的位置，选择“硬边圆压力不透明度”笔刷，选择■（R029，G028，B028）色将人物草图绘制出来。这幅图主要想表达的是景，于是将人物的位置定在了画面的左下方，位于两棵松树之间，与右上方较为茂密的松叶相互衬托，形成一个视觉上较为稳定的构图，如图 5-149 所示。

图 5-149

02 确定人物的相对位置后，为了避免背景带来的干扰，关闭所有背景图层。将“人物草图”图层的不透明度降低至 30%~70%，在“人物草图”图层上方新建“线稿”图层，选择“勾—淡侧锋”笔刷，勾勒人物的线稿，同时细化人物的动作与姿态。线稿绘制完毕后，关闭“人物草图”图层，绘制效果如图 5-150 和图 5-151 所示。

图 5-150

图 5-151

> **技巧与提示：**
>
> 可以通过对自己躯干的观察来辅助绘制人物形态。

03 打开所有背景图层，观察整体效果，感觉人物在画面中占据的面积过小。按快捷键 Ctrl+T 调整人物的大小，调整后的效果如图 5-152 所示。

图 5-152

5.4.4　人物头面上色

01 新建“皮肤”图层，选择“柔边圆压力不透明度”笔刷，选择（R216，G202，B209）色绘制出皮肤的底色，如图 5-153 所示。

图 5-153

> **技巧与提示：**
>
> 所有的人物上色部分都是在线稿层的下方，背景层的上方完成的。

02 新建“皮肤阴影”图层，并将其锁定在“皮肤”图层上。选择■（R201，G166，B166）色绘制皮肤上的阴影，绘制效果如图 5-154 所示。

图 5-154

03 细化人物肤色。加深脖颈处的阴影，微调整体的肤色，避免颜色过重，背光人物的立体感不会太强。选择■（R194，G165，B115）色填充人物的眼珠，绘制效果如图 5-155 所示。

图 5-155

04 细化五官。新建一个图层，选择“硬边圆压力不透明度”笔刷，选择■（R056，G045，B043）色拉出眼线和睫毛。加深五官的颜色，确保人物的面部在完整的画面中也能被清晰地观察到。最后，选择白色点出瞳孔上方的高光，让人物的双眼更有神采，绘制效果如图 5-156 所示。

图 5-156

05 新建“头发底色”图层，选择■（R211，G217，B229）色绘制出头发的底色，如图 5-157 所示。

图 5-157

06 新建“头发暗部”图层，并将其锁定在“头发底色”图层上。选择 “渲染—上色”笔刷，分别选择■（R089，G083，B086）色和■（R149，G153，B160）色绘制头发的暗部，绘制效果如图 5-158 所示。

07 新建“头发亮部”图层，并将其锁定在“头发底色”图层上。选择白色，强化一下上一步中留白的区域，细致描绘出头发的光泽感，绘制效果如图 5-159 所示。

图 5-158

图 5-159

5.4.5 人物服装上色

01 新建“衣物底色”图层，分别选择■（R081，G075，B074）色和■（R038，G028，B026）色绘制内层衣物的底色，分别选择白色和青色 （R235，G236，B240）绘制外层衣物的底色，绘制效果如图 5-160 所示。

图 5-160

02 新建“衣物阴影”图层，选择“水边”笔刷，分别选择■（R187，G193，B194）色和■（R100，G092，B108）色绘制出衣物的阴影，注意强调出衣物的褶皱，绘制效果如图 5-161 所示。

图 5-161

03 新建“外袍底色”图层，分别选择■（R063，G094，B097）色和■（R050，G060，B069）色绘制出衣外袍的底色，如图 5-162 所示。

图 5-162

04 新建“外袍阴影”图层，分别选择■（R063，G068，B070）色和■（R047，G025，B029）色，根据褶皱的走向和各部位之间的遮挡关系细化出阴影，绘制效果如图 5-163 所示。

图 5-163

05 为衣物绘制花纹。关闭“外袍底色”图层，新建“衣物花纹”图层，选择“勾—淡侧锋”笔刷，为部分服饰绘制一些花纹装饰，如图 5-164 所示。由于两个区域的布料不同，花纹的选色也不同。选择■（R173，G145，B136）色勾勒出人物右肩偏向金色的花纹，如图 5-165 所示。分别选择■（R074，G162，B189）色和■（R031，G046，B060）色勾勒出人物左肩偏向蓝绿色的花纹，如图 5-166 所示。

图 5-164

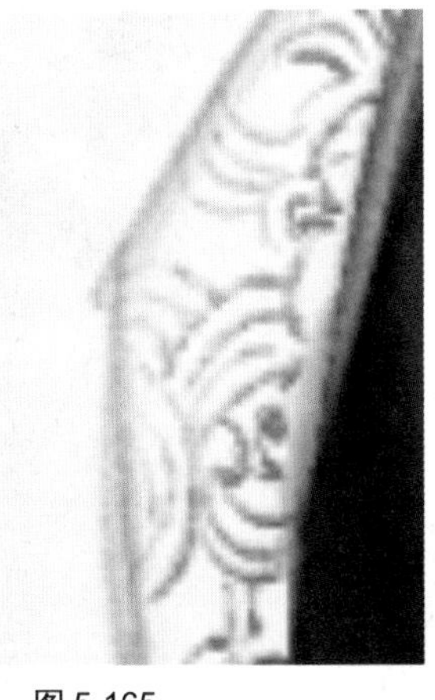
图 5-165

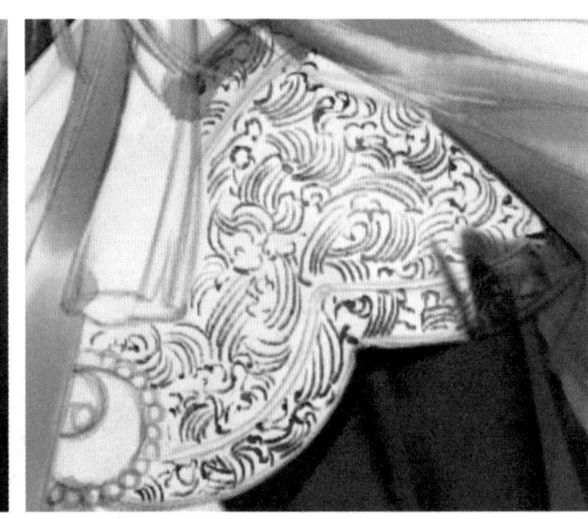
图 5-166

06 绘制完花纹后，打开“外袍底色”图层，完成衣物的绘制，衣物的整体效果如图 5-167 所示。

图 5-167

5.4.6　金属配饰上色

01 新建“金属”图层，选择“硬边圆压力不透明度”笔刷，绘制金属配饰的底色。由于服饰的配色对比已经较为强烈，所以在此处选择了一个较为低调的深铜色■（R094，G083，B089）作为金属配饰的底色，绘制效果如图 5-168 所示。

图 5-168

02 根据金属部分的结构，新建一个图层，选择“水边”笔刷，选择■（R111，G105，B115）色为金属配饰增加一些亮色部分，如图 5-169 所示。

图 5-169

03 新建一个图层，选择■（R076，G063，B057）色绘制一些阴影，加强金属配饰的立体感，绘制效果如图 5-170 所示。

图 5-170

04 新建一个图层，选择 “书法—焦墨飞白 2”笔刷，选择■（R231，G231，B236）色，点出金属最亮的高光部分，如图 5-171 所示。

图 5-171

05 新建一个图层，选择“硬边圆压力不透明度”笔刷，选择■（R021，G019，B020）色描绘出金属装饰颜色最深的部分，如图 5-172 所示。完成整个金属配饰部分的绘制。

图 5-172

5.4.7　整体画面调整

01 按住 Alt 键单击“树木步骤”图层组和“松针”图层组，选择出其轮廓，再选择“人物”图层组，单击“蒙版”按钮给人物图层增加树木的蒙版。最后，选择“橡皮擦”工具擦出想保留的部分，绘制效果如图 5-173 所示。

图 5-173

02 缩小画幅观察整体效果，发现人物整体的色调过于明亮。新建“人物加深”图层，将图层混合模式设置为“正片叠底”，图层不透明度降低为65%，并将其锁定在“人物”图层组上。选择“油漆桶”工具，选择（R139，G146，B163）色填充整个画面，调整后的效果如图5-174所示。

图 5-174

03 新建“亮光”图层，将图层混合模式设置为“亮光”，图层不透明度降低至10%，并将其锁定在“人物”图层组上。选择“柔边圆压力不透明度”笔刷，选择（R193，G172，B125）色，轻轻淡扫一下人物头部右上方和远处的飘带，调整后的效果如图5-175所示。

图 5-175

04 新建一个图层，选择“硬边圆压力不透明度”笔刷，将笔刷直径缩小至1像素，选择白色，单击点出细密的雪花。雪花无须全部手动点出，点出一组雪花后，按几次快捷键Ctrl+J就复制几组雪花，再分别将雪花排布在合适的位置即可，绘制效果如图 5-176 和图 5-177 所示。

图 5-176

图 5-177

05 新建一个图层，放大笔刷直径，降低笔刷不透明度，用压感笔点出远处淡雪花，绘制效果如图 5-178 和图 5-179 所示。

图 5-178

图 5-179

06 随机选择几个雪花图层，将图层混合模式设置为“外发光”，为部分雪花增添发光效果，绘制效果如图 5-180 和图 5-181 所示。

07 调整整个画面的颜色。新建一个图层，将图层模式设置为“柔光”，图层不透明度降低为 80%。选择“油漆桶”工具 选择■（R156，G126，B119）色填充整个画面，中和过重的青色调，调整后的效果如图 5-182 所示。

图 5-180

图 5-181

08 新建一个图层，将图层模式设置为“正片叠底”，图层不透明度降低至 25%，选择“E- 宣纸纹理 2”笔刷，选择■（R140，G140，B140）色，给画面增加纸张效果。调整后的效果如图 5-183 所示，完成松雪谣的绘制。

图 5-182

图 5-183

第6章

日系插画

日系插画是很多人初次接触数字CG插画时就会了解到的一种非常流行的绘画派别。本章将介绍日系数字CG插画的基础知识，并通过案例详细讲解日系人物和场景的绘制方法。

6.1 日系插画概述

6.1.1 什么是日系插画

日系数字CG插画的前身其实是动画制作中的一个环节，也被称为"赛璐璐"，是一种在塑料胶片上运用逐层平涂来着色的绘制风格。这种平涂风格在动画中很常见。时至今日，在胶片上的绘画已经被数字绘画所取代，但这种着色风格却流传了下来。随着绘画工具的改变，日系插画风格也在平涂的基础上加入了一些过渡渐变的效果。

6.1.2 日系插画的线条特点

日系插画线条最大的特点是精致干净、相对较细，能让人非常清楚地感觉到图画中线条的存在，却不会抢夺色彩的主要视觉位置。另外，由于平涂着色时常使用"魔棒"工具进行区域的点选，故而在日系插画中线条的闭合程度十分重要，这一点会在本章案例中进行详细讲解。

6.1.3 日系插画的常用色彩

日系插画色彩鲜亮、饱和度高，画面整体给人清新透明的视觉感受。浮世绘、木版画，以及材料具有一定厚度的岩彩等绘画方式都具有较为强烈的日式绘画色彩清亮的特质。下面列出一些日系插画的常用色卡及RGB值，供读者绘画时参考。

桃 R245，G150，B170

樱 R254，G223，B225

甚三红 R235，G122，B119

栗梅 R144，G072，B064

红桦 R181，G068，B052

铅丹 R215，G084，B085

照柿 R196，G098，B067

远州茶 R202，G120，B083

赤香 R227，G145，B110

赤白橡 R225，G166，B121

丁子茶 R150，G099，B046

朽叶 R226，G148，B059

银煤竹 R130，G102，B058

山吹 R255，G177，B027

白橡 R220，G187，B121

芥子 R202，G173，B095

利休白茶 R180，G165，B130

青朽叶 R173，G161，B066

苔 R131，G138，B045

千岁茶 R077，G081，B057

苗 R134，G193，B102

若竹 R093，G172，B129

御纳户茶 R070，G093，B076

蓝海松茶 R015，G076，B058

白群 R120，G194，B196

新桥 R000，G137，B167

熨斗目花 R043，G095，B117

勿忘草 R125，G185，B222

藤鼠 R110，G117，B164

紫苑 R143，G119，B181

江户紫 R119，G066，B141

菖蒲 R111，G051，B129

鸠羽鼠 R114，G099，B110

胡粉 R255，G255，B251

钝 R101，G103，B101

吕 R012，G012，B012

6.2 经典日系服装的造型设计

提到日系服饰，很多人都会第一时间想到“水手服”。本节将从 “水手服”开始，通过案例来详细介绍几种典型的日系服装的绘制方法。

6.2.1 水手服

水手服起源于英国海军的制服，也叫“水兵服”。日本动漫里的学生形象大多穿着水手服。不同地域和学校的水手服的设计也不同，如东京流行白衫短裙、青山流行深色长裙。本案例绘制的是一个身着春秋季节的长袖长裙款水手服的少女，具体的步骤如下。

01 新建画布，新建“草稿”图层，想象一位身着水手服的少女的行走姿态，选择“铅笔”工具绘制出大致的人体动态，如图 6-1 所示。日系人物的面部五官比例较为夸张，人物的双眼通常较大，而鼻子部分常被弱化，甚至在线稿阶段并不会出现鼻子。

图 6-1

02 用不同颜色的线条绘制出不同部位的草图，以便区分不同区域。在本例中设计的水手服款式是偏向春秋季节的长款，但核心设计元素没有变化，依然是水手服经典的海军领、领结和百褶裙。同时，为了突出人物的日系气质，为人物设计了一个具有强烈日系韵味的“公主切”发型，绘制效果如图 6-2 所示。

图 6-2

03 降低“草稿”图层的不透明度，新建“线稿”图层，选择 “硬边圆压力不透明度”笔刷，将笔刷直径缩小至 2 像素，不透明度设置为 100%，流量调整为 40%，选择一个柔和的颜色（R159，G129，B115）勾出线稿，绘制完毕后关闭“草稿”图层，绘制效果如图 6-3 所示。

技巧与提示：

勾线的时候要注意运笔的力度，在一些会形成阴影的部分可以着重描绘几次。线条的深浅层次可以增加画面的立体感，如图 6-4 所示。

图 6-3

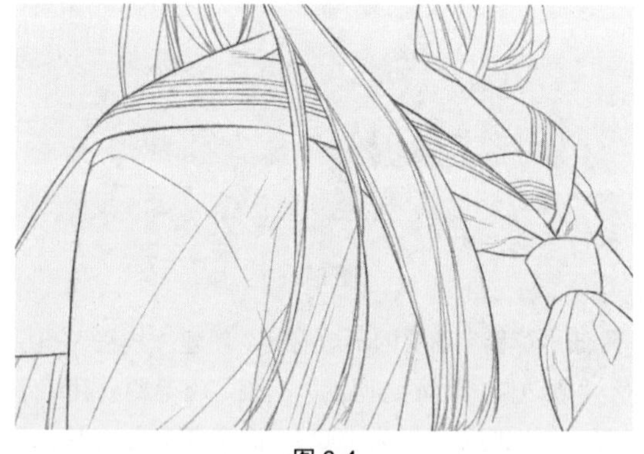

图 6-4

技巧与提示：

绘制日系插画时要尤其注意线稿的闭合程度，如图 6-5 所示。在一些线条复杂的区域，如发尾、刘海处，也要尽可能保证线条闭合。线稿闭合度越高，后期使用“魔棒”工具上色时就越方便。

图 6-5

04 新建“皮肤底色”图层，选择 （R255，G227，B213）色铺出人物的皮肤底色。单击“锁定透明像素”按钮锁定当前图层的像素，再选择 “柔边圆压力不透明度”笔刷，或者直接使用“渐变”工具，选择（R240，G184，B167）色在皮肤上做出渐变效果，绘制效果如图 6-6 所示。

图 6-6

技巧与提示：

渐变是丰富画面色彩的一种实用方法。使用“吸管”工具取色时，由于渐变效果的存在，每个部分的颜色都会有细微的差别。

05 新建“皮肤阴影”图层，选择“硬边圆压力不透明度”笔刷，给皮肤增加阴影，重点描绘刘海、袖口等处由于遮挡形成的阴影，绘制效果如图 6-7 所示。

图 6-7

06 再次加重阴影。选择■（R228，G162，B140）色，重点描绘一些光照不足的部位，如被头部挡住光线的脖子和处于暗面的手心等，绘制效果如图 6-8 所示。

图 6-8

07 新建“衣物底色”图层，分别选择■（R106，G113，B131）色和■（R246，G246，B246）色铺出衣服和裙子的底色，再锁定图层的透明像素，选择“柔边圆压力不透明度”笔刷，分别选择■（R084，G078，B090）色和■ (R201，G209，B216) 色通过渐变的方式丰富服饰的色彩，绘制效果如图 6-9 所示。

图 6-9

08 新建“衣物阴影”图层，选择“硬边圆压力不透明度”笔刷，选择■（R153，G146，B161）色顺着衣服的褶皱，给上衣部分添加阴影。上衣的质地较为柔软，褶皱也相对较多。描绘阴影时，要注意刻画衣物随着人物肢体的伸展而产生的不同类型的褶皱，绘制效果如图 6-10 所示。

图 6-10

09 选择■（R073，G064，B083）色给裙子和水手服的领子与袖子部分增加阴影。这几个区域的服饰质地较为硬挺，产生的褶皱也比较规律，绘制效果如图 6-11 所示。

图 6-11

> **技巧与提示：**
>
> 绘制阴影时需要时刻注意光源的位置，思考在这个方向的光照下，大致上哪个部分会被打亮，哪个部分处在阴影中。

10 新建一个图层，分别选择■（R229，G105，B042）色、■（R200，G210，B216）色和■（R088，G082，B094）色铺出领结、鞋袜的底色，选择■（R227，G219，B217）色绘制出海军领和袖口处的经典横纹装饰。选择“柔边圆压力不透明度”笔刷，给鞋袜制作出渐变效果，绘制效果如图 6-12~ 图 6-14 所示。

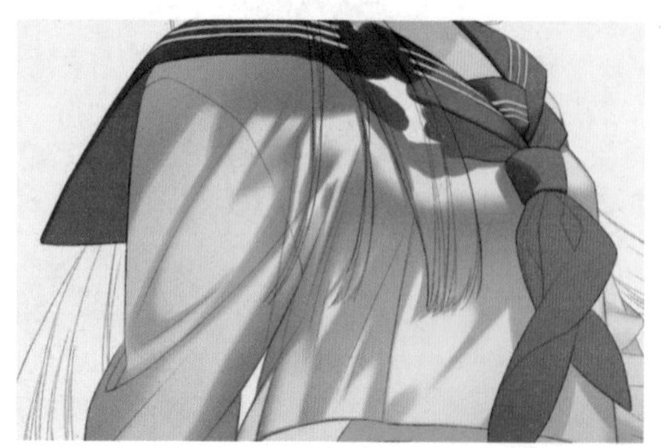

图 6-12

图 6-13

图 6-14

11 新建一个图层，选择“硬边圆压力不透明度”笔刷，分别选择■（R191，G071，B047）色、■（R143，G142，B150）色和■（R116，G118，B130）色为领结、装饰横纹、袜子增添阴影，绘制效果如图 6-15~ 图 6-17 所示。

图 6-15

图 6-16

图 6-17

12 为小皮鞋增添阴影和高光，加强皮质质感。新建一个图层，选择“柔边圆压力不透明度”笔刷，选择■（R055，G050，B057）色绘制出边缘柔和的阴影，然后选择“橡皮擦”工具，选择“硬边圆压力不透明度”笔刷，擦掉一些阴影，露出底色作为高光，绘制效果如图 6-18 所示。

图 6-18

13 新建一个图层，选择“画笔”工具，选择“硬边圆压力不透明度”笔刷，选择一个金属色■（R176，G174，B177）绘制出右脚受光的金属鞋扣，选择■（R114，G113，B111）色绘制出背光的鞋扣。选择■（R123，G121，B124）色绘制出受光金属扣的暗部，再选择白色略微点一下亮部，不要画得太亮，整幅图最亮的、对比最强烈的部分要留给视觉中心区域，绘制效果如图 6-19 所示，完成衣物部分的绘制。

图 6-19

14 新建“头发底色”图层，选择■（R059，G060，B065）色铺出头发的底色。选择“柔边圆压力不透明度”笔刷，选择■（R140，G149，B156）色给头发增加一些亮色的部分，丰富明暗变化，绘制效果如图 6-20 所示。例如人物侧脸的头发，由于被设定中的光线穿透，所以会更亮一些，如图 6-21 所示。

技巧与提示：

绘制人物时要注意疏密有度，才能突出视觉焦点。在本例中，笔者将人物的上半身部分设定成视觉焦点，所以绘制头发和面部时会比其他部位更仔细一些。

图 6-20

图 6-21

15 绘制深色部分。为了更贴近日系人物的感觉，本例中人物的发色设定是传统的黑发。但绘制头发的深色部分时，不要直接选用黑色，否则会显得太过沉闷，不够清透。可以选择接近于黑的深色来绘制，如■（R038，G033，B040）色。选择“橡皮擦”工具擦出光泽感，绘制效果如图 6-22 所示。

图 6-22

16 选择■（R218，G229，B237）色给额前的刘海绘制出一圈高光。高光和暗部的明暗对比越强烈，发质就会显得越柔顺、光泽，绘制效果如图 6-23 所示。

图 6-23

17 新建一个图层，分别选择■（R142，G147，B153）色和■（R254，G235，B231）色铺出眼珠和眼白的底色。注意人的眼白并不是纯白色的，通常只是比皮肤的颜色明亮一些，绘制效果如图 6-24 所示。

图 6-24

18 选择“柔边圆压力不透明度”笔刷，选择■（R028，G022，B027）色画出瞳孔，并选择■（R046，G040，B048）色绘制出额前的刘海和睫毛在眼珠上形成的阴影，如图 6-25 所示。

图 6-25

19 在眼珠玻璃体上随意增加各种高纯度的颜色，丰富画面的色彩，如图 6-26 所示。

> **技巧与提示：**
>
> 选色时过于写实容易显得太单调。本例中人物的发色、肤色和服饰配色都较为写实、典型，在眼珠这种部位就可以尽情地渲染多种色彩。

图 6-26

20 选择“硬边圆压力不透明度”笔刷，选择“吸管”工具 吸取头发的色彩来加深睫毛和眼线，保证毛发色彩的一致性，以免产生不合理的感觉，绘制效果如图 6-27 所示。

图 6-27

21 选择白色，点出面部高光。在眼睛里添加了一个桃心状的高光，让女孩更甜美、可爱，绘制效果如图 6-28 所示。

图 6-28

22 新建一个图层，增添整体性的暗色部分。这部分的区域不包括服饰本身的褶皱，仅是头部、上衣等部位的遮挡在其他部位上形成的阴影，具体的部位如图 6-29 所示。由于光源的设定是自然光，所以选择了偏蓝灰的颜色■（R205，G206，B213）。绘制完成后，将图层混合模式更改为“正片叠底”，完成水手服的绘制，绘制效果如图 6-30 所示。

图 6-29

图 6-30

6.2.2 大正时期服饰

大正时期的日本服饰融合了东西方风格，整体表现异常华丽。在这个时期的照片中，经常可以看到日式和服和西式西服、披肩的混搭，很有魅力，本实例的具体步骤如下。

01 新建画布，新建“草稿”图层，绘制一个大正时期的男性的草图，注意使用不同颜色的线条来区分区域，绘制效果如图 6-31 所示。

02 降低“草稿”图层的不透明度，新建“线稿”图层，选择“硬边圆压力不透明度”笔刷，将笔刷直径缩小至 2 像素，选择一个暖色调的颜色■（R100，G082，B072），勾出线稿，绘制完毕后关闭“草稿”图层，绘制效果如图 6-32 所示。

图 6-31

图 6-32

技巧与提示：

暖色系的线稿与皮肤的色彩融合度更高，上色时不会显得突兀。

03 新建一个图层，分别选择■（R239，G222，B214）色和■（R129，G125，B122）色铺出男孩的皮肤和头发的底色。锁定图层的透明像素，选择“柔边圆压力不透明度”笔刷，分别选择■（R220，G191，B177）色和■（R087，G083，B084）色绘制出渐变效果，绘制效果如图 6-33 所示。

图 6-33

04 新建“皮肤阴影”图层，选择“硬边圆压力不透明度”笔刷，选择■（R206，G171，B165）色绘制头面部分的阴影。日系人物的鼻部简化程度较高，线条很弱，可以用阴影暗示出鼻子的体积，绘制效果如图 6-34 所示。

图 6-34

05 选择■（R189，G148，B142）色再次加深阴影，加强对比。尤其是帽檐给面部造成的阴影，可以绘制得更深一些。注意阴影的形状要与遮挡物的形状相似，绘制效果如图 6-35 所示。

图 6-35

06 新建一个图层，选择■（R204，G181，B183）色绘制出眼白，选择■（R041，G023，B023）色绘制出眼线和睫毛。注意男性人物的睫毛会比女性人物收敛很多。同时，选择■（R176，G152，B152）色绘制出上眼睑投落在眼球上的阴影，绘制效果如图 6-36 所示。

图 6-36

07 选择■（R077，G040，B031）色绘制出瞳孔。给男孩一双茶色的眼睛，加强角色的温柔气质。可以随意地混一些其他的色彩来丰富眼睛的层次感，绘制效果如图 6-37 所示。

图 6-37

08 选择任意喜欢的、饱和度较高的色彩点缀在眼珠上，不需要过多地考虑写实的问题，只需要考虑如何通过瞳色来表现人物的设定即可，绘制效果如图 6-38 所示。

图 6-38

09 新建“衣物底色”图层，绘制衣物的底色。在本例中选择了低饱和度的红绿配色和黑白配色，使画面整体感觉华丽而内敛。帽子、斗篷和靴子为■（R094，G093，B108）色，外层上衣为■（R166，G095，B070）色，内层上衣为■（R220，G220，B228）色，腰带和刀柄为■（R184，G063，B014）色，刀身为■（R042，G039，B048）色，下裳为■（R085，G126，B128）色。选择“柔边圆压力不透明度”笔刷，分别选择■（R044，G041，B050）色、■（R159，G045，B007）色和■（R070，G083，B099）色绘制出罩衫、帽子和鞋子区域，以及腰带区域和下裳区域的渐变效果，绘制效果如图 6-39 所示。

10 新建一个图层，选择“硬边圆压力不透明度”笔刷，顺着衣物的褶皱走向绘制出阴影和亮部。阴影和亮部的颜色可以灵活地根据各区域衣物的映射来选择。帽子、斗篷和刀身的亮部为■（R087，G098，B110）色，内层上衣的阴影为■（R146，G152，B166）色，外层上衣的阴影为■（R123，G070，B078）色，腰带和刀柄的阴影为■（R113，G010，B036）色，下裳的阴影为■（R070，G077，B093）和■（R074，G065，B084）色，绘制效果如图 6-40 所示。

图 6-39

图 6-40

11 再次加深斗篷部分的阴影。在本步中可以直接通过绘制来加深，也可以通过调整"色相/饱和度"的方式来加深。具体的调整方法在第 2 章中已有详细介绍，此处不再赘述，绘制效果如图 6-41 所示。

图 6-41

12 完成衣物部分的绘制后，开始细化配饰部分。设定帽檐的材质为硬塑料，新建"帽檐"图层，选择"柔边圆压力不透明度"笔刷，选择■（R156，G168，B180）色细化出帽檐部分的第一层亮部。注意落笔要轻柔，色彩过渡要自然，绘制效果如图 6-42 所示。

图 6-42

13 选择"硬边圆压力不透明度"笔刷，选择■（R033，G032，B040）色给帽檐增加一些边界清晰的深色部分。硬塑料材质的明暗交界线会较为明显，绘制效果如图 6-43 所示。

图 6-43

14 细化皮靴部分。本例中的光源设定是自然光，在这种光源下，皮质鞋面反射的是冷光。新建"皮靴"图层，选择"柔边圆压力不透明度"笔刷，选择冷色调的颜色■（R124，G138，B151）绘制出皮靴的亮部，如图 6-44 所示。

图 6-44

15 给皮靴增添阴影。选择"橡皮擦"工具，选择"硬边圆压力不透明度"笔刷，擦掉一些亮部，将露出的深色底色作为暗部，通过强烈的明暗对比强化皮质质感，如图 6-45 所示。

图 6-45

16 细化金属配饰。新建“金属底色”图层，选择“画笔”工具 ，选择“硬边圆压力不透明度”笔刷，选择 (R223，G171，B045）色给画面中所有的金属绘制底色，如衣帽的装饰扣、刀柄等，绘制效果如图 6-46 所示。

图 6-46

17 新建“金属阴影”图层，选择一个较底色更深的色彩 （R171，G116，B059），根据光线的直射和折射规律，绘制出金属的深色阴影区域，如图 6-47 所示。

图 6-47

18 金属材质的明暗对比是很强烈的，按快捷键 Ctrl+J 复制“金属阴影”图层，将图层的混合模式设置为“正片叠底”，再次加深金属阴影，如图 6-48 所示。

图 6-48

19 观察整体效果并及时微调。缩小画幅观察整个画面，感觉脖颈处和被前方手部遮挡住的衣物处的阴影不够明显，新建一个图层，适当调整并加深，绘制效果如图 6-49 所示。

图 6-49

> **技巧与提示：**
>
> 绘制人物时，各个部分的进度应当保持统一，以便随时观察整体效果，及时调整不足之处。

20 为帽子和领子部分的扣子增加花纹。新建“扣子花纹”图层，绘制出一个花纹，再按快捷键 Ctrl+J 复制出几个花纹，选择“移动”工具 分别拖至相应位置即可，绘制效果如图 6-50 和图 6-51 所示。

图 6-50

图 6-51

21 新建一个图层，选择 R255，G255，B244 色为人物的面部增添高光，加强皮肤的柔润感和眼睛的灵动感，如图 6-52 所示。完成大正时期服饰的绘制，绘制效果如图 6-53 所示。

图 6-52

图 6-53

图 6-54

图 6-55

6.2.3　阴阳师服饰

阴阳师指的是日本的巫师，常活跃在祭祀、占卜等领域。阴阳师的造型和服饰非常独特，常出现在东方幻想类的游戏和动画中，本例的具体步骤如下。

01 新建画布，新建“草稿”图层，使用不同颜色的线条绘制出草图，如图 6-54 所示。

02 降低“草稿”图层的不透明度，新建“线稿”图层，选择 “硬边圆压力不透明度”笔刷，将笔刷直径缩小至 2 像素，选择一个暖色■（R120，G091，B085）勾出线稿。线稿绘制完毕后，关闭“草稿”图层，绘制效果如图 6-55 所示。

03 新建“底色及渐变”图层，铺出各区域的底色，再选择“柔边圆压力不透明度”笔刷绘制渐变效果。皮肤的底色为■（R250，G229，B212）色，渐变色为■（R228，G199，B181）色；头发的底色为■（R174，G174，B164）色，渐变色为■（R117，G108，B103）色；内层衣物和袜子的底色为■（R227，G227，B097）色和■（R240，G245，B248）色，渐变色为■（R209，G210，B089）色和■（R202，G220，B220）色，绘制效果如图 6-56 所示。

图 6-56

04 新建一个图层，选择“硬边圆压力不透明度”笔刷，选择柔和的阴影色，绘制这几个部分的第一层阴影，着重刻画面部，利用阴影表现出面部的结构。头发的阴影为■（R079，G068，B066）色，皮肤的阴影为■（R224，G195，B177）色，内层衣物和袜子的阴影为■（R162，G190，B194）色和■（R191，G194，B081）色，绘制效果如图 6-57 和图 6-58 所示。

图 6-57

图 6-58

05 再次加深不受光区域的阴影。选择■（R198，G163，B143）色加深脖颈部位的阴影，选择■（R181，G163，B071）色加深被手臂遮挡的袖口内部的阴影，选择■（R146，G162，B175）色加深被裤子和鞋子遮挡的袜子部分的阴影，绘制效果如图 6-59 所示。

图 6-59

06 新建一个图层，选择■（R234，G236，B232）色给发丝增加高光，强化头发的光泽感。分别选择■（R083，G114，B116）色和■（R175，G207，B151）色绘制东方人中少见的碧色眼珠，赋予人物妖异神秘的感觉，更贴近“阴阳师”的人物设定，绘制效果如图 6-60 和图 6-61 所示。

图 6-60

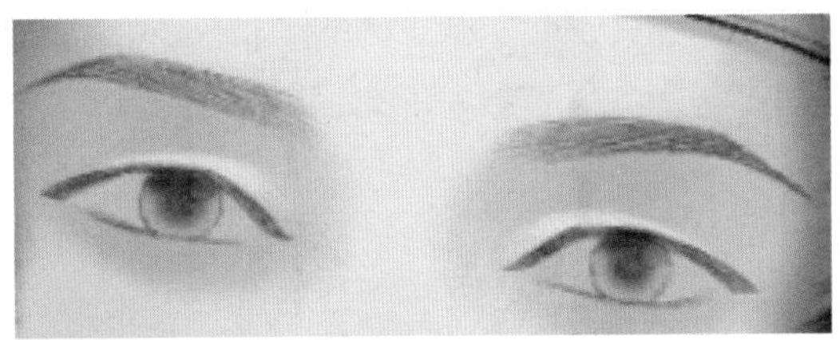

图 6-61

07 随意选择一些亮丽的色彩丰富眼珠的颜色层次，如图 6-62 和图 6-63 所示。

图 6-62

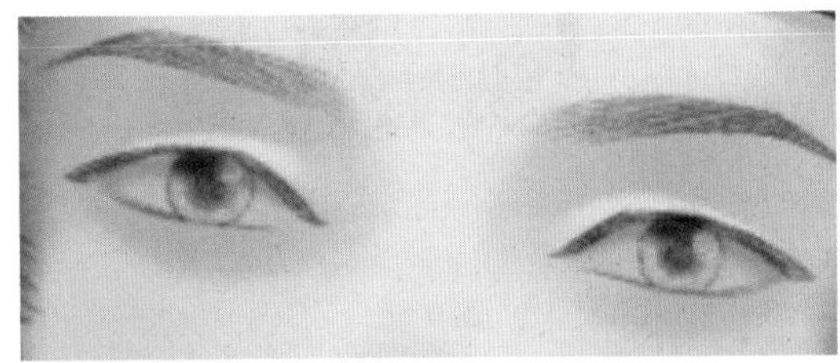

图 6-63

08 选择与头发接近的色彩，如■（R117，G101，B089）和■（R056，G038，B030）色绘制人物的眼线、睫毛和眉毛。在设定中，这是一位单眼皮的阴阳师，眼形狭长，五官干净清爽，极具东方韵味，绘制效果如图 6-64 所示。

图 6-64

09 新建一个图层，铺设帽子、裤子和外衣的底色，并选择“柔边圆压力不透明度”笔刷绘制渐变效果。帽子的底色为■（R096，G108，B114）色，渐变色为■（R074，G076，B078）色；裤子的底色为■（R105，G115，B106）色，渐变色为■（R059，G079，B090）色；外衣的底色为■（R225，G226，B228）色，渐变色为■（R187，G197，B209）色。青绿色系能够带来清爽的感觉，绘制效果如图 6-65 所示。

图 6-65

10 新建一个图层，根据光源的位置、衣物的质地、各部位相互之间的遮挡情况，选择“硬边圆压力不透明度”笔刷，分别选择■（R154，G171，B187）色、■（R010，G044，B079）色和■（R034，G046，B070）色绘制外衣和裤子的褶皱和阴影。在设定中，人物的外衣衣料较为挺括，褶皱和阴影的线条更直、块面更大。而裤子的质地较为柔软，褶皱更多，阴影也相对细碎，绘制效果如图 6-66 所示。

图 6-66

11 绘制外衣的暗纹。导入 3.1.2 节中绘制的日式纹样，按快捷键 Ctrl+J 复制几层，选择“移动”工具 拖动纹样铺满外衣区域。合并所有纹样图层，将图层混合模式设置为“划分”，绘制效果如图 6-67 和图 6-68 所示。

图 6-67

图 6-68

12 细化帽子。通过查找资料可以发现，阴阳师的帽子中间会有一个或几个下凹的菱形，很有特色。新建一个图层，根据光源的位置，选择■（R062，G069，B075）色绘制出帽子菱形的暗部，如图 6-69 所示。

图 6-69

13 分别使用“柔边圆压力不透明度”笔刷和“硬边圆压力不透明度”笔刷，细化菱形部位的中心和四周硬挺布料由于转折而产生的阴影。选择■（R084，G093，B098）色绘制出菱形上方的柔和亮部和下方的清晰亮部，增强立体感，绘制效果如图 6-70 所示。

图 6-70

14 选择“柔边圆压力不透明度”笔刷，加深帽子侧面明暗交界线处柔和的转折阴影，如图 6-71 所示。

图 6-71

15 细化扇子。新建一个图层，选择“硬边圆压力不透明度”笔刷，分别选择■(R204，G203，B182)色和□(R240，G245，B248)色铺设出扇骨和扇面部分的底色，再选择“柔边圆压力不透明度”笔刷，分别选择■（R106，G116，B108）色和■（R204，G222，B232）色绘制渐变效果，绘制效果如图 6-72 所示。

图 6-72

16 新建一个图层，选择“硬边圆压力不透明度”笔刷，选择 （R213，G228，B233）色加深与扇面粘贴在一起的扇骨的颜色。当布料织数不够高时，浅色布面粘贴在深色扇骨上的部分会隐约透出扇骨的形状和颜色。分别选择 （R085，G090，B099）色和 （R181，G192，B204）色绘制出手部在扇子上的投影，绘制效果如图 6-73 所示。

图 6-73

17 细化扇面暗纹。导入 3.1.2 节中绘制的日式纹样，按快捷键 Ctrl+J 复制几层，选择“移动”工具 拖动纹样铺满扇面区域。合并所有纹样图层，将图层混合模式设置为“叠加”，绘制效果如图 6-74 和图 6-75 所示。

图 6-74

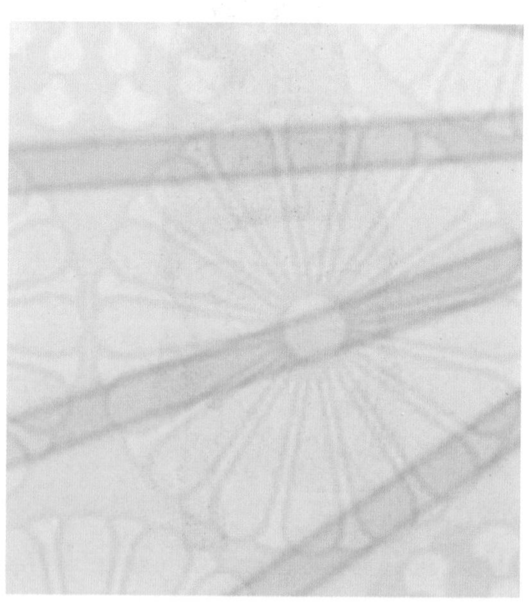

图 6-75

18 新建“扇面小花”图层，选择 （R208，G207，B088）色，为扇面暗纹中的几朵小花填充颜色。再选择“柔边圆压力不透明度”笔刷，选择 （R138，G124，B054）色绘制渐变效果，绘制效果如图 6-76 所示。

图 6-76

19 新建一个图层，将其锁定在“扇面小花”图层上。选择“焦墨 - 勾焦”笔刷，选择 （R255，G253，B114）色，绘制金粉效果，如图 6-77 所示。

图 6-77

20 新建一个图层，选择“硬边圆压力不透明度”笔刷，选择白色点出面部高光，如图 6-78 所示。完成阴阳师的绘制，绘制效果如图 6-79 所示。

图 6-78

图 6-79

6.2.4 洛丽塔洋装

洛丽塔通常指的是身着西式宫廷服饰，扮相如同洋娃娃一般的可爱少女。洛丽塔洋装的特点是：服饰层次丰富，以粉嫩色系为主，常搭配大量的蕾丝边与花边，气质偏向可爱、甜美型。除此之外，洛丽塔也有其他类型的分支，如哥特风格的洛丽塔服饰就以黑色作为主要色系。本例绘制的是一位甜美的洛丽塔女孩，具体的步骤如下。

01 新建画布，新建“草稿”图层，使用不同色彩的线条绘制出一位身着洛丽塔洋装的可爱少女，如图 6-80 所示。

图 6-80

02 降低“草稿”图层的不透明度，新建“线稿”图层，选择 “硬边圆压力不透明度”笔刷，将笔刷直径缩小至 2 像素，不透明度调整为 100%，流量调整为 40%，选择一个暖色■（R152，G128，B116）勾出线稿。线稿绘制完毕后，关闭“草稿”图层，绘制效果如图 6-81 所示。

图 6-81

03 观察线稿的线条是否闭合，调整不同部位线条的粗细。例如，花边内部的线条可以细一些，边缘轮廓的线条可以加深一些，绘制效果如图 6-82 所示。

图 6-82

技巧与提示：

线条是日系插画的重要组成部分，线稿占据了整幅插图最终视觉比重的 1/3，甚至更多。

04 新建“底色”图层，铺出各个部分的底色并绘制渐变效果。本步就是动画中的“色指定”。头发的底色为■（R221，G193，B179）色，渐变色为■（R217，G168，B161）色；皮肤的底色为■（R251，G247，B236）色，渐变色为■（R244，G225，B218）色；黄色区域的底色为■（R234，G237，B088）色，渐变色为■（R223，G222，B020）色；紫色区域的底色为■（R194，G182，B206）色，渐变色为■（R199，G164，B197）色；白色区域的渐变色为■（R220，G235，B240）色，绘制效果如图6-83所示。

图 6-83

05 新建一个图层，选择“柔边圆压力不透明度”笔刷，选择■（R252，G224，B222）色绘制出柔和的腮红，选择■（R243，G216，B208）色为眼部轮廓打底，并表现出鼻部结构。选择“硬边圆压力不透明度”笔刷，选择■（R230，G149，B192）色为人物绘制唇彩，绘制效果如图6-84所示。

技巧与提示：

日系插画中90%以上的部分都由这两款笔刷绘制。如果想要柔软、渐进的笔触，应选择“柔边圆压力不透明度”笔刷，如果想要干脆利落的笔触，应选择“硬边圆压力不透明度”笔刷。绘制时注意下笔的轻重，即可满足大部分绘制需求。

图 6-84

06 选择■（R244，G182，B212）色增添玫瑰色眼影，选择■（R227，G228，B184）色绘制出眼珠底色，绘制效果如图6-85所示。

图 6-85

07 新建一个图层，选择■（R131，G072，B072）色绘制出头发的深色部分，加强光泽感。用同样的色彩加深人物的睫毛，保持毛发颜色的一致性，绘制效果如图6-86所示。

08 选择“柔边圆压力不透明度”笔刷，给眼睛增加深色部分，让人物的眼神聚焦。眼睛的底色是淡绿色，而深色部分选择的是和头发相同的焦糖粉棕色。这种不常见的粉绿撞色能让人物更具梦幻色彩，绘制效果如图6-87所示。

图 6-86

图 6-87

09 选择“硬边圆压力不透明度”笔刷，选择■（R106，G064，B043）色加深眼珠中心部位，点出瞳孔。随意选择一些色彩填入眼珠中打底，绘制效果如图 6-88 所示。

10 分别选择高饱和度的粉色■（R195，G045，B105）和黄绿色■（R218，G203，B026），丰富人物的眼睛色彩层次，加强梦幻感，绘制效果如图 6-89 所示。

11 选择白色绘制五官和发丝处的高光，让人物的发丝显得更柔顺，皮肤显得更柔润，如图 6-90 所示。这次在人物的瞳孔中绘制了五角星形的高光，如图 6-91 所示。这种不写实的异形高光能给人物带来二次元的梦幻感。

图 6-88

图 6-89

图 6-90

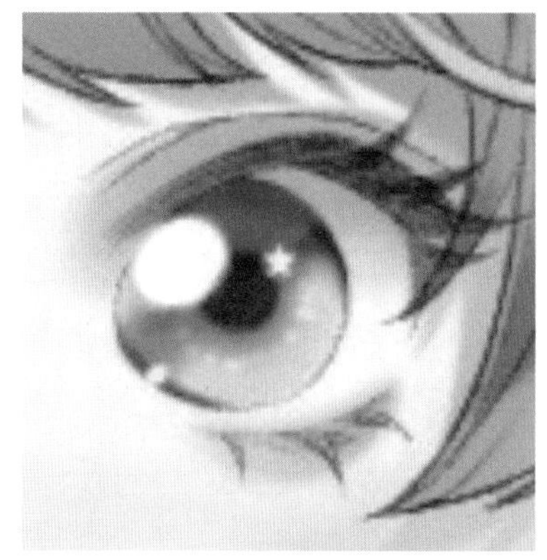

图 6-91

12 新建“衣物阴影”图层，分别选择■（R177，G153，B179）色、■（R193，G201，B056）色、■（R226，G216，B224）色和■（R214，G214，B222）色，根据褶皱的走势和衣物各部分的相互遮挡情况绘制出服饰的第一层阴影，如图 6-92 所示。

图 6-92

13 新建一个图层，并将其锁定在“衣物阴影”图层上。选择“柔边圆压力不透明度”笔刷，选择■（R137，G096，B136）色再次加深阴影，并在不同区域的阴影中融入一些紫色调，绘制效果如图 6-93 所示。

图 6-93

14 新建一个图层，选择“硬边圆压力不透明度”笔刷，选择■（R178，G107，B147）色在裙摆处增加一些小星星图案。先画出一颗，按快捷键 Ctrl+J 复制几颗，选择“移动”工具✥将星星分别排布在需要的位置。选择“矩形选框”工具⬚框选星星图案，右击，在弹出的快捷菜单中选择“自由变换”命令，可以改变星星图案的大小。注意图案的排布要疏密有致，绘制效果如图 6-94 所示。

图 6-94

15 新建一个图层，铺出帽子、束胸、束胸系带和鞋底部分的底色，并选择“柔边圆压力不透明度”笔刷绘制渐变效果。帽子和束胸部分的底色为■（R210，G197，B204）色，渐变色为■（R127，G111，B124）色；束胸系带和鞋底的底色为■（R249，G191，B145）色，渐变色为■（R220，G174，B174）色，绘制效果如图 6-95 所示。

图 6-95

> **技巧与提示：**
>
> 绘画时要及时根据整体效果调整接下来的绘制思路。在本例中，笔者最开始构思的是白色的束胸，但进行到步骤 15 时，通过对整体效果的观察，感觉整幅画的颜色太“飘”，于是更改了之前的颜色设定。

16 新建一个图层，分别选择■（R099，G074，B106）色和■（R166，G107，B101）色，给帽子、束胸、束胸系带和鞋底部分增加第一层深色阴影，绘制效果如图 6-96 所示。

17 新建“第二层阴影”图层，选择“硬边圆压力不透明度”笔刷，选择■（R117，G084，B103）色为束胸和帽子增添第二层阴影，注意要强调出头部和胸部花边遮挡形成的阴影，同时刻画出帽子的结构，绘制效果如图 6-97 所示。

图 6-96

图 6-97

18 新建一个图层，并将其锁定在“第二层阴影”图层上。选择“柔边圆压力不透明度”笔刷，选择■（R066，G035，B051）色再次加深阴影部分，直到整幅图的色彩不再有“轻飘飘”的感觉，绘制效果如图 6-98 所示。

图 6-98

19 新建“装饰”图层，选择“硬边圆压力不透明度”笔刷，选择■（R206，G137，B188）色，绘制出人物领口的玫瑰花装饰和衣物上各种扣子的底色，绘制效果如图 6-99 所示。

图 6-99

20 新建一个图层，并将其锁定在“装饰”图层上。选择“柔边圆压力不透明度”笔刷，降低笔刷的不透明度，选择■（R255，G215，B073）色轻轻打亮玫瑰花的上端。选择暖黄色系的颜色绘制亮部，能营造出一种光线穿透了皮肤打亮了花朵装饰的梦幻感，绘制效果如图 6-100 所示。

图 6-100

21 新建一个图层，选择“硬边圆压力不透明度”笔刷，选择■（R192，G103，B161）色绘制出玫瑰花瓣相互遮挡形成的阴影，如图 6-101 所示。完成洛丽塔洋装的绘制，效果如图 6-102 所示。

图 6-101

图 6-102

6.3 常见日系插画场景

本节通过案例，详细介绍了两种常见的日系插画场景——夕阳下的建筑、海滨公路的绘制方法。

6.3.1 夕阳下的建筑

日落时分的场景在日本动漫中出现的频率很高。徐徐落下的夕阳散发出绚丽的余晖，勾勒出建筑和树木的剪影，有着特别而醒目的视觉效果，本例具体的步骤如下。

01 新建画布，单击选中“背景”图层，选择“柔边圆压力不透明度”笔刷，按住 Shift 键，分别选择■（R035，G018，B037）色、■（R054，G028，B039）色、■（R162，G088，B049）色、■（R221，G087，B049）色、■（R135，G044，B041）色、■（R074，G020，B036）色、■（R031，G011，B036）色、■（R050，G014，B040）色和■（R015，G011，B038）色，横向拉出几道太阳落山时分常出现在天空的色彩，绘制效果如图 6-103 所示。

图 6-103

02 观察全图，调整整体色彩。抹掉最上方过于压抑的深色，将笔刷的不透明度调整至 20%~30%，一边选择“吸管”工具吸取附近色彩，一边按住 Shift 键，使用“画笔”工具拉出横线。反复操作几次，绘制出具有落日感的渐变效果，如图 6-104 所示。

图 6-104

03 新建“前景建筑”图层，选择“吸管”工具吸取画面最下方的深色绘制出建筑的剪影。先画出一些大小、高矮不同的长方形，再拼接一些更小的长方形，并选择“橡皮擦”工具擦出一些斜角增添变化感，如图 6-105 所示。

图 6-105

技巧与提示：

如果对城市的剪影没有概念，可以多参考相关的照片，获取第一手资料再进行绘制。

04 绘制出城市中林立的电线杆，加强工业化的感觉。在“前景建筑”图层下方新建一个图层，选择比建筑群浅一些，但比背景深一些的颜色，如■（R071，G032，B027）色，绘制出远处的楼房，强化场景的空间感，如图 6-106 所示。

图 6-106

技巧与提示：

根据空气透视的规律，远处的楼房会比近处的楼房颜色更浅淡。

05 在“图层”面板的最上方新建一个图层，选择“树木”笔刷，选择■（R014，G011，B042）色通过单击的方式绘制出近距离的树木剪影。注意树木枝叶的疏密安排要自然，绘制效果如图 6-107 所示。

图 6-107

06 选择“鸟—鸟群”笔刷，选择■（R072，G020，B024）色在空中点出一组飞鸟，如图 6-108 所示。

图 6-108

技巧与提示：

生物会为整个画面带来活力，在场景中点缀鸟群是一种很常见也很好用的技法。

07 确定夕阳在画面中的方位。新建一个图层，选择“硬边圆压力不透明度”笔刷，选择■（R254，G189，B105）色，在飞鸟和建筑群靠近夕阳的一侧，点出细小的高光，如图 6-109 所示。

图 6-109

08 新建一个图层，选择“云彩”笔刷，分别选择■（R133，G084，B051）色、■（R200，G103，B050）色等，利用笔刷效果随意点出云朵。再选择“涂抹”工具将云朵横向涂抹成丝状流云，绘制效果如图 6-110 所示。

09 新建一个图层，选择“柔边圆压力不透明度”笔刷，选择■（R233，G037，B049）色画出落日，如图 6-111 所示。

10 选择■（R245，G209，B061）色在红色的太阳内绘制出一个直径略小的圆。本步操作的意义是让黄色的圆周围发出红光，强化落日的光辉感，绘制效果如图 6-112 所示。

图 6-110

图 6-111

图 6-112

11 选择■（R247，G240，B222）色在黄色的圆中绘制出接近白色的、直径更小的圆。选择“橡皮擦”工具，选择“柔边圆压力不透明度”笔刷，轻柔地将圆形的上半部分擦掉一些，让它看起来有一些变化和过渡，而不是一个呆板的圆，绘制效果如图 6-113 所示。

12 新建一个图层，选择“画笔”工具，选择“柔边圆压力不透明度”笔刷，以太阳为中心绘制出一圈光晕，并将图层混合模式设置为“亮光”，绘制效果如图 6-114 所示。

图 6-113

图 6-114

13 新建一个图层，选择“吸管”工具吸取太阳周围的橙色，绘制出一片挡住太阳的云彩，加强空间感，绘制效果如图 6-115 和图 6-116 所示。

图 6-115

图 6-116

14 调整全图色调。新建一个图层，选择冷青色调的颜色（R117，G129，B130），选择“油漆桶”工具填充全图，并将图层混合模式设置为“叠加”，以此中和过于鲜艳的暖色调。完成夕阳下的建筑的绘制，效果如图 6-117 所示。

图 6-117

6.3.2 海滨公路

海滨公路也是常在动漫中出现的一种场景类型，很容易让人联想到夏日、汗水、少年、运动、青春等关键词，带给人清爽、自然的视觉感受。

01 新建画布，选中“背景”图层，分别选择“柔边圆压力不透明度”笔刷和“硬边圆压力不透明度”笔刷，分别选择■（R225，G226，B228）色、■（R196，G211，B216）色、■（R137，G163，B164）色、■（R086，G124，B127）色、■（R102，G104，B099）色和■（R129，G126，B121）色，按住Shift键横向拉出背景的底色，绘制效果如图6-118所示。

图6-118

02 新建“草稿”图层，选择“柔边圆压力不透明度”笔刷绘制出场景的草稿。绘制草稿时，不用在意每个物体的形状是否绘制得好看，需要考虑的是在哪些地方分别放置什么物体、各种物体的颜色以及各个物体的排布和远近关系。进行这一步时，可以多搜集日本海滨的图片作为参考。此处选用的颜色为：■（R015，G038，B055）、■（R219，G205，B192）、■（R225，G174，B141）、■（R183，G043，B049）、■（R112，G121，B120）等，绘制效果如图6-119所示。

图6-119

03 确定要绘制的物体和排布情况后，开始逐步细化。关闭“草稿”图层，新建“地面”图层，分别选择“硬边圆压力不透明度”笔刷和“柔边圆压力不透明度”笔刷，先绘制出地面，再细化远处的围栏和广告牌。地面为■（R019，G066，B082）色和■（R047，G063，B063）色，右侧灌木丛为■（R002，G040，B051）色和■（R036，G076，B078）色，广告牌的主体为■（R076，G091，B094）色、■（R040，G066，B067）色和■（R223，G203，B194）色，远处围栏的主体为■（R115，G109，B109）色和■（R223，G203，B194）色。选择“肌理”笔刷，随意在广告牌的牌面上绘制几笔，绘制效果如图6-120和图6-121所示。

04 新建“围栏1”图层，选择“硬边圆压力不透明度”笔刷，选择■（R012，G045，B062）色绘制出左右两侧的围栏，选择“柔边圆压力不透明度”笔刷绘制出围栏的亮部，强化立体感。选择■（R206，G199，B193）色绘制出地面的斑马线，选择■（R167，G140，B119）色绘制出人行道的边缘。绘制围栏时，可以先绘制出一侧的横围栏，然后按快捷键Ctrl+J复制一层，贴到对称的另一侧。再复制两个横围栏，按快捷键Ctrl+T，右击围栏调出快捷菜单，执行“斜切”命令，将横向围栏调整为竖向围栏的透视效果。绘制斑马线时，要注意根据“近大远小”的透视规律调整斑马线的形状，绘制效果如图6-122所示。

图 6-120

图 6-121

05 新建“围栏 2”图层，重复步骤 04 中绘制围栏的操作，绘制出内侧的白色围栏。分别选择■（R235，G106，B066）色、■（R174，G058，B070）色和■（R203，G081，B066）色绘制出围栏内的电箱。分别选择■（R101，G103，B098）色、■（R179，G186，B191）色和■（R138，G150，B163）色绘制出背对画面的路牌，并细化出结构和明暗。分别选择■（R001，G021，B022）色、■（R017，G038，B055）色和■（R065，G078，B089）色，用剪影的方式绘制出电线杆，注意各部件之间的穿插要合理，绘制效果如图 6-123 和图 6-124 所示。

图 6-122

图 6-123

图 6-124

图 6-125

06 新建一个图层，将笔刷直径缩小至 1~2 像素，选择“吸管”工具吸取电线杆的颜色，分别绘制出远处和近处的电缆，如图 6-125 所示。注意远近不同的电缆在颜色上要有区别。新建一个图层，选择“肌理”笔刷，随意选择一些深浅不同的灰色，刷出路面、斑马线和电线杆的斑驳质感，如图 6-126 所示。新建“红绿灯”图层，选择“硬边圆压力不透明度”笔刷，分别选择低饱和的色彩■（R052，G040，B028）和■（R035，G060，B020）填充红绿灯，选择高饱和的色彩■（R198，G062，B024）填充红灯，让红灯“亮”起来，如图 6-127 所示。

07 新建一个图层，灵活使用“吸管”工具吸取物体本身及周边的颜色，为电箱和两侧围栏也刷出肌理感，绘制效果如图 6-128 和图 6-129 所示。

08 细化海面的暗部。新建一个图层，选择“浓墨飞洒 - 断续点状”笔刷，选择■（R065，G106，B109）色，按住 Shift 键，横向拉出一些断续的线条，再用“涂抹”工具抹开，绘制效果如图 6-130 所示。

图 6-126

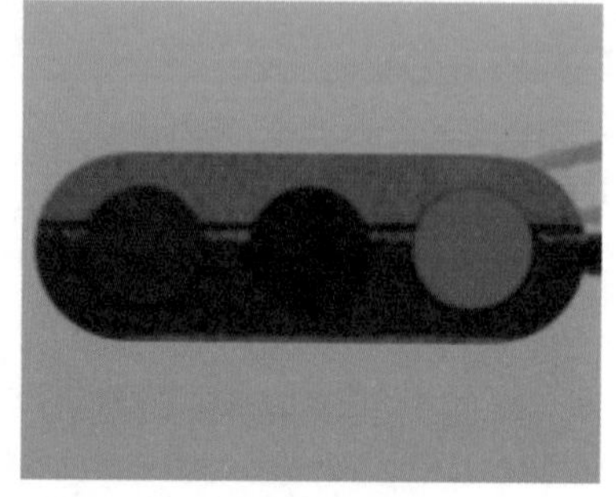

图 6-127

图 6-128

图 6-129

图 6-130

09 选择（R255，G253，B247）色，将笔刷直径在 2~8 像素切换，横向拉出大小不同的海面光斑，如图 6-131 所示。

图 6-131

10 新建一个图层，选择“肌理”笔刷，随意选择一些色彩，在电线杆上绘制出彩条标记，丰富画面，如图 6-132 所示。

图 6-132

11 新建一个图层，绘制红绿灯的灯罩。红绿灯在画面中是远景，无须过度细化。分别选择■（R125，G142，B146）色和■（R007，G030，B046）色区分出亮部与暗部即可，绘制效果如图 6-133 所示。

图 6-133

12 新建一个图层，选择“柔边圆压力不透明度”笔刷，选择■（R241，G175，B153）色轻轻地涂一下红灯处，再将图层混合模式设置为“亮光”，让红灯亮起来，绘制效果如图 6-134 所示。

图 6-134

13 新建一个图层，选择“地面植物”笔刷，选择不同深浅的绿色，利用笔刷效果铺出围栏内的植被，如图 6-135 所示。

14 新建一个图层，选择“树木”笔刷，分别选择■（R011，G032，B035）色和■（R115，G138，B136）色在画面右侧点出远近不同的树木，以免左侧电线杆抢占视觉焦点，造成画面失衡，绘制效果如图 6-136 所示。

图 6-135

图 6-136

15 选择“叶子 -1”笔刷，利用笔刷效果，铺出颜色深浅不一的树叶，体现盛夏时节的繁茂感。缩小画幅观察整体，感觉画面已经较为平衡。放弃绘制草图中设定的红色转向镜，以免抢夺画面的视觉点，绘制效果如图 6-137 所示。

16 新建一个图层，选择“柔边圆压力不透明度”笔刷，选择“吸管”工具 吸取海面的蓝绿色绘制画面中的阴影，如树木的阴影、围栏的阴影、电线杆的阴影等。绘制完毕后，将图层混合模式设置为“正片叠底”，绘制效果如图 6-138 所示。

图 6-137

图 6-138

17 合并所有图层，重命名为“原图”图层。按快捷键 Ctrl+J 复制一层，重命名为“杂色”图层。选中“杂色”

图层，执行“滤镜”|“杂色”|“添加杂色”命令，在弹出的对话框中将“数量”修改为 4，为画面增加噪点，如图 6-139 所示。适量添加噪点能为画面带来一些海边水汽朦胧的感觉，绘制效果如图 6-140 所示。

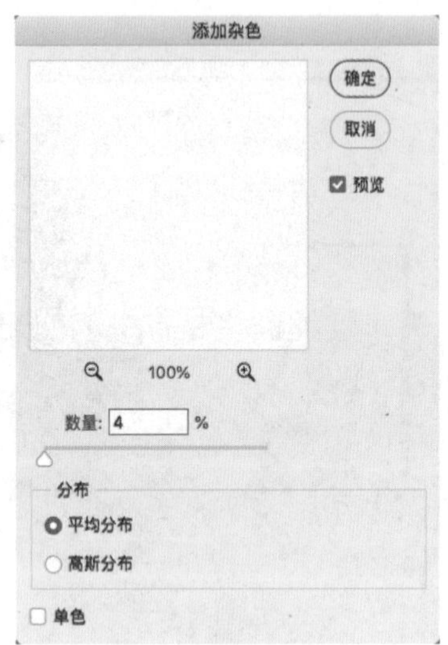

图 6-139

图 6-140

18 按快捷键 Ctrl+J 复制“原图”图层，重命名为“模糊”图层。选中“模糊”图层，执行“滤镜”|“模糊”|“高斯模糊”命令，在弹出的对话框中将“半径”修改为 5，模糊整个场景，如图 6-141 所示。选择“橡皮擦”工具擦除“模糊”图层中的海面部分，透出“原图”图层中清晰的海平面，使视线聚焦在海平面上，绘制效果如图 6-142 所示。

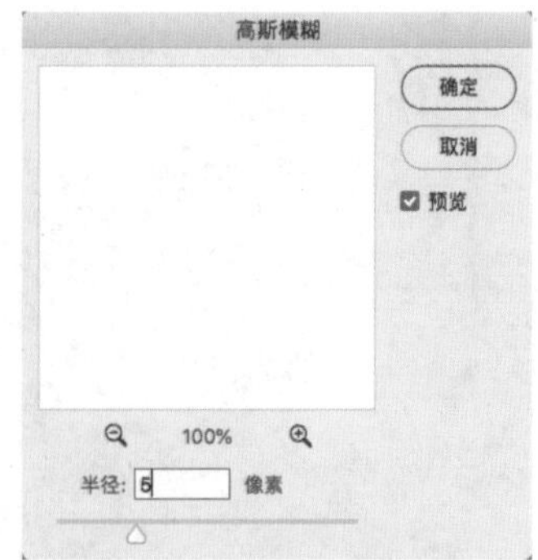

图 6-141

图 6-142

19 按快捷键 Ctrl+J 复制“原图”图层，重命名为“滤镜”图层，并将该图层放置在“图层”面板的最上方。执行“滤镜”|“风格化”|“查找边缘”命令，并将图层混合模式设置为“叠加”。选择“橡皮擦”工具擦去其他部分，只留下树木。这样的处理能给树木的暗面增加一些亮色，同时不会丢失饱和度，绘制效果如图 6-143 所示。

20 新建一个图层，选择“吸管”工具吸取海面的色彩，选择“油漆桶”工具填满整个图层，并将图层混合模式设置为“叠加”，为全图叠加一层淡淡的青蓝色调，如同被海边的水汽笼罩一般。完成海滨公路的绘制，绘制效果如图 6-144 所示。

图 6-143

图 6-144

6.4　日式插画实例——梦中人

“梦中人”绘制的是夏日的夜晚时分，一位身着浴衣的女孩与河岸边的绚丽烟火合影的场景。绽放的烟火在水面印出光斑，并穿透前景中女孩的麻质浴衣，产生了美好的光影效果。画面整体描绘的是一幅夜景，虽然存在烟火作为光源，但整个画面的明暗调子依旧是偏暗的。梦中人的完成图如图 6-145 所示。

内容设定

季节：夏季
时刻：晚上 8~10 时
场所：河岸边
光源：烟火

主要技法

1. 夜景的绘制。通常情况下与夜景有关的画面会带给人宁静的感受，但在这幅图中热闹的烟火给夜晚增添了特别的活力。
2. 波光粼粼的水面的绘制方法。
3. 被强烈背光打亮的人物的绘制方法，包括发丝、衣物等部位的处理方式。

6.4.1　绘制河岸背景

01 新建画布，选中“背景”图层，选择“柔边圆压力不透明度”笔刷，按住 Shift 键反复横向涂抹，绘制出较为柔和的渐变效果。此处选用的颜色为：■（R001，G007，B023）、■（R065，G101，B094）、■（R132，G132，B101）等，绘制效果如图 6-146 所示。

图 6-145

图 6-146

02 新建一个图层，选择“硬边圆压力不透明度”笔刷，分别选择■（R001，G007，B023）色和■（R014，G043，B057）色在视平线处绘制远方矮平山丘的草图，如图 6-147 所示。

图 6-147

03 新建一个图层，选择“多边形套索”工具勾选出两个长方体，定出前景中河岸的位置。切换回“画笔”工具，选择■（R001，G007，B023）色填充夜晚暗色的河岸，选择“柔边圆压力不透明度”笔刷，分别选择■（R055，G085，B088）色和■（R016，G041，B048）色绘制渐变的水面，绘制效果如图 6-148 所示。

图 6-148

技巧与提示：

没有规定远山必须平行于视平线，或河岸必须倾斜。此处无须囿于案例，可以依照自己的喜好绘制出具有更多变化的河岸。

04 细化远山区域。选择“硬边圆压力不透明度”笔刷，选择■（R086，G096，B087）色绘制出更远处的山峦，通过落笔的轻重来控制色彩的深浅变化，营造出远山的层次感。选择“涂抹”工具将远山的轮廓抹开一些，柔化“硬边圆”类型的笔刷绘制出的色块过于清晰的边缘，让远处的山峦更好地融入背景，绘制效果如图 6-149 所示。

图 6-149

技巧与提示：

根据空气透视的原理，远景相较于近景色彩会更浅淡一些。

05 选择■（R001，G007，B023）色，在视平线处的远山草图上，画出具体的山的形状。选择“粗糙”笔刷，选择■（R027，G070，B092）色为远山增加一些细节。注意此处下笔不要过于刻意，随意扫几笔即可，绘制效果如图 6-150 所示。

技巧与提示：

画面主体和次要部分的精度要体现出差别，全部都精细等于全部都不精细。

06 选择“吸管”工具吸取画面中已有的颜色，给近处的河岸增加几笔细节。如果觉得“粗糙”笔刷的绘制效果过于粗粝，可以选择“涂抹”工具揉一下，绘制效果如图 6-151 所示。

图 6-150

图 6-151

07 新建一个图层，选择■（R050，G076，B071）色，选择“墨汁泼溅 - 条状 2”笔刷，沿着河岸的方向刷两笔，绘制出两道河边的水浪。这款笔刷绘制出的线条两侧都有水浪的效果，分别选择“涂抹”工具和“橡皮擦”工具抹去不需要的水浪部分，绘制效果如图 6-152 所示。

图 6-152

08 铺设水面光影。新建一个图层，选择“柔边圆压力不透明度”笔刷，将流量设置为40%，分别选择■（R067，G120，B103）色和■（R067，G105，B055）色画出烟火投射在水面的反光。注意反光的位置要与烟火的位置相对应，在后续步骤中绘制烟火时，需要将对应颜色的烟火画在河面反光的正上方，绘制效果如图6-153所示。

图6-153

09 增添光斑。选择“浓墨飞洒-断续点状”笔刷，分别选择■（R228，G223，B202）色和■（R248，G223，B145）色，按住Shift键横向拉出一些断续的线条，如图6-154所示。

图6-154

10 细化光斑效果。选择“涂抹”工具，按住Shift键横向抹开水面光斑的两侧，再有限度地竖向抹开部分光斑，使光斑自然地融入水面，如图6-155和图6-156所示。

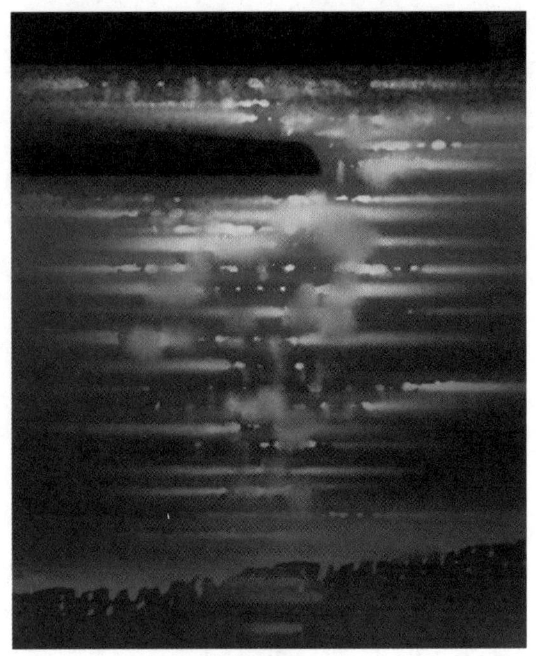

图6-155

图6-156

6.4.2 绘制烟火

01 新建“烟火”图层，选择“终极硬芯铅笔”笔刷，将“画笔设置”面板中的“间距”调整为100%，如图6-157所示。确定烟火的中心点，分别选择■（R251，G081，B037）

色和（R083，G081，B086）色，由中心点向四周拉出直线，在线条末端用力顿笔，利用笔压描绘出烟火绽开、火星呈球状炸裂飞散的形态，绘制效果如图 6-158 所示。

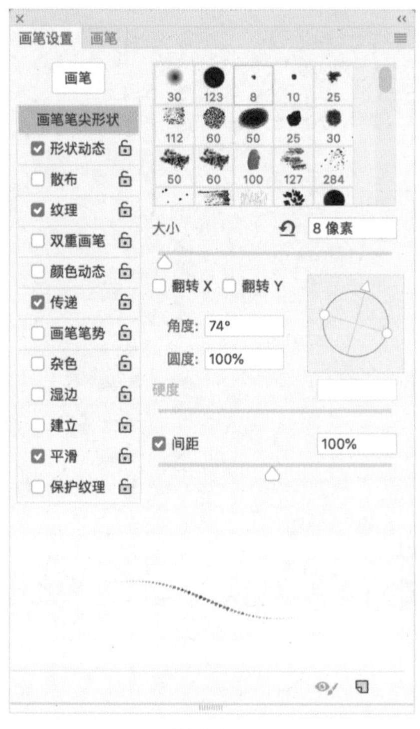

图 6-157

图 6-158

02 分别选择（R240，G169，B61）色和（R255，G245，B197）色，在水面光斑对应的位置绘制出另外两朵大型烟火。注意适当调整烟花的形态，不要全部画成笔直的线条，绘制效果如图 6-159 所示。

图 6-159

03 选择“吸管”工具吸取已经使用过的几种烟花的颜色，绘制出一些从更高处、画面外的天空坠落下来的烟火，扩展画面空间，绘制效果如图 6-160 所示。

图 6-160

04 按快捷键 Ctrl+J 复制“烟火”图层，执行“滤镜”|“模糊”|“动感模糊”命令，在弹出的“动感模糊”对话框中，将“角度”设置为 -60 度，“距离”设置为 60 像素，如图 6-161 所示。模拟出烟火绽放的动态效果，如图 6-162 所示。

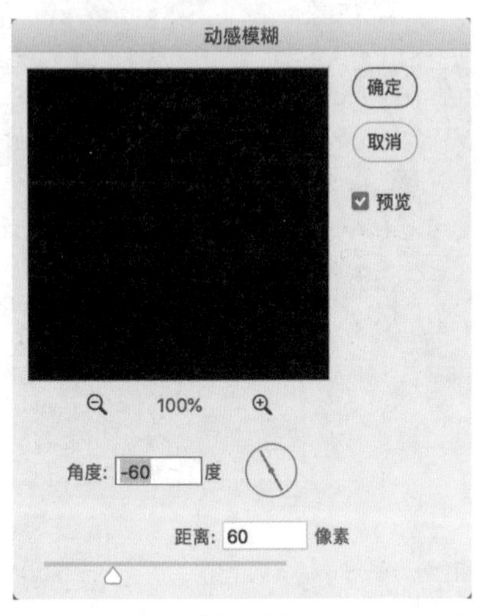

图 6-161

图 6-162

05 新建“烟雾效果”图层，选择 Toothbrush 笔刷，将笔刷模式设置为“强光”，选择“吸管”工具 吸取已有的烟火颜色，喷绘出烟火炸裂时明亮的中心区域，绘制效果如图 6-163 所示。

图 6-163

06 继续使用 Toothbrush 笔刷，将笔刷模式设置为“正常”，随意喷绘出一些团状杂点，模拟烟雾效果。选择“涂抹”工具 ，通过打圈的方式涂抹部分团状杂点，使烟雾效果更加柔和、逼真，绘制效果如图 6-164 所示。

图 6-164

07 按快捷键 Ctrl+J 复制“烟雾效果”图层，将复制出的新图层的混合模式设置为“线性减淡”，绘制效果如图 6-165 所示。

图 6-165

08 新建一个图层，选择“硬边圆压力不透明度”笔刷绘制出一组光点。按快捷键 Ctrl+J 复制几层光点，选择“移动”工具 ✥ 将几组光点分别拖至合适的位置，绘制效果如图 6-166 所示。

图 6-166

技巧与提示：

也可以通过网络搜寻一些合适的星星、光点类笔刷，利用笔刷的特点快速刷出想要的效果。

09 选择“终极硬芯铅笔”笔刷，绘制更多坠落的火光，让场景表现得更加丰富，绘制效果如图 6-167 所示。

图 6-167

10 新择“斑点色彩 -1”笔刷，选择几条画面近处的坠火，沿着坠火的弧线，画出坠火带着一串火星坠向地面的效果，绘制效果如图 6-168 所示。

11 缩小画幅观察整体效果并进行调整。与夜空中烟火盛放的璀璨情景相比，画面下方的河面显得有些暗淡了。新建一个图层，选择 “浓墨飞洒 - 断续点状”笔刷，选择 （R255，G245，B197）色在河面上增绘一些光斑。不需要进行涂抹，让光斑锐利地呈现在画面上即可，绘制效果如图 6-169 所示。

12 烟火都是暖色调的，水面如同一个反光板，应当反射出烟火的暖色。新建一个图层，选择“柔边圆压力不透明度”笔刷，选择 （R209，G156，B146）色，按住 Shift 键，在河面区域横向刷出暖色，如图 6-170 所示。将图层混合模式设置为“亮光”，营造出水面反射出暖色光芒的场景，如图 6-171 所示。完成背景部分的绘制。

图 6-168

图 6-170

图 6-169

图 6-171

6.4.3 绘制人物线稿

01 由于背景的整体色调较暗，直接在背景上绘制线稿不太清晰。新建“底色”图层，选择“油漆桶”工具，选择任意一个浅色填充整个图层，以避免背景干扰。新建“草稿”图层，选择“铅笔”工具，画出人物草稿。为了传达人物羞怯的性格，选择绘制“内八字”的站姿。为了表现出画面中风的吹动，将人物的头发设计成被吹动的形态，绘制效果如图 6-172 所示。

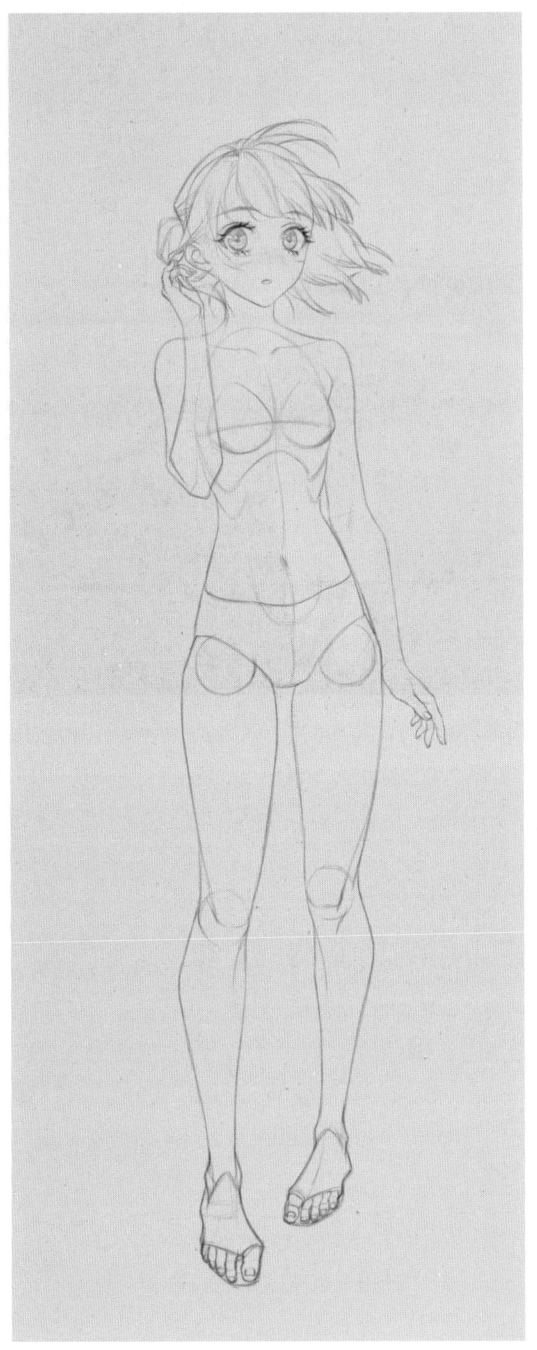

图 6-172

02 分别选择不同的颜色，沿着人物的身体曲线绘制出浴衣和配套的木屐、头饰。夏日浴衣的衣料轻薄，层次和造型都相对简单，绘制效果如图 6-173~ 图 6-175 所示。

图 6-173

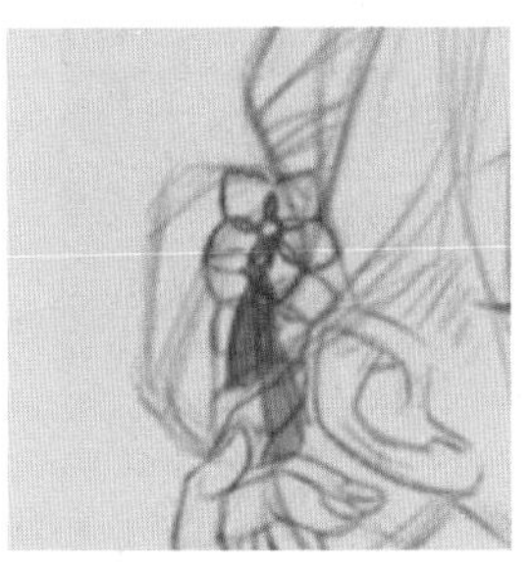

图 6-174

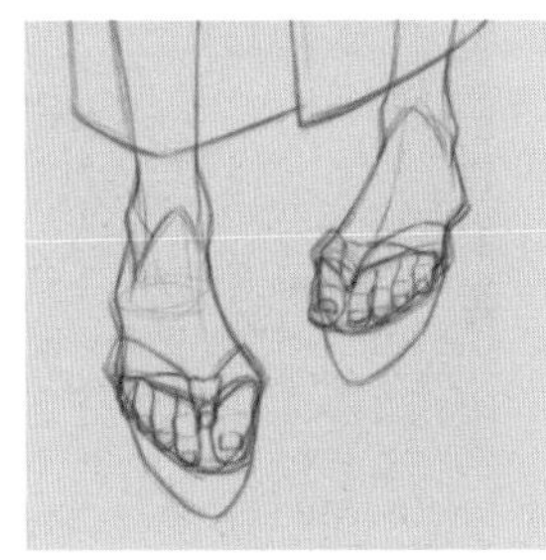

图 6-175

03 降低“草稿”图层的不透明度，新建“线稿”图层，选择“硬边圆压力不透明度”笔刷，将笔刷直径缩小为 2 像素，选择■（R061，G041，B032）色，根据草稿的设计勾勒出细致的人物线稿。线稿绘制完毕后，关闭“草稿”图层，效果如图 6-176 所示。

图 6-176

04 删除用于防干扰的“底色”图层。按快捷键 Ctrl+T 缩小线稿图层，放置在画面的左下方，让女孩“站”在河岸上，如图 6-177 所示。

图 6-177

6.4.4 人物上色

01 新建一个图层，选择“硬边圆压力不透明度”笔刷，选择 （R240，G233，B227）色铺出人物的皮肤底色。铺色时若铺到衣物的区域不必花时间修正，后续绘制衣物时由于图层之间的遮挡关系，皮肤涂出界的部分会被挡住。超出衣服轮廓的部分则需要细心擦除，绘制效果如图 6-178 所示。

图 6-178

02 选择“柔边圆压力不透明度”笔刷，选择 （R242，G206，B190）色绘制出人物皮肤自然泛红的部位，如面颊、手肘、掌心、指尖等处，让人物的皮肤更有质感，绘制效果如图 6-179 所示。

03 选择“硬边圆压力不透明度”笔刷，选择 （R178，G138，B126）色绘制出皮肤的暗部，不需要抠细节，根据光源的位置和各区域的遮挡情况大致地完成绘制即可，效果如图 6-180 所示。

图 6-179

图 6-180

04 新建“衣物底色”图层，选择 （R223，G231，B234）色，铺设浴衣和木屐布面的底色，选择■（R2，G9，B25）色绘制出木屐木头底座的底色。选择“柔边圆压力不透明度”笔刷，选择■（R88，G97，B106）色描绘出木头底座的高光，绘制效果如图 6-181 所示。

图 6-181

05 新建“衣物花纹”图层，为浴衣绘制花纹。缩小笔刷直径至 2 像素，选择■（R144，G171，B192）色，在浴衣上画出由弧线组成的海浪纹，增添夏日的清爽气息，绘制效果如图 6-182 和图 6-183 所示。

图 6-182

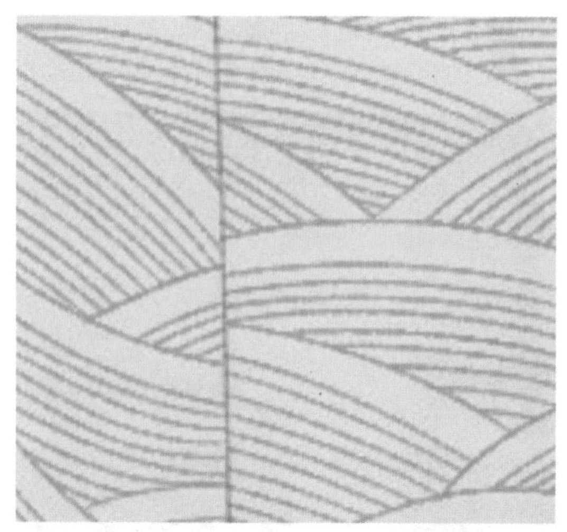

图 6-183

技巧与提示：

绘制浴衣花纹时若缺乏灵感，可以多参考相关资料，选择最适合人物气质的花纹进行改编，注意避免全盘照搬。

06 新建一个图层，选择与花纹同样的颜色绘制腰封的底色。选择 （R223，G231，B234）、 （R97，G122，B162）色绘制腰封上装饰带的底色。同色系配色让衣物整体显得清新淡雅，绘制效果如图 6-184 所示。

图 6-184

07 新建一个图层，选择 （R223，G231，B234）色，将笔刷直径缩小至 2 像素，在腰封上也画出同样的海浪纹，如图 6-185 和图 6-186 所示。

图 6-185

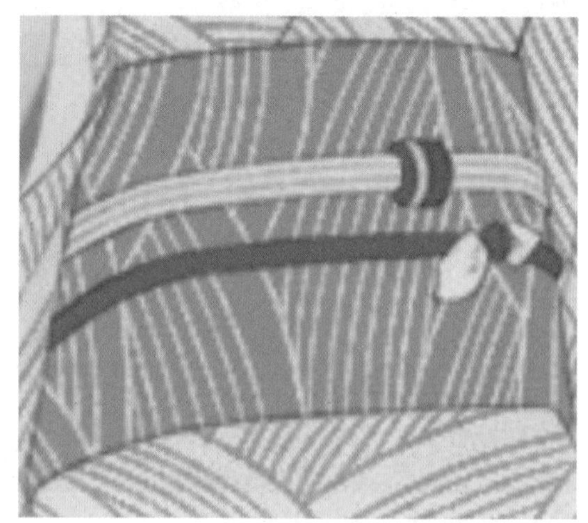

图 6-186

08 新建一个图层，选择“丝绸笔”笔刷，选择 （R97，G122，B162）色在浴衣上随意画几笔，画出深色弧线，如图 6-187 所示。

图 6-187

技巧与提示：

绘制弧线时遵从人体体态的走势会更好看。

09 新建一个图层，选择■（R146，G153，B179）色，为服饰部分添加阴影。绘制完毕后将图层混合模式设置为"正片叠底"。完成服饰部分的绘制，绘制效果如图 6-188 所示。

图 6-188

10 新建一个图层，选择■（R212，G202，B193）色绘制出头发被烟火光芒照亮的部分。其余部分则选择较深的颜色■（R186，G164，B151）铺出底色，绘制效果如图 6-189 所示。

图 6-189

11 新建一个图层，选择和发丝同样的色彩绘制眼睛的底色。再选择更深的颜色■（R171，G134，B115）在额部绘制出一圈环绕形的暗部，同时绘制出睫毛投射在眼球上的阴影，绘制效果如图 6-190 所示。

图 6-190

12 随意选择一些彩色添加到眼珠上，强化人物的梦幻感，如图 6-191 所示。

图 6-191

13 选择■（R225，G220，B216）色，在头发暗部的上方绘制出一圈高光，让头发显得更有光泽。最后选择白色点出瞳孔的高光，如图 6-192 所示。完成人物部分的基础色彩绘制，效果如图 6-193 所示。

图 6-192

6.4.5 人物色彩调整

01 新建一个图层，选择■（R049，G070，B080）色填满整个人物区域，并将图层混合模式设置为“正片叠底”。给人物笼罩一层环境色，体现出背光效果，能使人物与环境更好地融合在一起，绘制效果如图 6-194 所示。

图 6-193

图 6-194

技巧与提示：

环境色可以直接从背景中吸取。

02 新建一个图层，选择（R239，G237，B219）色，画在被光线穿透的衣物区域，并将图层混合模式设置为“颜色减淡”，绘制效果如图 6-195 所示。

图 6-195

> **技巧与提示：**
>
> 按住 Alt 键，将光标移动至当前图层与 属性为“正片叠底”的图层中间，单击锁定上色区域，可以避免画出界，提高效率。

03 新建一个图层，将笔刷直径缩小至 2 像素，画出一些飘动的发丝，如图 6-196 所示。

图 6-196

04 新建一个图层，选择“柔边圆压力不透明度”笔刷，选择（R235，G211，B212）色在人物的上半身画几笔，并将图层混合模式设置为“叠加”，为人物的上半身增加朦胧光晕。人物的下半身和河岸一样，处于相对较暗的区域，不需要提亮，绘制效果如图 6-197 所示。

图 6-197

05 新建一个图层，选择“硬边圆压力不透明度”笔刷，将笔刷直径缩小至 1~2 像素，在人物周围添加一些光点，如图 6-198 所示，完成人物色彩调整。

图 6-198

6.4.6 整体画面调整

01 用暖色统一画面的大部分区域，实现画面的冷暖穿插。新建一个图层，选择“柔边圆压力不透明度”笔刷，选择■（R253，G179，B201）色铺满除了最下方的河岸之外的整个画面，如图 6-199 所示。最后将图层混合模式设置为“叠加”，如图 6-200 所示。

图 6-199

技巧与提示：

为了避免后期调色时画面暖色调过重，前期绘制时要注意多使用冷色，这样才能实现冷暖穿插的效果。

02 合并所有图层，选择“涂抹”工具，柔和河岸线部分过于硬朗的线条。执行“滤镜”|“杂色”|“添加杂色”命令，在弹出的对话框中将“数量”设置为 1，给画面添加一些噪点。完成梦中人的绘制，效果如图 6-201 所示。

图 6-200

图 6-201

7.1 欧美风格插画概述

7.1.1 什么是欧美风格插画

提到欧美风格，很容易会联想到迪士尼动画。以迪士尼为代表的欧美大型影视公司，擅长通过概括和夸张的手法来塑造角色的造型，彰显角色的个性，也经常通过夸张的肢体语言来表现角色动态。

如果说迪士尼动画是一种极具代表性的欧美绘画风格，那么欧美绘画的另一种代表性风格则继承了古典画家的作画习惯，并随着时代的发展逐渐现代化。这种风格给人的感觉比较像平面装饰画，具有强烈的装饰感。

近年来，越来越多的画师开始寻找专属自己的定位和作画风格，欧美风格流派蓬勃发展，涂鸦风格等新潮、时尚的插画风格颇为流行。

7.1.2 欧美风格插画特点

欧美风格插画的线条以曲线为主，整体给人一种极具韵律的感觉。这种线条不拘泥于细节，比较像传统美术中的速写，与中国古风的“工笔”“白描”以及日系的精致线条有较大区别。在欧美风格插画的绘画过程中，碎线、结构线常被保留，为的是给画面带来自如、洒脱的感觉。

7.2 物品造型设计与绘制

本节将通过案例介绍一些欧美风格物品的设计和绘制方法。

7.2.1 烛台

烛台是一种具有比较强烈欧洲中世纪气息的物品，经常出现在欧美风格的插画中，尤其是带有神圣、肃穆、神秘色彩的场景中，本例的具体步骤如下。

01 新建画布，新建“草稿”图层，寻找相关的烛台参考图片，绘制出一个造型优美、平衡对称的烛台草图，如图 7-1 所示。草图部分只需大致地描绘出烛台的外形，重点在于完成设计，不需要过分地追求细节。

欧美风格插画

欧美插画可以细分成多种风格，有倾向实验性的，也有侧重商业性的。即使同为商业风格的画作，甚至绘制的作品隶属同公司、同系列，不同的作者也有着自己独特的风格。在欧美风插画、漫画领域，拥有属于自己的独特画风标签，是非常酷的事情。

图 7-1

02 烛台的造型由多个处在不同高度的同心圆组成，直接手绘圆形容易出现透视不标准的情况。新建一个图层，选择“椭圆选框”工具在需要透视的地方拉出多个椭圆，选择“油漆桶”工具将椭圆填充为任意一种灰色。将每个椭圆的不透明度调整为30%以免遮挡线条，绘制效果如图7-2所示。

图 7-2

03 新建“线稿”图层，选择“硬边圆压力不透明度”笔刷，选择■（R073，G073，B073）色，依照椭圆的弧线和草图的设计开始勾线，绘制效果如图7-3所示。完成线稿后，删除所有椭圆形，关闭“草稿”图层，如图7-4所示。

图 7-3

图 7-4

04 根据参考资料可知，烛台的材质多种多样，包括金、银、铜、瓷等。本例选择的材质是常见的铜质。新建一个图层，选择■（R141，G112，B078）色，给烛台铺设底色，如图 7-5 所示。

图 7-5

05 选择■（R056，G043，B024）色，根据烛台的结构绘制出纵向的暗部，注意在阶梯状的部位要画出相应的阶梯形暗影。绘制底座部位的暗部时，将笔刷的不透明度降低至 70%，轻柔落笔，绘制出颜色较淡的暗部，绘制效果如图 7-6 所示。

图 7-6

06 选择■（R133，G120，B099）色，在烛台的碗形承托部位加一些灰色调，注意下笔要轻柔，绘制效果如图 7-7 所示。

07 绘制出金属材质的高光区域。高光区域的面积会比暗部小很多，转折也更加锐利。选择 （R255，G254，B223）色，将笔刷不透明度恢复至 100%，根据设定中光源的方向绘制出细长的高光，绘制效果如图 7-8 所示。

图 7-7

图 7-8

08 新建一个图层，将图层混合模式设置为“叠加”。选择“柔边圆压力不透明度”笔刷，选择与烛台底色相同的颜色■（R141，G112，B078），在高光周围刷出一圈高饱和光晕，绘制效果如图 7-9 和图 7-10 所示。

图 7-9

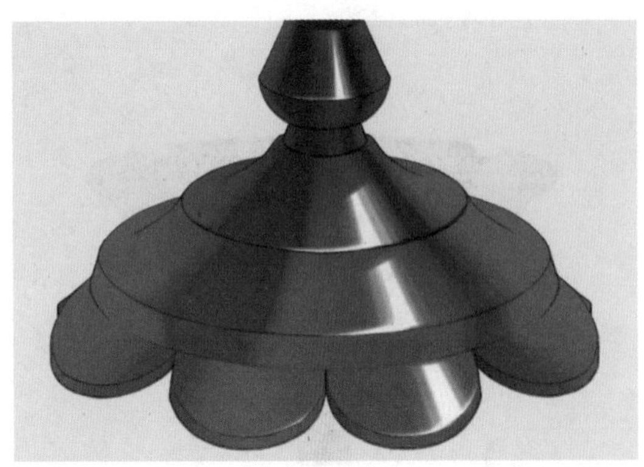

图 7-10

09 新建一个图层，选择■（R073，G054，B139）色，在宝石下端喷出一点色彩，绘制出光穿透宝石折射至烛台表面的效果，效果如图 7-11 和图 7-12 所示。

图 7-11

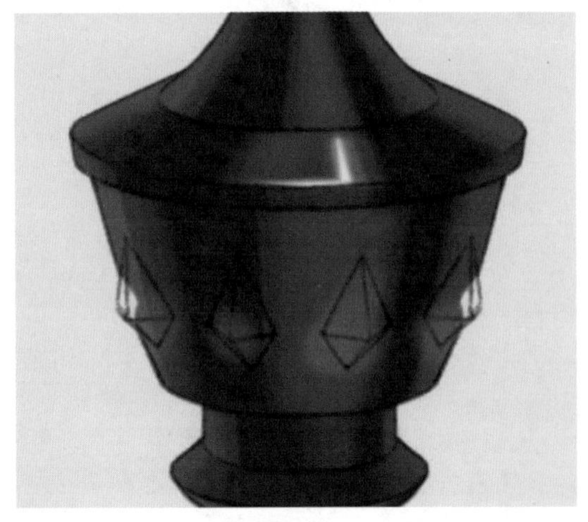

图 7-12

10 选择“减淡”工具，在烛台碗形承托部位和尖端部位刷上几笔，加亮这两个区域，绘制效果如图 7-13 和图 7-14 所示。

图 7-13

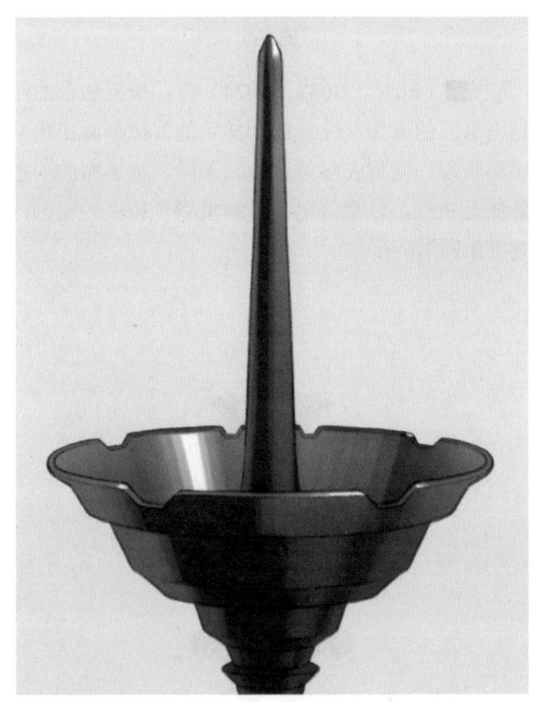

图 7-14

11 开始绘制宝石部分。新建一个图层，选择■（R012，G017，B028）色，绘制宝石的底色，如图 7-15 所示。

图 7-15

12 选择■（R001，G037，B141）色，绘制出宝石下半部分的亮色区域，如图 7-16 所示。

图 7-16

13 选择“硬边圆压力不透明度”笔刷，选择■（R125，G138，B179）色，画出宝石切面的受光面，如图 7-17 所示。

图 7-17

14 选择更亮的■（R224，G238，B250）色，点出宝石的高光，如图 7-18 所示。

图 7-18

15 将笔刷模式设置为“叠加”，给宝石添加一些方块形状的光斑，强化宝石中的折射光，如图 7-19 所示。完成烛台的绘制，绘制效果如图 7-20 所示。

图 7-19

图 7-20

7.2.2 戒指

在“烛台”案例中，笔者简单介绍了宝石的绘制方法。在“戒指”案例中，将会介绍另一种通过运用不同的图层属性和调色功能来绘制宝石的方法，具体的步骤如下。

01 新建画布，新建“辅助线”图层，选择“硬边圆压力不透明度”笔刷，按住 Shift 键拉出直线作为辅助线，确定戒指在画面中的位置，绘制效果如图 7-21 所示。

02 新建一个图层，根据辅助线定好的位置，绘制出半边戒圈，注意透视关系，绘制效果如图 7-22 所示。

> **技巧与提示：**
>
> 如果想要绘制的物体是左右对称的，可以只绘制一边，待这一边绘制完成后直接复制粘贴完成另一边即可。

03 欧美风格的饰物造型较为繁复，通常为流线造型或植物造型，较少出现东方式的四方连续图形和方正图形。此处需要多找参考，设计出符合风格需求的戒面造型，绘制效果如图 7-23 所示。

图 7-21

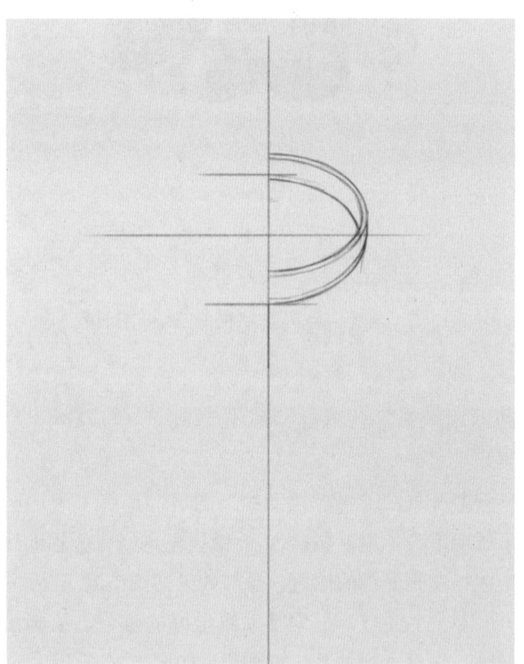

图 7-22

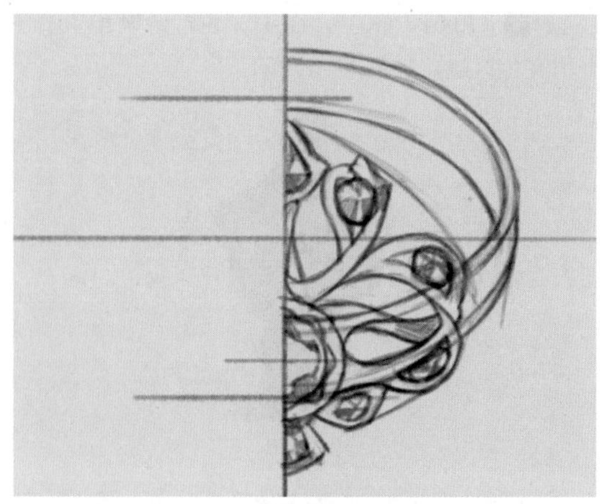

图 7-23

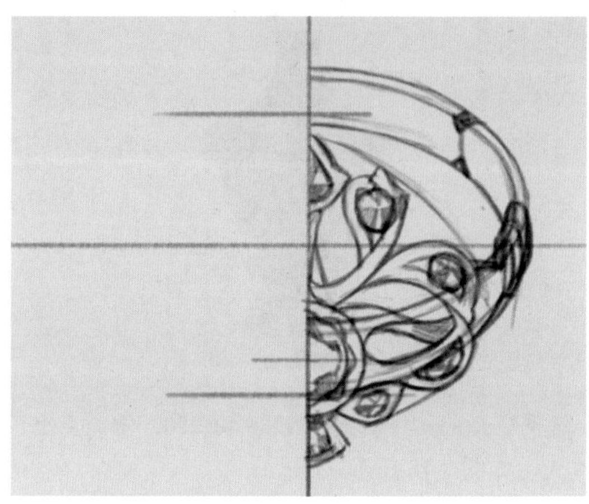

图 7-24

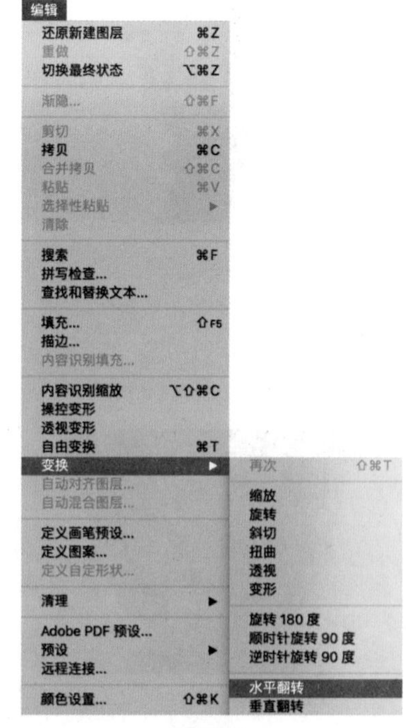

图 7-25

04 根据设计好的戒面的风格，稍微修饰一下戒圈，增加一些设计感，绘制效果如图 7-24 所示。

05 完成设计后，按快捷键 Ctrl+J 复制图像，执行“编辑”|“变换”|“水平翻转”命令，如图 7-25 所示。再按住 Shift 键，选择“移动”工具 ✥ 平移翻转后的图像，与之前绘制好的部分拼合起来，形成一个完整的戒指，绘制效果如图 7-26 所示。

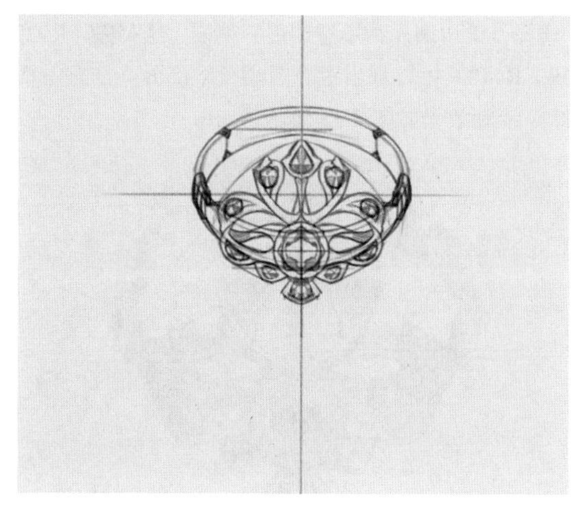

图 7-26

06 关闭“辅助线”图层，合并所有草稿图层，将图层的不透明度降低至 30%。新建一个图层，选择“硬边圆压力不透明度”笔刷，选择■（R073，G073，B073）色，根据草稿的设计勾勒出线稿，如图 7-27 所示。勾线完成后，删除草稿图层，如图 7-28 所示。

图 7-27

图 7-28

07 新建一个图层，选择■（R177，G154，B084）色，铺出金材质戒指的底色，如图 7-29 所示。

图 7-29

08 绘制金属的暗部。选择较底色更深的颜色■（R110，G087，B024），根据设定中光源的位置，绘制出轮廓较清晰的暗部。注意暗部的位置大致上也是对称的。选择■（R129，G114，B081）色，在戒圈内侧添加一些灰色调，绘制效果如图 7-30 所示。

图 7-30

09 添加金属高光。过程与绘制烛台铜质部分的流程相似，只是选用的颜色和高光区域的大小有所不同。选择■（R242，G229，B198）色，为戒指添加高光部分，强化金属质感，绘制效果如图 7-31 所示。

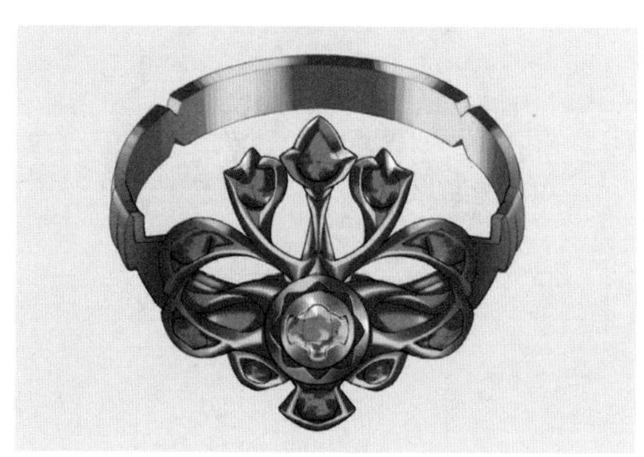

图 7-31

10 新建一个图层，将图层混合模式设置为“叠加”。选择“柔边圆压力不透明度” 笔刷，选择■（R177，G154，B084）色，在高光周围刷上一圈，模拟高光周围会出现的高饱和光晕，绘制效果如图 7-32 所示。

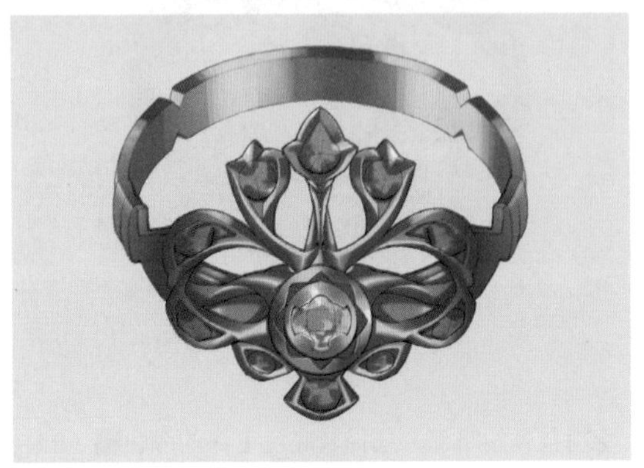

图 7-32

11 合并所有图层，选择“减淡”工具刷亮戒指的受光部分。完成金属部分的绘制，绘制效果如图 7-33 所示。

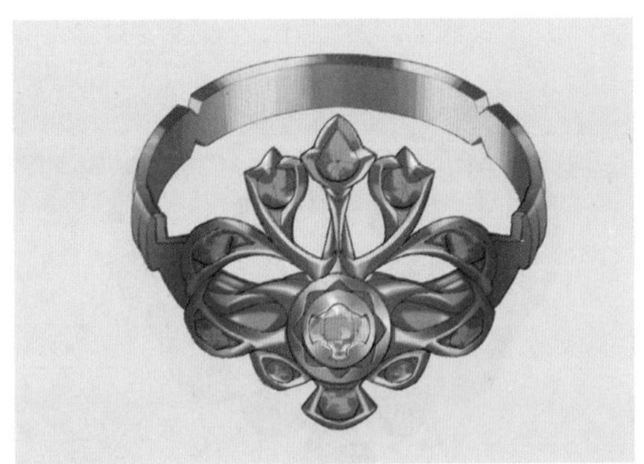

图 7-33

12 开始刻画宝石区域。新建一个图层，选择“硬边圆压力不透明度”笔刷，选择■（R023，G032，B052）色，铺出宝石的底色，如图 7-34 所示。

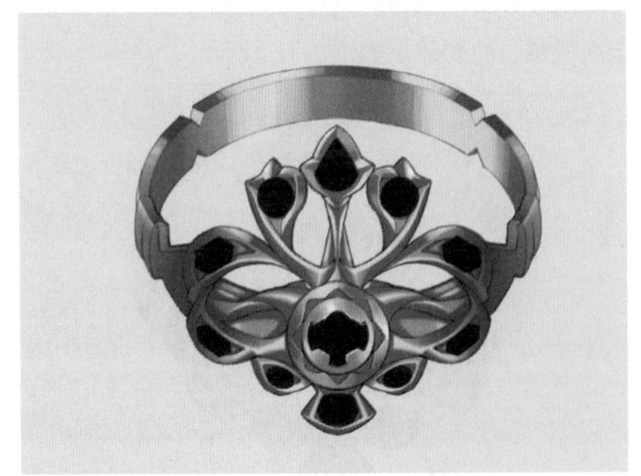

图 7-34

13 选择“柔边圆压力不透明度”笔刷，选择■（R027，G059，B148）色，画出宝石中稍亮的部分，注意边缘要柔和， 绘制效果如图 7-35 所示。

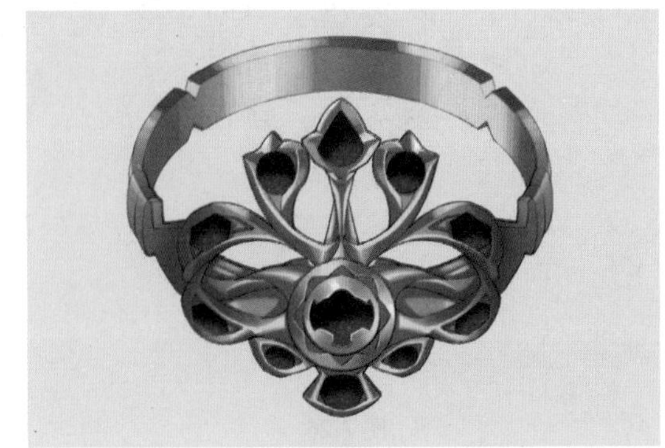

图 7-35

14 选择“硬边圆压力不透明度”笔刷，选择■（R111，G118，B143）色，根据宝石的不同形状绘制出宝石的几何形切面，如图 7-36 所示。

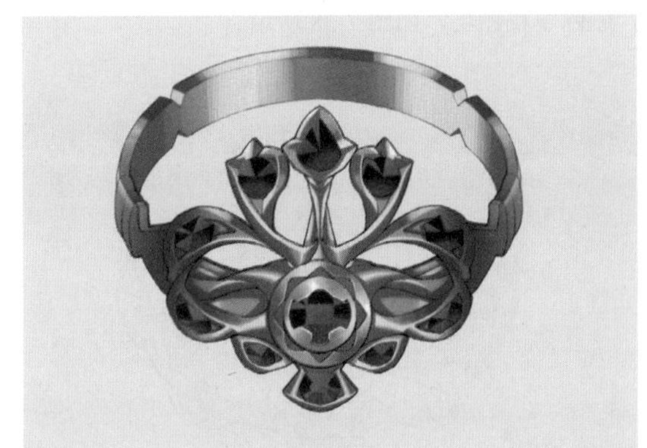

图 7-36

15 新建一个图层，将图层混合模式设置为“滤色”。选择 “柔边圆压力不透明度”笔刷，选择■（R027，G059，B148）色，在宝石的各个部位绘制一些小块的亮色，加强光线在晶体内折射的闪耀感，绘制效果如图 7-37 所示。

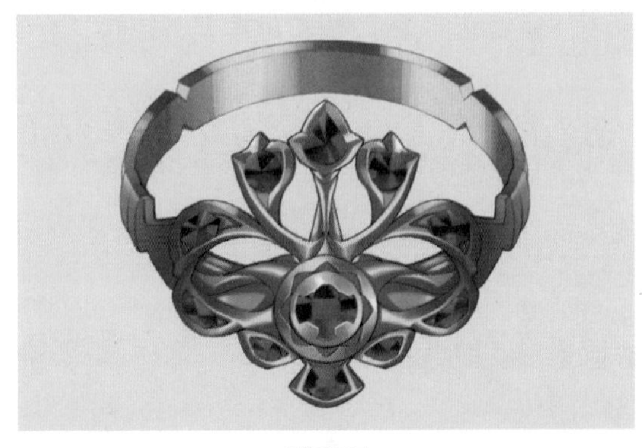

图 7-37

16 新建一个图层，将图层混合模式设置为“叠加”。选择“硬边圆压力不透明度”笔刷，选择　（R255，G250，B237）色，给宝石添加一些大小不一的方形光斑，如图 7-38 所示。

图 7-38

技巧与提示：

将方形光斑画在上一步“滤色”图层中添加亮色的位置，光斑的亮度会更高，宝石的质感会更加通透。

17 新建一个图层，选择白色绘制出宝石的高光。注意高光的体积要小，分布要细碎，绘制效果如图 7-39 所示。

图 7-39

18 合并所有宝石图层，选择“减淡”工具，将几块重要的宝石稍微提亮一些，注意下手一定要轻，绘制效果如图 7-40 所示。

图 7-40

19 在“图层”面板中单击“创建新的填充或调整图层”图标，选择“色相 / 饱和度…”选项，建立“色相 / 饱和度”调整图层，此时的“属性”面板如图 7-41 所示。按住 Alt 键，单击调整图层和宝石图层之间的分隔线，将调整图层锁定在宝石图层上。将“色相”滑块调整至 +140，可以将蓝宝石变为红宝石。利用调节色相的技巧，可以将宝石调整为任意想要的颜色。完成戒指的绘制，效果如图 7-42 所示。

图 7-41

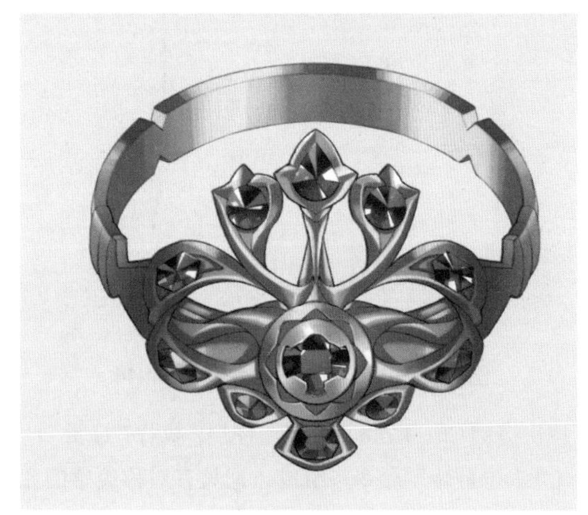

图 7-42

7.2.3　佩剑

在前文中，通过“烛台”和“戒指”两个案例初步介绍了一些欧美风格配件的设计和绘制方法，其中重点介绍了金属和宝石的刻画方法。接下来通过“佩剑”案例继续巩固相关知识和技巧，具体步骤如下。

01 新建画布，新建“草稿”图层，绘制出辅助线，确定佩剑在画面中的位置，效果如图 7-43 所示。

02 找一些佩剑的参考资料，设计出佩剑草图。为了体现欧美风格，可以将剑柄设计得华丽一些，绘制效果如图 7-44 所示。

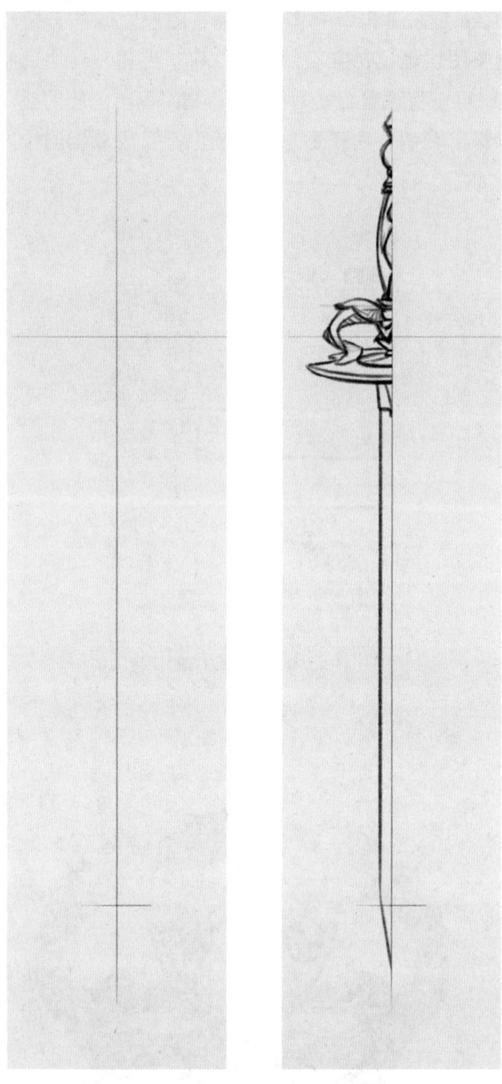

图 7-43　　图 7-44

03 按快捷键 Ctrl+J 复制“草稿”图层，执行“编辑”|“变换”|“水平翻转”命令，组成一把具有对称美感的完整佩剑，合并两个图层，绘制效果如图 7-45 所示。

04 降低“草稿”图层的不透明度，新建一个图层，选择“硬边圆压力不透明度”笔刷，选择■（R073，G073，B073）色，根据设计草图勾勒出线稿。线稿绘制完毕后，删除“草稿”图层，绘制效果如图 7-46 所示。

05 绘制剑柄部分。本例将剑柄设计成了镀银和镀金的组合。先绘制镀银部分，新建一个图层，选择■（R158，G163，B157）色，铺出镀银部分的底色，如图 7-47 所示。

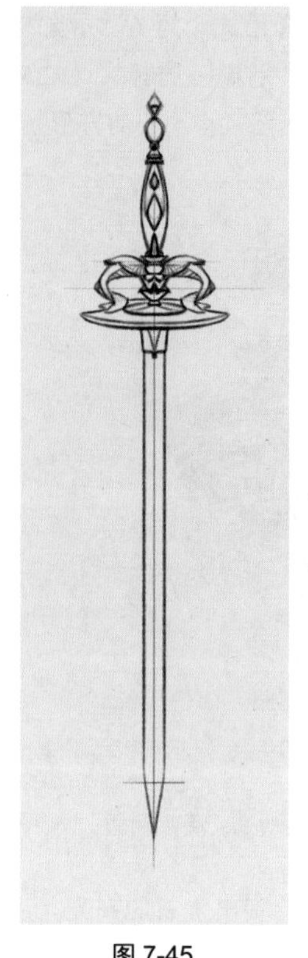

图 7-45

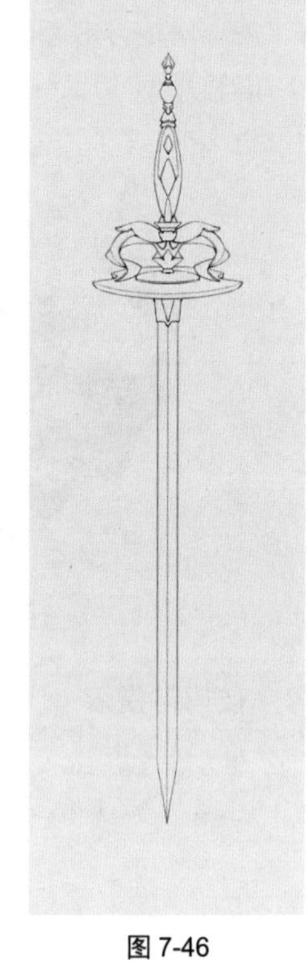

图 7-46

图 7-47

06 选择■(R106，G102，B096)色，绘制镀银部分的暗部，注意各部位之间的遮挡和投影，绘制效果如图 7-48 所示。

图 7-48

07 选择 （R235，G242，B223）色，绘制出镀银部分的高光，如图 7-49 所示。

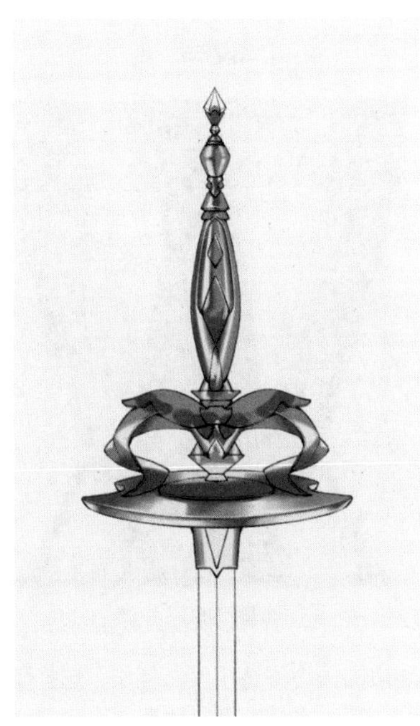

图 7-49

08 新建一个图层，选择一个饱和度较低的金色■（R173，G151，B112），铺设镀金部分的底色，如图 7-50 所示。

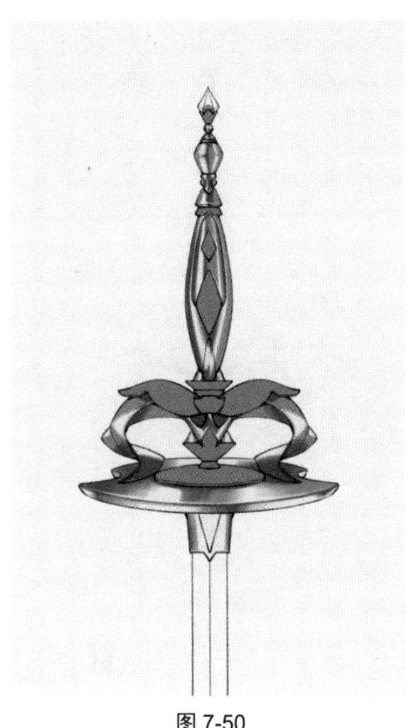

图 7-50

09 选择■（R097，G076，B052）色，绘制出镀金部分的暗部。绘制时要注意根据部件的结构，细心揣摩可能出现暗部的位置，绘制效果如图 7-51 所示。

图 7-51

10 选择一个与低饱和度的底色相配的颜色 （R254，G233，B208），绘制镀金部分的高光，如图 7-52 所示。

图 7-52

11 绘制宝石。新建一个图层，选择■（R012，G038，B073）色，铺出宝石的底色，如图 7-53 和图 7-54 所示。

图 7-53

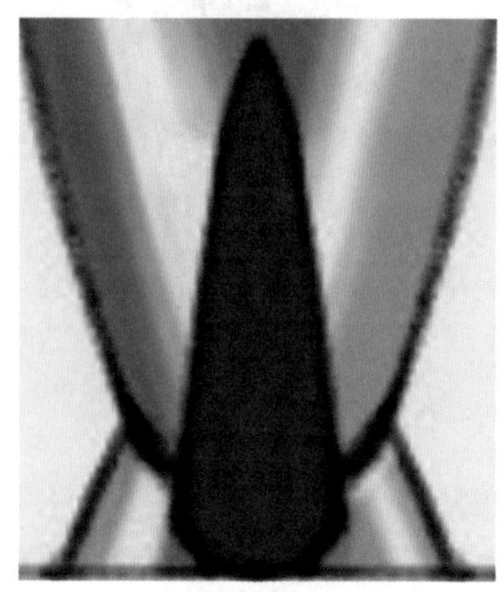

图 7-54

12 选择“柔边圆压力不透明度”笔刷，选择■（R004，G057，B172）色，在宝石的底端绘制出较亮的区域，如图 7-55 和图 7-56 所示。

图 7-55

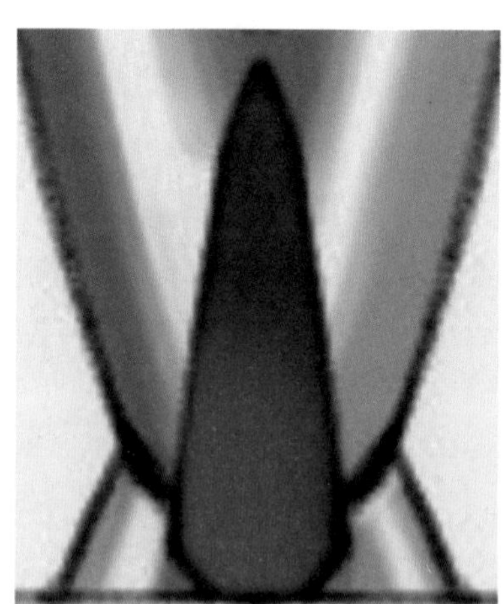

图 7-56

13 选择“硬边圆压力不透明度”笔刷，选择■（R125，G128，B149）色，绘制出宝石的切面。虽然宝石的体积较小，但再小的物体也存在结构，绘制效果如图 7-57 和图 7-58 所示。

14 新建一个图层，将图层混合模式设置为“叠加”。选择 （R255，G250，B237）色，绘制出一些方块，如图 7-59 和图 7-60 所示。

图 7-57

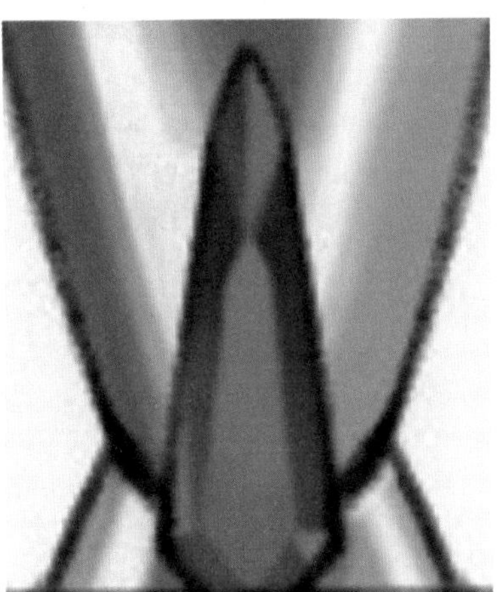

图 7-58

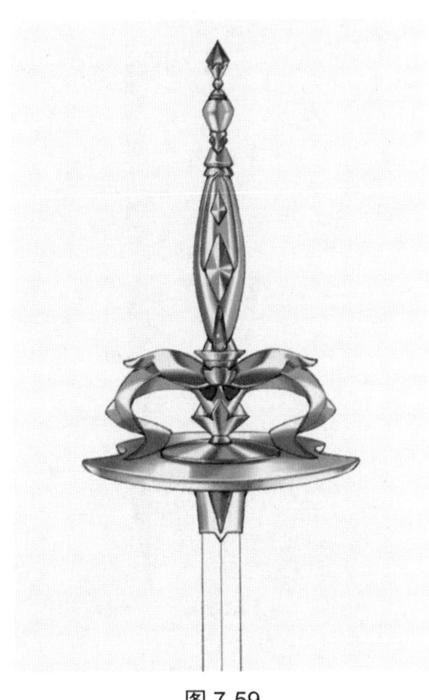

图 7-59

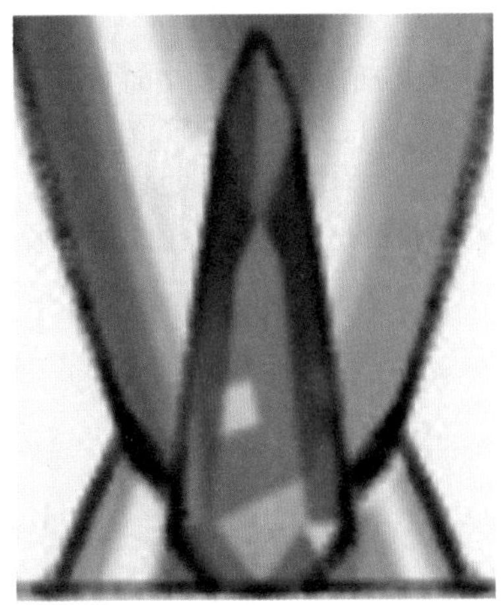

图 7-60

15 新建一个图层，选择白色点缀一些高光，如图 7-62 所示。完成宝石部分和整个剑柄区域的绘制，效果如图 7-61 所示。

图 7-61

图 7-62

16 新建一个图层，选择■（R210，G208，B206）色，铺出整个剑身部分的底色，如图 7-63 所示。

17 选择“柔边圆压力不透明度”笔刷，将笔刷直径缩小至剑身宽度的一半。选择■（R245，G245，B245）色，由上至下地喷绘出一个类似渐变的效果，效果如图 7-64 所示。

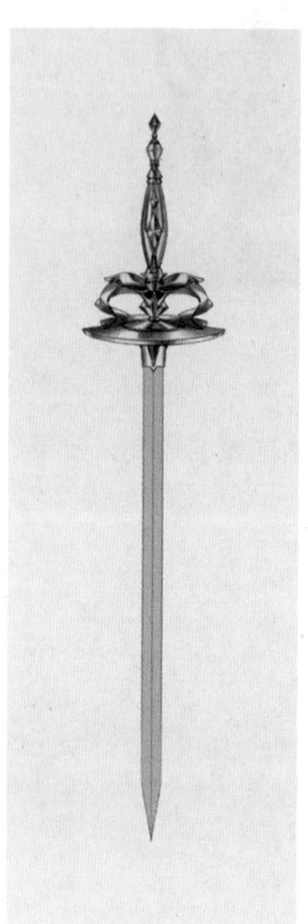

图 7-63

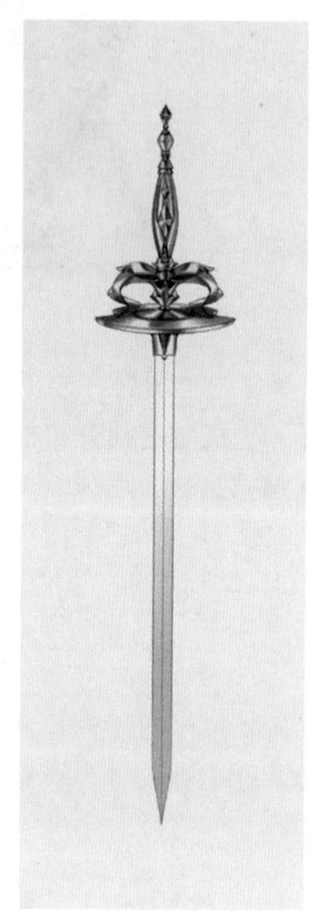

图 7-64

18 选择■（R149，G147，B141）色，由下至上地喷绘出一个深色的渐变效果，再选择“橡皮擦”工具擦除中间线左侧的部分，加强剑身的立体感，绘制效果如图 7-65 所示。

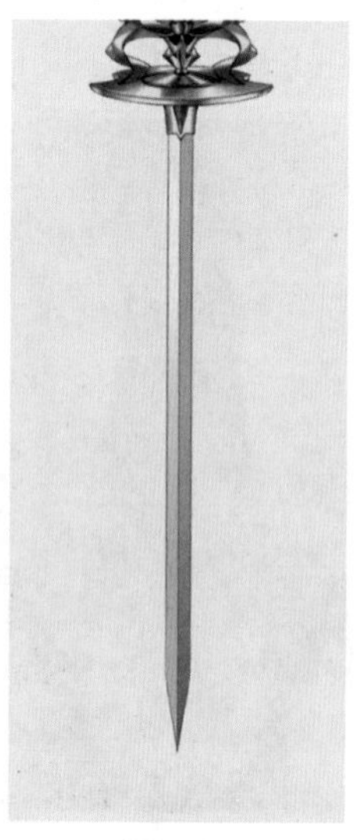

图 7-65

19 将笔刷直径缩小至 2 像素，选择■（R245，G245，B245）色，沿着剑身的线条画出两条明亮的细线，如图 7-66 所示。一条画在整个剑身的最左侧，一条画在中间线的左侧，强调剑身的体积感。完成佩剑的绘制，效果如图 7-67 所示。

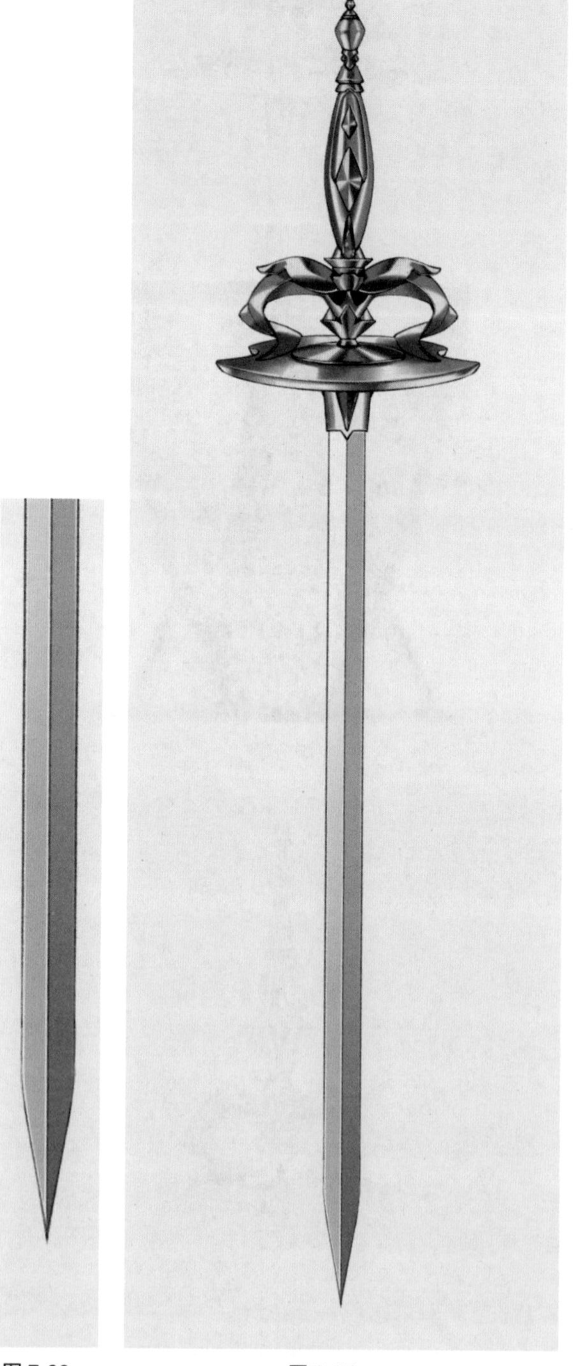

图 7-66

图 7-67

7.3 欧美风格人物造型设计

中世纪的西欧服饰与工业革命时期的服饰都带有浓烈的时代色彩，充满魅力。本节将通过详细的案例分别介绍结合这两种服饰设计的欧美风格人物造型设计。

7.3.1 火焰公主

与魔法有关的人物和故事总是充满着吸引力。本例绘制的是魔幻背景中的美丽公主，她的头发与瞳孔犹如燃烧的火焰般热烈而迷人，具体步骤如下。

01 新建画布，新建“草稿”图层，想象一个符合“公主”设定的高傲姿势，绘制出人物草图，如图 7-68 所示。

图 7-68

02 绘制出带有中世纪西欧特色的服饰，绘制时注意用不同色彩的线条分割不同区域，绘制效果如图 7-69 所示。

图 7-69

03 用紫色线条勾出发型部分，如图 7-70 所示。

图 7-70

04 降低“草稿”图层的不透明度，新建“线稿”图层，选择“铅笔”工具勾出线稿。线稿绘制完毕后，关闭“草稿”图层。在能够表达清楚结构的前提下，尽可能使用最少的线条去勾勒线稿，保留线条的随性洒脱，无须刻意修整边界部分。在线条的粗细，即落笔轻重上做一些变化能使线稿更加美观，绘制效果如图 7-71 所示。

05 新建一个图层，根据“火焰公主”的设定，确定整张图的色调，铺出各个区域的底色。头发为■（R182，G005，B015）色，皮肤为■（R235，G212，B205）色，裙子为■（R218，G207，B230）色，长袍为■（R124，G022，B035）色，绘制效果如图 7-72 所示。

06 新建一个图层，选择“硬边圆压力不透明度”笔刷，选择■（R187，G126，B117）色，根据设定中光源的位置和各部位的遮挡关系，绘制皮肤的暗部，绘制效果如图 7-73 所示。

图 7-71

图 7-72

图 7-73

07 选择“柔边圆压力不透明度”笔刷，选择■（R248，G174，B168）色，绘制出一些红晕，主要集中在骨骼凸出处，如锁骨、指骨等处，绘制效果如图 7-74 所示。

图 7-74

08 新建一个图层，选择“硬边圆压力不透明度”笔刷，选择■（R148，G109，B065）色，绘制戒指和项链的底色。选择比发色深一些，同时又比长袍底色饱和度高一些的颜色■（R148，G019，B014），绘制火焰公主的口红和指甲部分，让整幅图在色调统一的同时又具备层次感，绘制效果如图 7-75 所示。

图 7-75

09 继续使用■（R148，G019，B014）色，绘制出上扬的眼线，强化高傲的人设。选择■（R182，G005，B015）色，绘制出眼珠的底色，绘制效果如图 7-76 所示。

图 7-76

10 选择■（R062，G000，B000）色，绘制出嘴唇的暗部，选择■（R075，G042，B019）色，绘制出项链和戒指金属部分的暗部，塑造出体积感，绘制效果如图 7-77 所示。

图 7-77

11 选择■（R107，G000，B001）色，绘制出头发的暗色部分。绘制时要注意使用概括的绘画方式，不需要像日式风格那样绘制出发丝，而是把头发视作一个整体、一个几何体来绘画，绘制效果如图 7-78 所示。

图 7-78

12 选择■（R218，G076，B054）色，同样地概括出头发的亮色部分，让头发更有层次，绘制效果如图 7-79 所示。

图 7-79

13 选择■（R003，G109，B108）色，在头发体积堆积处，也就是颜色最深的地方，使用对比色绘制出两块小小的角落，绘制效果如图 7-80 所示。

图 7-80

技巧与提示：

巧妙运用对比色能够吸引观者的目光，让色彩灵动起来。

14 开始绘制公主的衣物部分。新建一个图层，选择■（R158，G147，B193）色，绘制出裙子的暗部，如图 7-81 所示。

图 7-81

技巧与提示：

绘制欧美风格的人物时，相比中国古风或者日式风格，使用到的颜色层次更少。人物不再有暗部，或者不再有二次加深的暗部，很多时候甚至连高光区域也不必画出来，只需要使用一个暗部色彩塑造出某个部分的形体即可，这是类似动画的处理方式。

15 与裙子部分相同，使用单一的颜色■（R047，G000，B003），绘制出长袍的暗部，表现出体积，绘制效果如图 7-82 所示。

16 为长袍增添花边。新建“花边”图层，选择“双股麻花”笔刷，选择■（R173，G137，B086）色，左右各画一笔，流畅地刷出长袍边缘处的花纹，绘制效果如图 7-83 所示。如果一次画不出想要的效果，可以按快捷键 Ctrl+Z 撤销，重新绘制花纹，直到绘制出想要的效果。

图 7-82

图 7-83

17 花边是随着长袍的起伏而起伏的，在长袍的暗面，花边也会随之产生暗面。单击“锁定透明像素”按钮锁定“花边”图层，选择■（R107，G078，B036）色，绘制出花边的暗面，如图 7-84 所示。

图 7-84

18 新建一个图层，选择■（R158，G147，B193）色，绘制出扣眼。选择近似于黑的深色■（R043，G040，B034），绘制出长袍的绑带，绘制效果如图 7-85 所示，完成服饰部分的绘制。

图 7-85

19 新建一个图层，为项圈填上与衣物绑带相同的颜色，为宝石填上与人物整体相呼应的深红色■（R046，G000，B003），绘制效果如图 7-86 所示。

图 7-86

20 再次巩固宝石的画法。这块宝石所占面积比较小，也不是整幅图的重点，可以用尽可能少的步骤快速画完它。选择“柔边圆压力不透明度”笔刷，选择■（R098，G022，B025）色，绘制出宝石的切面，如图 7-87 和图 7-88 所示。

图 7-87

图 7-88

21 选择■（R162，G017，B020）色，绘制出宝石较明亮的下端，如图 7-89 和图 7-90 所示。

图 7-89

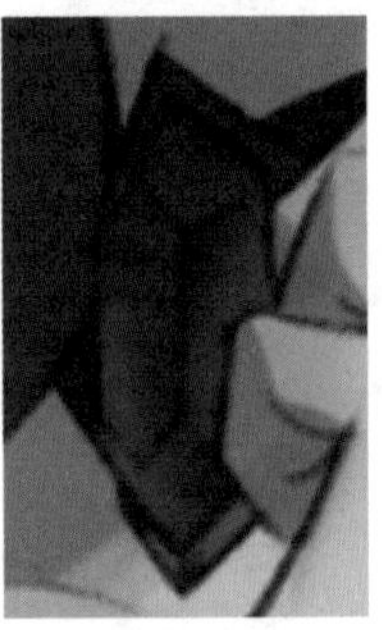

图 7-90

22 选择“硬边圆压力不透明度”笔刷，将笔刷模式设置为“叠加”，绘制出一些块状光斑，增加宝石的通透感，如图 7-91 和图 7-92 所示。

图 7-91

23 选择■（R244，G216，B217）色在宝石上绘制出细小的高光，强化质感，如图 7-93 所示。完成案例的绘制，绘制效果如图 7-94 所示。

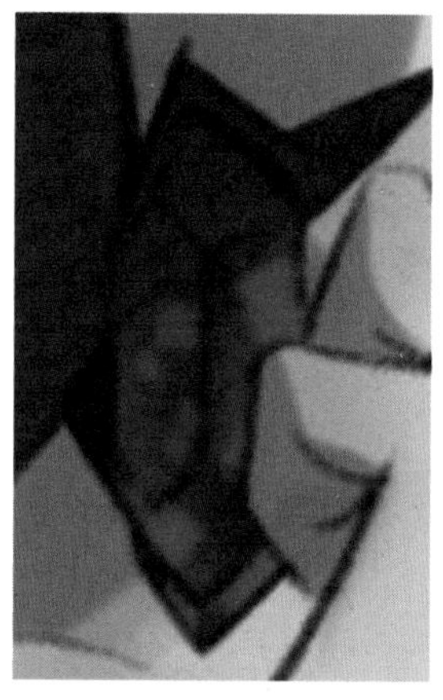

图 7-92

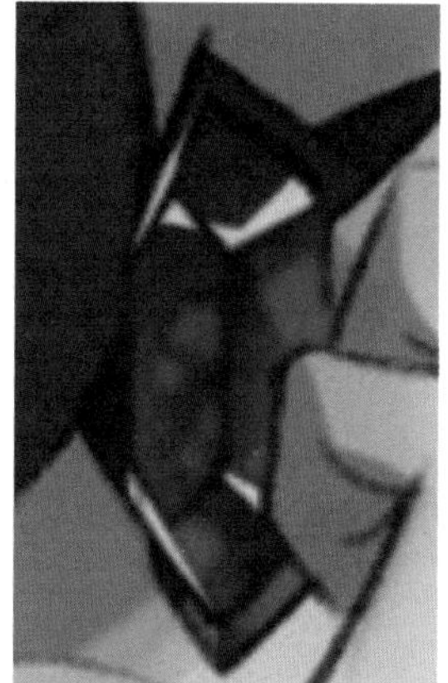

图 7-93

图 7-94

7.3.2　英伦侦探

有许多欧洲的小说和影视作品是以侦探作为主角的解谜故事，大侦探福尔摩斯更是其中的经典人物，甚至让许多人一想起英国就会联想到侦探这个职业。本例绘制的是一位身着英伦风格服饰的侦探先生，具体的步骤如下。

01 新建画布，新建“草稿”图层，选择“铅笔”工具 绘制出人物的草稿，构思好人物的体形和姿态。这位侦探的体形非常消瘦，一手叉腰，一手执着拐杖，如图 7-95 所示。

图 7-95

02 为侦探先生穿上衬衫、马甲和宽松的裤子，再披上一件宽大的风衣。衣物的轮廓可以适当夸张一些。日常生活中的风衣一般不会形成这样的弧形轮廓，但在欧美风格的画作中，对不规则的形体进行概括和夸张变形是比较常见的，绘制效果如图 7-96 所示。

03 使用不同颜色的线条绘制出侦探先生的头发和胡子，并设计出带有英伦气息的侦探帽和手杖，如图 7-97 所示。

图 7-96

图 7-97

04 降低“草稿”图层的不透明度，新建“线稿”图层，选择■（R073，G073，B073）色勾出线稿。完成线稿后，关闭“草稿”图层，绘制效果如图 7-98 所示。

图 7-98

05 新建一个图层，选择“硬边圆压力不透明度”笔刷，确定侦探先生各个部位的色彩。皮肤为■（R198，G183，B166）色，头发为■（R141，G108，B070）色，衬衫为白色，领带为■（R059，G093，B113）色，帽子、马甲、裤子为■（R076，G065，B059）色，风衣为■（R140，G120，B097）色，袜子为■（R079，G037，B037）色，鞋子为■（R100，G080，B070）色，绘制效果如图 7-99 所示。

06 新建一个图层，选择■（R139，G114，B095）色给皮肤部分增加阴影，如图 7-100 所示。

07 男性角色一般不会有妆感较强的腮红，但冬季的寒冷会让人的耳朵和面颊都被冻红。新建一个图层，选择“柔边圆压力不透明度”笔刷，选择■（R196，G161，B154）色刷出面部被冻红的区域。选择“硬边圆压力不透明度”笔刷，再选择一个黯淡的色彩■（R165，G141，B131）画出嘴唇部分。选择■（R072，G116，B141）色绘制出眼珠的底色，注意留出高光，绘制效果如图 7-101 所示。

图 7-99

图 7-100

图 7-101

08 与皮肤相同，眼珠和眼白的部分也需要绘制阴影，塑造体积感。选择■（R149，G128，B128）色绘制出眼球部位的弧形阴影，绘制效果如图 7-102 所示。

图 7-102

09 选择■（R095，G065，B056）色绘制嘴唇的暗部，如图 7-103 所示。

10 选择■（R065，G033，B012）色绘制头发的暗部，注意由于帽子和帽檐的遮挡而产生阴影的形状，绘制效果如图 7-104 所示。

11 新建一个图层，细化领带和鞋袜的阴影。与“火焰公主”案例一样，通过单层阴影来塑造服饰的体积感，无须添加高光。衬衫的阴影为■（R199，G190，B190）色，领带的阴影为■（R011，G025，B039）色，鞋袜的阴影为■（R019，G002，B003）色，绘制效果如图 7-105 所示。

图 7-103

图 7-104

技巧与提示：

欧美风格的插画注重设计感。除了在形体上进行概括和夸张，还可以通过提高明暗对比的方式来加强设计感。本例中选择的阴影色与底色之间的明暗对比很强烈，但在现实生活中并没有这么明显的明暗对比。总而言之，不仅是线条和造型，色彩同样也是可以被夸张处理的。

12 新建一个图层，选择■（R161，G126，B051）色绘制手杖的金属部分，如图 7-106 所示。

图 7-105

图 7-106

13 选择■（R102，G062，B010）色为手杖的金属部分增添小面积的暗部，如图 7-107 所示。

图 7-107

14 帽子、马甲和裤子的底色是相同的，新建一个图层，选择同样的阴影色■（R017，G010，B008）绘制这几部分的暗部，注意衣褶的走向和不同衣物之间的遮挡关系，绘制效果如图 7-108 所示。

图 7-108

15 选择■（R036，G036，B047）色给帽子的绳结部分填充一个和帽子的主体不同的底色，丰富画面色彩，绘制效果如图 7-109 所示。

图 7-109

16 新建一个图层，选择“双排细线”笔刷，选择■（R017，G010，B008）色，利用笔刷效果绘制出连续的方格，模拟出格纹布料的效果，加强造型的英伦感。绘制时注意格纹的走向和弯曲程度要与人物的动态统一，不要脱离动态刷成笔直的纹路，绘制效果如图 7-110 所示。

图 7-110

17 新建一个图层，选择“硬边圆压力不透明度”笔刷，选择■（R077，G056，B038）色给风衣添加暗色部分，如图 7-111 所示。

图 7-111

技巧与提示：

可以看出，风衣的底色没有完全填满线稿的轮廓，但在欧美风格的画作中，这种不完美反而会产生随性洒脱的感觉。

18 缩小画幅检查全图，观察是否有遗漏。选择■（R140，G120，B097）色绘制出袖口和马甲上的扣子。完成英伦侦探的绘制，绘制效果如图 7-112 所示。

图 7-112

7.4 美式插画实例——暮光回音

“暮光回音”绘制的是室内环境。在春季的下午，阳光穿透玫瑰花窗折射进圣堂，彩色的光线照亮了手捧玫瑰正在祈祷的圣洁金发女子。在这幅图中不只有玫瑰花窗这一个光源，女子所处位置顶部的天花板是琉璃顶的，虽然没有出现在画面内，但对整个画面的光线带来了影响，是作为顶光的第二个补光源。暮光回音的完成图如图 7-113 所示。

内容设定

季节：春季
时刻：下午 4~6 时
场所：圣堂内
光源：玫瑰花窗外的阳光

主要技法

1. 一点透视的室内场景绘制方法。
2. 通过小技巧将一点透视的背景变成三点透视的背景。
3. 使用 Photoshop CC 2019 中的对称工具——“设置绘画的对称”选项绘制玫瑰花窗。
4. 光线穿透玫瑰花窗，照亮人物并在地面造成色彩斑驳的绚丽光影效果。

图 7-113

7.4.1　绘制背景线稿

01 新建画布，新建一个图层，确定整幅图视平线的位置。按住 Shift 键绘制出一条横线，再在图像正中绘制出一条竖线。选择“透视”笔刷，选择■（R202，G154，B154）色，单击横、竖线的交叉点，可以得到从中心点向四周放射的透视尺图像，绘制效果如图 7-114 所示。

02 在这个阶段可以多寻找一些真实的图片作为参考，了解圣堂内部的大概构造情况。新建一个图层，以透视尺图像作为参考，选择“硬边圆压力不透明度”笔刷，选择■（R081，G082，B082）色绘制出圣堂内部结构的草图，如图 7-115 所示。需要注意的是，所有的横梁平行线都要按照透视尺的放射线角度进行绘画，如图 7-116 所示。

图 7-114

图 7-115

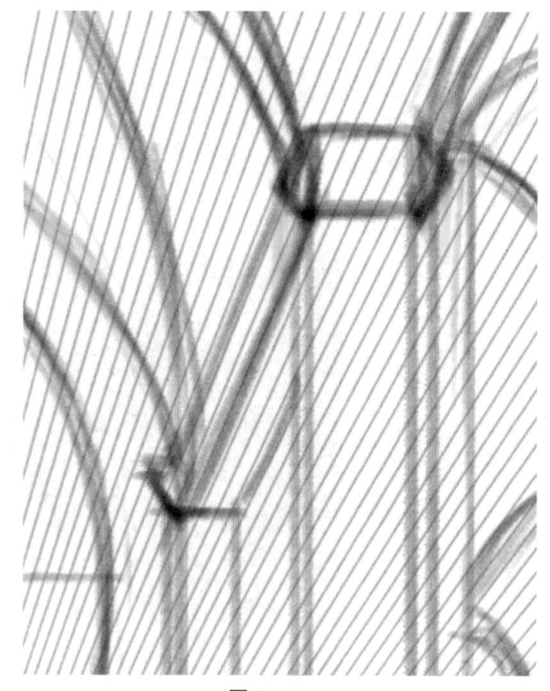

图 7-116

03 单击“设置绘画的对称选项”按钮，如图 7-117 所示，在菜单中选择“双轴”选项，如图 7-118 所示。

图 7-117

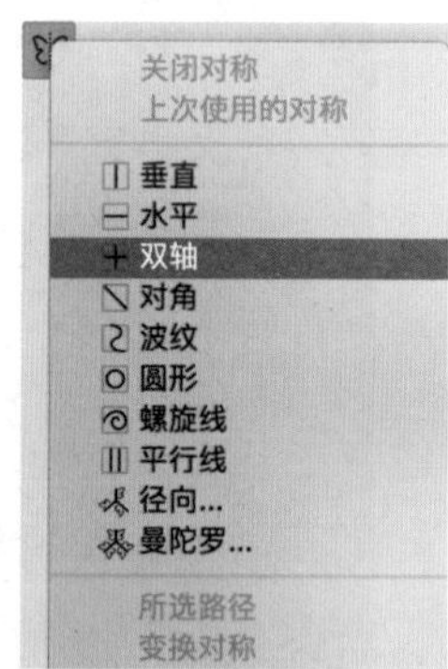

图 7-118

技巧与提示：

除本例中使用到的“双轴”及“垂直”外，在菜单中还有许多其他的对称选项，绘画时可以逐一尝试，有时可以得到出乎意料的好效果。

04 选择“双轴”选项后，画面中会出现一个可以移动的蓝色十字标志，如图 7-119 所示。该标志只会在使用“画笔”工具和“橡皮擦”工具时出现，使用其他工具时，蓝色十字标志不会出现，也没有相应效果。

图 7-119

05 拖动十字标志，使其中心点与玫瑰花窗的圆心重合，调整标志周围的浮点，让标志的尺寸与花窗相匹配，如图 7-120 所示。需要注意的是，穿过标志的十字线的横竖方向的长度都需要比花窗外轮廓的直径大。

图 7-120

06 新建一个图层，开始设计花窗的彩色玻璃图形。绘制时，只需要绘制上方圆形的左半边，软件会自动计算出对称的右半边，并在画面中以对称的形式显示两个完整的图形。如图 7-121 所示，红色图形是实时绘制的，黑色图形是软件自动计算的。

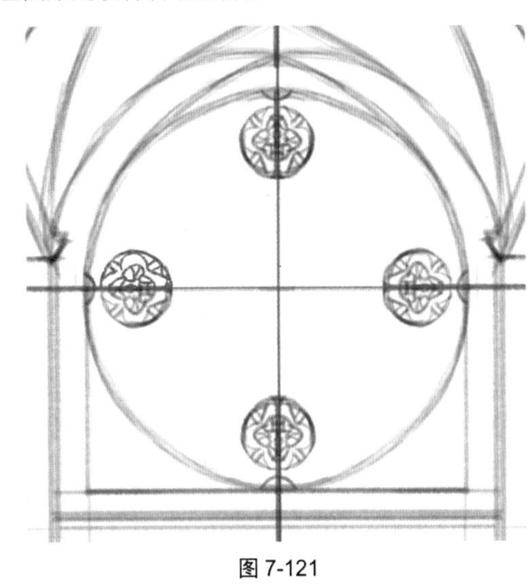
图 7-121

技巧与提示：

绘制时，对称效果是实时显示的，能够直观地看到绘制出来的对称图案的整体效果，可以多次尝试直到绘制出满意的图形。

07 使用对称效果，参考相关资料继续绘制花窗，不断增加细节，直到画出 4 幅比较完整的图案，绘制效果如图 7-122 和图 7-123 所示。

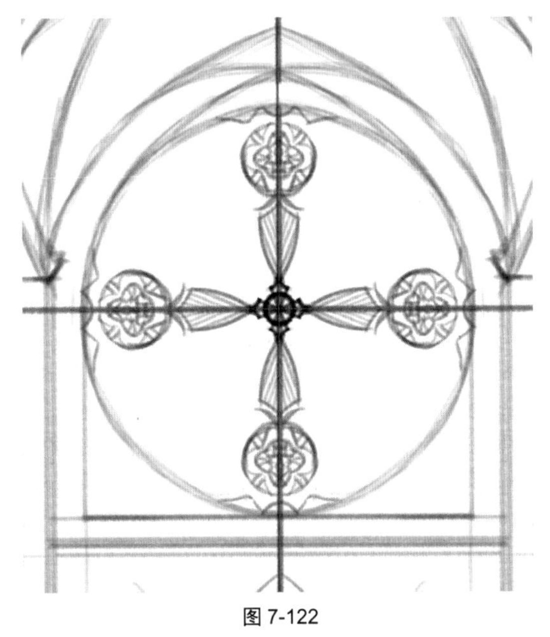
图 7-122

图 7-123

08 按快捷键 Ctrl+J 复制绘制好的花窗图案，再按快捷键 Ctrl+T，将图案旋转 45°。最后按快捷键 Ctrl+E 向下合并图层，完成玫瑰花窗圆形部分的完整图案，如图 7-124 所示。

图 7-124

09 补全花窗角落的花纹，完成整扇花窗的设计，如图 7-125 所示。单击“设置绘画的对称选项”按钮，在菜单中选择“关闭对称”选项。

10 为花窗下方的三扇门做一些小范围的设计，完成草图，如图 7-126 所示。合并草图的所有图层，将图层不透明度降低至 30%。新建“背景线稿”图层，选择“铅笔”工具勾勒线稿，绘制效果如图 7-127 所示。描绘花窗部分的线稿时，同样可以使用对称功能，进行和草图部分一样的操作，只是用线更精细。

图 7-125

图 7-126

11 绘制下方台阶时，可以将台阶绘制出一些弧度，在与上方的弧形花窗呼应之余，也可以为下一步的透视调整作准备，如图 7-129 所示。完成背景线稿的绘制，删除草稿，如图 7-128 所示。

图 7-127

图 7-128

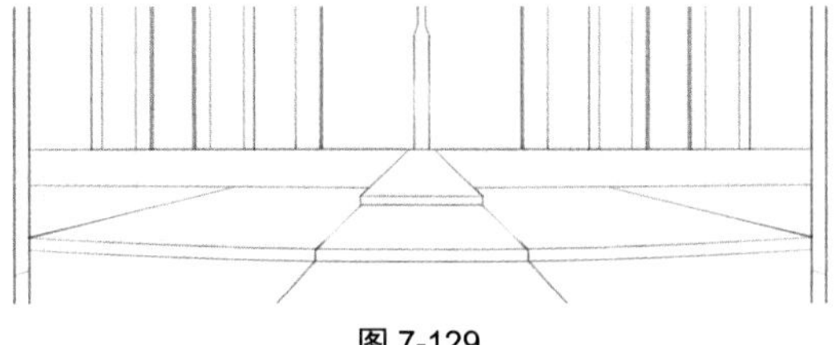

图 7-129

12 按快捷键 Ctrl+T，右击被选中的区域，在弹出的快捷菜单中选择“透视”选项，将整个图层调整成一个上窄下宽的梯形，使画面外的上方出现一个消失点，让略显呆板的一点透视变成轻微的三点透视。上一步中绘制的弧形台阶，也暗示着画面左右各有两个消失点，绘制效果如图 7-130 所示。

图 7-130

13 调整透视后，画面的左、右两侧出现了一些空白，补全两侧空白处的线条，完成背景线稿的绘制，绘制效果如图 7-131 所示。

图 7-131

7.4.2 绘制人物线稿

01 新建“人物草稿”图层，为人物设计一个安静地捧着花祈祷的动作，绘制出草稿。由于人物的动作和服饰都比较简单，所以无须使用不同色彩的线条来区分区域。为了使画面的纵深感更明显，在近处人物与远处圣堂大门之间的路径中央增添一支加强透视效果的烛台，绘制效果如图 7-132 所示。

图 7-132

02 降低“背景线稿”图层的不透明度，新建“人物线稿”图层，选择“铅笔”工具勾勒出利落的人物线稿，如图 7-133 所示。人物线稿绘制完毕后，擦除被人物遮住的背景线稿，并删除“人物草稿”图层，如图 7-134 所示。

图 7-133

图 7-134

技巧与提示：

绘制人物线稿时，要注意灵活选择线条的颜色。本例构思的是一个金发女子，于是选择了■（R098，G056，B044）色绘制人物的眉毛，如果选择黑色，就会与发色产生冲突。另外，直接选用了■（R158，G109，B043）色绘制发饰部分的纵向金属天使环，避免后期上色时由于金属环较为细窄，且被黑色线条遮盖，难以看出颜色，如图 7-135 所示。

图 7-135

7.4.3　背景部分上色

01 新建一个图层，选择“硬边圆压力不透明度”笔刷，由远至近地铺出墙面的底色。远处的墙壁为■（R067，G033，B020）色，中间部分的墙壁为■（R098，G058，B030）色，近处的墙壁为■（R127，G085，B063）色，绘制效果如图 7-136 所示。

02 新建一个图层，铺设地面部分的底色。远处地面为■（R082，G046，B032）色、中距离地面为■（R093，G054，B027）色、近处地面为■（R150，G115，B091）色，红毯为■（R103，G023，B029）色，绘制效果如图 7-137 所示。

图 7-136

图 7-137

03 通过添加单层阴影的方式来刻画画面。新建一个图层，选择■（R043，G011，B000）色给最远处承载花窗的墙壁增加暗部，如图 7-138 所示。

图 7-138

04 为大门增添暗部。虽然墙壁与大门的底色相同，但二者材质不同，暗部颜色也会有少许不同。选择■（R046，G012，B000）色为门框增加暗部。选择■（R090，G041，B022）色绘制出门板，将门与墙壁区分开，显示出这是一扇对开门，而不是墙壁上的雕花装饰，绘制效果如图 7-139 所示。

图 7-139

05 选择■（R072，G037，B020）色给中间部分的墙壁增添暗部。此处可以利用压感给暗部做一个轻微的色彩区分。绘制横梁朝向走廊的部分时下笔轻一些，绘制出的色彩会较浅，给人一种“受光较多”的感觉。绘制横梁朝向地面的部分时下笔重一些，绘制出的色彩会较深，显得更暗一些，绘制效果如图 7-140 所示。

图 7-140

06 选择■（R093，G056，B038）色，绘制出距离画面最近的墙壁的暗部，如图 7-141 所示。

图 7-141

07 新建一个图层，选择“渐变”工具，给地面和地毯拉出渐变式的暗部。远处地面的渐变色为■（R066，G031，B017）色，近处地面的渐变色为■（R100，G060，B033）色，地毯的渐变色为■（R074，G000，B012）色，绘制效果如图 7-142 所示。

图 7-142

08 新建一个图层，选择“画笔”工具，选择“硬边圆压力不透明度”笔刷，绘制台阶和台阶上地毯的暗部，同时画出烛台在地面上的投影。台阶的暗部为■（R065，G032，B017）色，地毯的暗部由远至近分别为■（R059，G000，B000）色和■（R063，G000，B000）色，烛台的投影为■（R034，G003，B002）色，绘制效果如图 7-143 所示。

09 新建一个图层，选择■（R145，G130，B078）色铺出烛台部分的底色。蜡烛占据的面积很小，但也不能遗漏，选择　（R239，G243，B234）色铺出底色，绘制效果如图 7-144 所示。

10 选择■（R090，G071，B033）色为烛台部分增添暗部。烛台占画面的面积较小，其存在的主要意义是让图像产生更明显的纵深感。达到目的后，就无须继续细化了，绘制效果如图 7-145 所示。

图 7-143

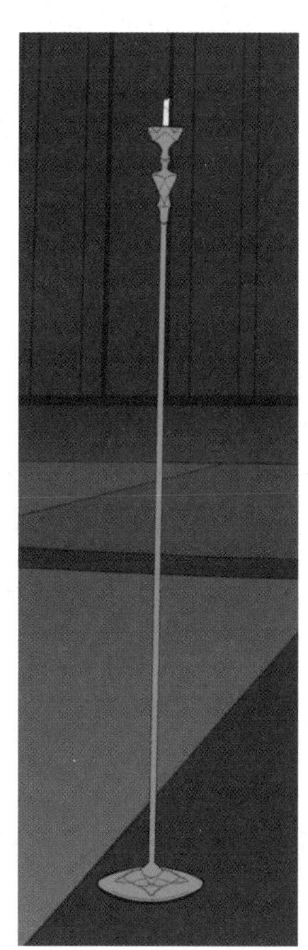

图 7-144

图 7-145

11 合并所有背景上色图层，执行“滤镜”|“杂色”|“添加杂色”命令，给背景增添一些质感，绘制效果如图 7-146 和图 7-147 所示。

图 7-146

12 观察整个画面，感觉整体色调较为平常，缺少观赏性。单击“创建新的填充或调整图层”按钮，在菜单中选择“色相 / 饱和度…”选项，建立“色相 / 饱和度”调整图层，将“色相”滑块拖至 -128，如图 7-149 所示。将画面的色调调整成蓝紫色能够加强魔幻感，如图 7-148 所示。

图 7-147

属性
色相/饱和度
预设: 自定
全图
色相: -128
饱和度: 0
明度: 0
着色

图 7-148

图 7-149

7.4.4　绘制玫瑰花窗

01 新建“花窗玻璃”图层，选择■（R182，G207，B217）色铺出花窗玻璃部分的底色，如图 7-150 所示。花窗并不是完全由玻璃组成的，它的玻璃部分和石材、木材部分构成了一个正负形，使花窗由远处看如同真正的花朵一般。

图 7-150

02 单击“设置绘画的对称选项”按钮，在菜单中选择“垂直”选项，如图 7-151 所示。在“垂直”对称的效果下，给中轴线一边的花窗区域上色时，另一边会同步出现相应的效果，绘制效果如图 7-152 所示。

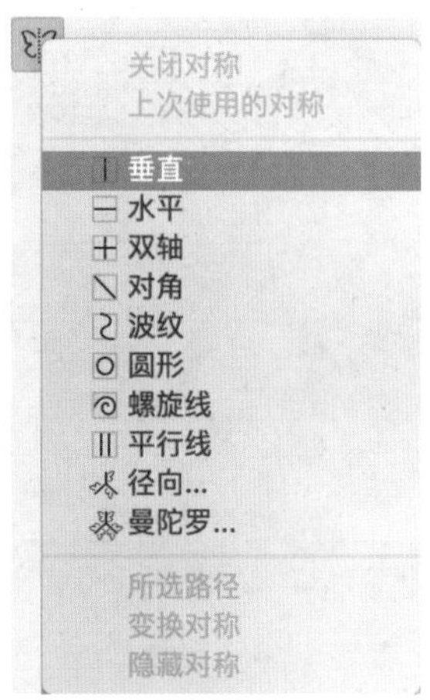

图 7-151

图 7-152

技巧与提示：

由于在绘制背景线稿的过程中，为了调整画面的透视效果，将线稿更改成了梯形，使玫瑰花窗的形状也有所改变，不再完全对称，所以此时不能再选择“双轴”选项。

03 随意选择饱和度高的鲜艳色彩，继续利用“垂直”对称效果完成整个花窗玻璃的上色，绘制效果如图 7-153 和图 7-154 所示。

图 7-153

图 7-154

04 按快捷键 Ctrl+J 复制“花窗玻璃”图层，并重命名为“花窗倒影”。执行“编辑”|“变换”|“垂直翻转”命令，按快捷键 Ctrl+T 将复制出来的花窗移动到地板的位置，修改透视效果，把图层调整为一个近大远小的梯形，绘制效果如图 7-155 所示。

图 7-155

05 将“花窗倒影”图层的不透明度降至 20%，图层混合模式设置为“颜色减淡”，将花窗倒影调整得暗淡一些，更接近倒影的质感，如图 7-156 所示。

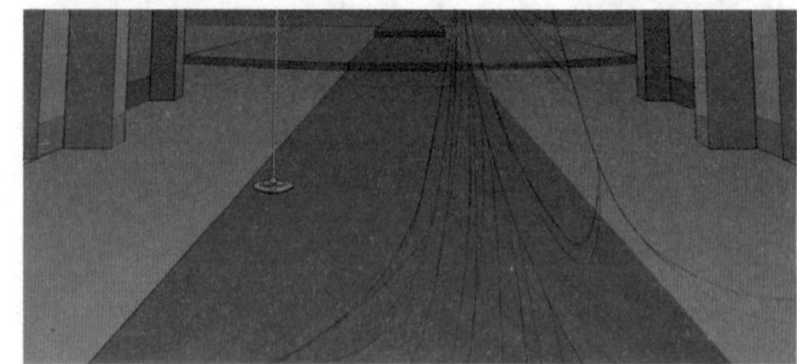

图 7-156

06 按快捷键 Ctrl+J 复制“花窗倒影”图层，将复制出的图层重命名为“倒影 2”。执行“滤镜”|“模糊”|“高斯模糊”命令，在弹出的“高斯模糊”对话框中，将“半径”的数值修改为 19 像素，如图 7-157 所示。将“倒影 2”图层的不透明度增至 100%，执行两次“滤镜”|“锐化”|“锐化”命令，将第二层倒影调整得绚丽一些，如图 7-158 所示。

图 7-157

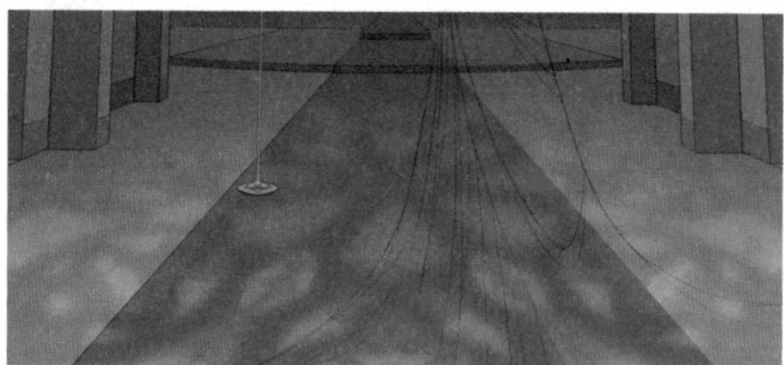

图 7-158

07 新建“花窗光感”图层，将图层混合模式设置为“亮光”，选择“柔边圆压力不透明度”笔刷，选择■（R200，G164，B139）色在花窗的每个圆形图案的部位和花窗的中心部位喷绘出光感，如图 7-159 所示。

图 7-159

08 按快捷键 Ctrl+J 复制“花窗光感”图层，执行两次“滤镜”|“锐化”|“锐化”命令，加强发光效果，绘制效果如图 7-160 所示。

图 7-160

09 新建一个图层，在地面上选择几个会被光线照亮的部分绘制出光感。执行两次“滤镜”|“锐化”|“锐化”命令，强化效果。完成背景部分的上色，绘制效果如图 7-161 所示。

图 7-161

7.4.5 人物部分上色

01 新建一个图层，选择“硬边圆压力不透明度”笔刷，确定人物各个部位的底色。皮肤为（R241，G237，B232）色，口红为（R171，G025，B043）色，头发为（R186，G146，B098）色，百褶连衣裙为（R239，G243，B234）色，裙子后片为（R193，G188，B204）色，披肩为（R063，G000，B110）色，金色装饰为（R164，G139，B051）色，捧花纸张为（R182，G166，B145）色，花叶为（R123，G146，B180）色，花朵为（R135，G097，B135）色，绘制效果如图 7-162 所示。

图 7-162

技巧与提示：

此处选择的玫瑰叶色调偏蓝，玫瑰花也不是现实中常见的玫瑰色彩。绘画创作是一个主观思考的过程，不要被现实世界中的规则束缚。

02 绘制人物的头面部分。新建一个图层，选择“柔边圆压力不透明度”笔刷，选择（R254，G213，B220）色在人物的皮肤上添加一些柔润的红晕，加强皮肤质感，如图 7-163 和图 7-164 所示。

图 7-163

图 7-164

03 绘制人物的眼影和指甲。选择（R200，G095，B174）色绘制出眼影和指甲，在眼皮上竖着擦掉一小块，营造出立体感。选择白色，将笔刷直径缩小至 1 像素，在下唇处点出高光。将笔刷直径调整成合适的大小，选择（R224，G170，B175）色绘制皮肤的暗部，绘制效果如图 7-165 和图 7-166 所示。

图 7-165

图 7-166

04 选择“硬边圆压力不透明度”笔刷，选择■（R122，G065，B023）色顺着头发的走向绘制出暗部，如图 7-167 所示。

图 7-167

05 选择■（R231，G222，B187）色在耳朵上方的头发处绘制出横向的光泽，在散落的头发处顺着发流绘制出竖向的光泽。完成人物头面部分的上色，绘制效果如图 7-168 所示。

图 7-168

06 新建一个图层，通过大块面的方式为衣物增添暗部，不要抠细节。百褶裙的暗部为■（R198，G207，B180）色，裙子后片的暗部为■（R131，G117，B142）色，绘制效果如图 7-169 所示。

图 7-169

07 选择“柔边圆压力不透明度”笔刷，选择■（R124，G000，B132）色为披肩增添一些偏红的色调，丰富色彩变化，绘制效果如图 7-170 所示。

图 7-170

08 选择“硬边圆压力不透明度”笔刷，选择■（R012，G000，B034）色根据光源的位置为披肩部分增添暗部，如图 7-171 所示。

图 7-171

09 细化捧花。无须将捧花细化得太深入，以免抢夺女孩和花窗的主视觉。新建“捧花”图层，选择■（R112，G089，B072）色增添捧花包装纸的暗部，选择■（R080，G055，B109）色增添花叶部分的暗部，绘制效果如图 7-172 所示。

图 7-172

10 新建一个图层，将其锁定在“捧花”图层上。选择“柔边圆压力不透明度”笔刷，选择■（R179，G067，B136）色为花朵部分增加受到光照而产生的暖色调，如图 7-173 所示。

图 7-173

11 新建一个图层，选择“硬边圆压力不透明度”笔刷，定出花朵暗部的区域。单击 “锁定透明像素”按钮▩，锁定花朵暗部的不透明区域。选择“柔边圆压力不透明度”笔刷，分别选择■（R132，G057，B103）色、■（R169，G152，B071）色和■（R069，G080，B164）色喷绘出花朵暗部的变幻色彩，绘制效果如图 7-174 所示。

图 7-174

12 新建一个图层，绘制衣物上的金属装饰，同样只绘制单层暗部和单层亮部。选择“硬边圆压力不透明度”笔刷，选择■（R122，G077，B013）色绘制出暗部，如图 7-175 所示。选择■（R253，G233，B176）色绘制出亮部，如图 7-176 所示，注意亮部的区域要比暗部小。

图 7-175

图 7-176

13 选择“柔边圆压力不透明度”笔刷，选择“吸管”

工具 在地毯上的光斑中随意吸取一些色彩添加到裙摆上，加强人物与环境的融合度，绘制效果如图 7-177 所示。

图 7-177

14 合并所有人物上色图层，重命名为“人物上色”。新建“渐变”图层，选择“渐变”工具，选择（R182，G205，B217）色从人物的裙摆到头顶拉出一个渐变。按住 Alt 键单击“渐变”图层和“人物上色”图层之间的分隔线，将渐变效果锁定在人物上。将“渐变”图层的混合模式设置为“正片叠底”，将图层不透明度降至 50%，绘制效果如图 7-178 所示。

15 新建一个图层，将图层混合模式设置为“亮光”。选择“硬边圆压力不透明度”笔刷，选择（R200，G164，B139）色，围着人物绘制一圈光晕，注意胸前部分、裙摆部分和花朵的受光部分也要带到，如图 7-179 所示。完成人物的上色，如图 7-180 所示。

图 7-178

图 7-179

图 7-180

7.4.6　整体画面调整

01 观察画面整体效果，可以看出人物与背景的融合度不够高，也不够明亮，没有设想中的“沐浴在圣光下”的效果。新建一个图层，将图层混合模式设置为“亮光”，选择“柔边圆压力不透明度”笔刷，再次围绕人物绘制出一圈光晕，光晕的位置可以稍微超出人物轮廓。在其他可以加亮的部位也适当增添一些光晕，如纵向金属天使环的高光部位，绘制效果如图 7-181 所示。

图 7-181

02 新建一个图层，将图层混合模式设置为“亮光”，选择“吸管”工具随意吸取画面中已有的色彩，给画面增添一些大小不同的光点，注意光点的分布要自然，绘制效果如图 7-182 所示。

图 7-182

03 新建一个图层，将图层混合模式设置为“线性光”。选择“十字星”笔刷，选择■（R217，G202，B181）色，给画面增添几个十字星形状的光点。注意控制这类特殊光点的数量，最好不要超过 10 个，以免让画面显得杂乱。完成“暮光回音”的绘制，绘制效果如图 7-183 所示。

图 7-183

8.1 游戏原画概述

游戏原画可以细分为概念原画和实际制作类的设计原画，也可以分为场景原画和人物原画。概念原画是一种主要用来表达气氛、把控整体风格的原画形式。设计原画则通常指的是为后期的3D制作绘制的较为精细的设计图，负责的是具体的设计，如游戏角色、道具、场景等。这里的“精细”指的不是画面的完成度高，而是在设计上的完整性，以及结构和材质的明确性。随着手机游戏的兴起，2D风格越来越流行，对原画师的要求也有所变化。除了给3D制作提供精细的设计图，还需要原画师能够绘制出具有游戏风格的图画。

8.2 常见材质的表现方式

前文介绍到，游戏原画需要让后期的3D制作者清楚地了解到绘制对象的具体结构和材质。接下来，将通过详细的案例来介绍几种常见材质的具体表现方式。

8.2.1 火焰

不同材质燃烧产生的火焰的视觉效果是不同的。燃气炉、打火机等器具点燃的火焰形态会比较规整，木柴燃烧产生的火焰形态则比较灵动，同时会伴随一些迸发的小火星。本案例绘制的是点燃木块堆产生的篝火，具体步骤如下。

01 新建画布，新建“火焰”图层，选择“油漆桶”工具，选择黑色填充画面。选择“硬边圆压力不透明度”笔刷，选择■（R231，G073，B073）色绘制出一个大致的火焰轮廓。此处可以多参考一些真实的篝火的图片，绘制效果如图8-1所示。

图 8-1

游戏原画是游戏制作的环节之一，是一种根据游戏文案的要求进行设计与创作的绘画形式。与同是CG美术类的插画、漫画相比，游戏原画更注重设计的实用性，绘画时需要更多地考虑到设计在后期进行3D模型化时的效果。

02 选择“涂抹”工具，选择“柔边圆压力不透明度”笔刷，抹一下火苗部分，使其虚化。选择“橡皮擦”工具“收拾”一下边缘，擦掉不想要的部分，绘制效果如图 8-2 所示。

图 8-2

03 按快捷键 Ctrl+J 复制“火焰”图层，将复制出的图层重命名为“火焰 2”。选中“火焰”图层，执行“滤镜”|“模糊”|“高斯模糊”命令，在弹出的对话框中将“半径”的数值修改为 12，绘制效果如图 8-3 所示。

图 8-3

04 选中“火焰 2”图层，将图层混合模式设置为“颜色减淡”。单击“锁定透明像素”按钮，锁定该图层的透明区域。现在感觉火焰的整体色调不够明亮，选择“画笔”工具，选择（R231，G112，B073）色提亮整个火焰，绘制效果如图 8-4 所示。

图 8-4

05 重复两次步骤 01 ~04， 再绘制另外两个层次的火焰。新建“第二层火焰”图层，选择（R255，G154，B082）色，在绘制好的第一层火焰内绘制一个较小的火焰轮廓，如图 8-5 所示。

图 8-5

06 选择“涂抹”工具处理好火焰的边缘，按快捷键 Ctrl+J 复制“第二层火焰”图层，并将复制出来的图层重命名为“第二层火焰 2”。执行“滤镜”|“模糊”|“高斯模糊”命令，在弹出的对话框中将“半径”的数值修改为 12，绘制效果如图 8-6 所示。

07 将“第二层火焰 2”图层的混合模式设置为“颜色减淡”。单击“锁定透明像素”按钮，锁定该图层的透明区域。选择“画笔”工具，选择（R250，G116，B080）色调整火焰的颜色，绘制效果如图 8-7 所示。

图 8-6

图 8-7

08 新建“最内层火焰”图层，选择■（R255，G212，B110）色绘制最内层的火焰，如图 8-8 所示。

09 重复步骤 02 和 03，调整最内层火焰的外形，如图 8-9 所示。

10 将复制出来的图层的混合模式设置为“颜色减淡”。这次不需要再对火焰的颜色进行调整，直接得到的就是理想的效果，如图 8-10 所示。

图 8-8

图 8-9

图 8-10

11 新建一个图层，选择绘制第一层火焰时使用的颜色■（R231，G073，B073），在火焰的周围添加一些小的火苗。选择“涂抹”工具擦一下火苗，制造虚化效果。最后将图层的不透明度降低至 25%，绘制效果如图 8-11 所示。

图 8-11

12 重复步骤 11，新建一个图层，绘制更多的火苗，模拟出火焰燃烧、火苗四处发散的效果。这一次不需要调整图层的不透明度，绘制效果如图 8-12 所示。

图 8-12

13 新建一个图层，选择“硬边圆压力不透明度”笔刷，将笔刷直径缩小至 1~4 像素，分别选择■（R231，G073，B073）色和■（R255，G212，B110）色，绘制出木头烧至炸裂时迸发的火星。最后，将图层混合模式设置为“颜色减淡”，绘制效果如图 8-13 所示。

图 8-13

14 新建一个图层，选择“柔边圆压力不透明度”笔刷，选择■（R070，G032，B019）色在火焰中心最明亮的部位轻轻喷一下。最后，将图层混合模式设置为“线性减淡（添加）”，完成火焰的绘制，绘制效果如图 8-14 所示。

图 8-14

8.2.2　闪电

闪电是 CG 绘画中常用的特效，除了用于表现气候现象，还可以用来表现能量波动等，是一种很实用的特效，具体的步骤如下。

01 新建画布，新建一个图层，选择“油漆桶”工具，选择■（R045，G047，B093）色填满画布作为底色。选择“渐变”工具，选择黑色由下至上拉出渐变，绘制效果如图 8-15 所示。

图 8-15

02 新建“闪电”图层，选择“铅笔”工具，选择（R147，G176，B254）色绘制闪电的形态。绘制完成后，将图层的混合模式设置为“颜色减淡”，绘制效果如图 8-16 所示。

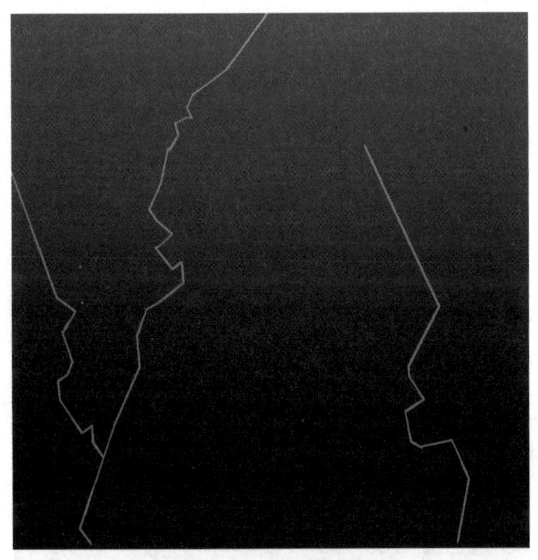

图 8-16

技巧与提示：

“铅笔”工具可以画出边缘非常硬的线条。

技巧与提示：

绘制闪电的形态时，如果右手（常用手）画得过于规则，可以尝试用左手进行绘制。

03 调小笔刷的直径，绘制出一条较细的闪电，丰富画面的层次，如图 8-17 所示。

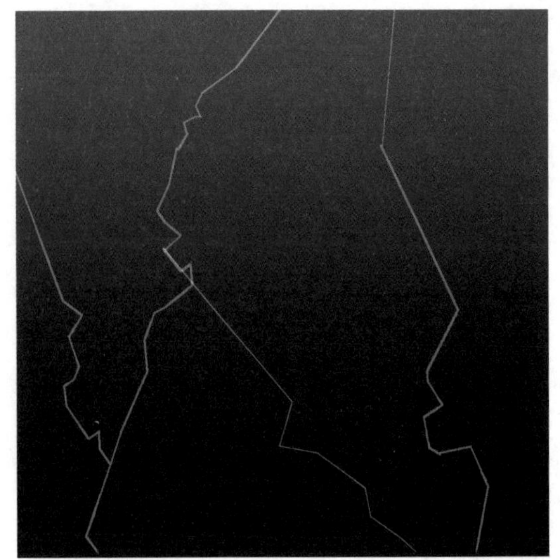

图 8-17

04 将笔刷直径缩小至 1 像素，绘制出围绕着电流主干的细小电流，如图 8-18 所示。

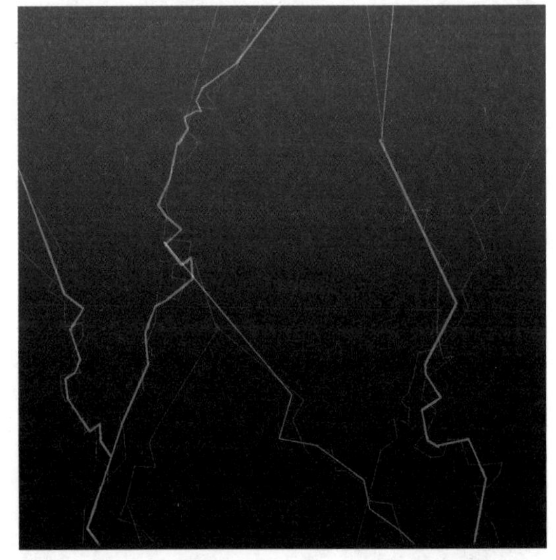

图 8-18

05 按快捷键 Ctrl+J 复制“闪电”图层，将被复制的图层重命名为“闪电 2”，并拖至“闪电”图层的下方。执行“滤镜”|“模糊”|“高斯模糊”命令，在弹出的对话框中将“半径”的数值修改为 12，绘制效果如图 8-19 所示。

06 新建一个图层，选择“能量 -2（滤色 / 颜色减淡）”笔刷，绕着电流主干轻轻刷上几笔，绘制出电流的浮动感，丰富画面细节。绘制完成后，将图层混合模式设置为“颜色减淡”，并将图层不透明度降低至 30%，绘制效果如图 8-20 所示。

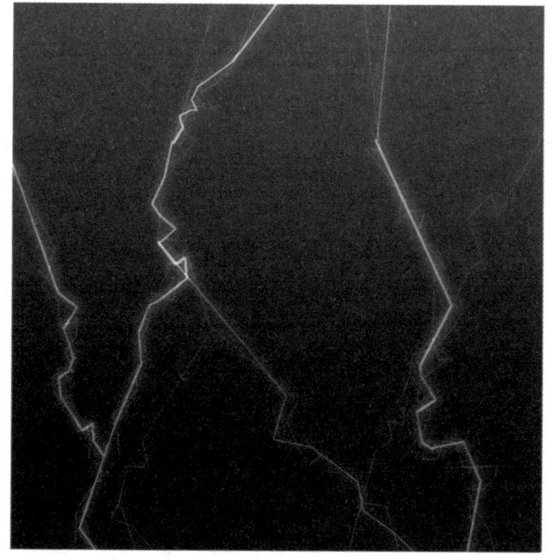

图 8-19

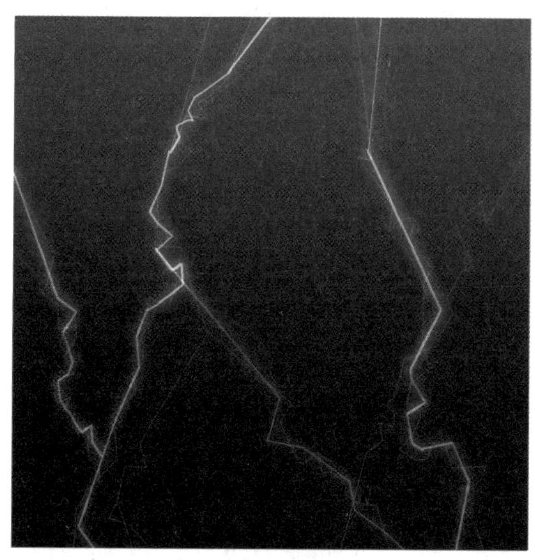

图 8-20

07 新建一个图层，选择“柔边圆压力不透明度”笔刷，选择■（R157，G149，B254）色沿着 3 道电流主干的走势刷一下，模拟出电流的发光效果。绘制完成后，将图层混合模式设置为“颜色减淡”，绘制效果如图 8-21 所示。

08 新建一个图层，将图层混合模式设置为“颜色减淡”，强化电流的交汇点和转折点的发光效果，绘制效果如图 8-22 所示。

09 新建一个图层，将图层混合模式设置为“线性减淡（添加）”，选择■（R024，G025，B148）色在主要电流交汇处和转折点上喷涂，丰富闪电的色彩层次。完成闪电的绘画，绘制效果如图 8-23 所示。

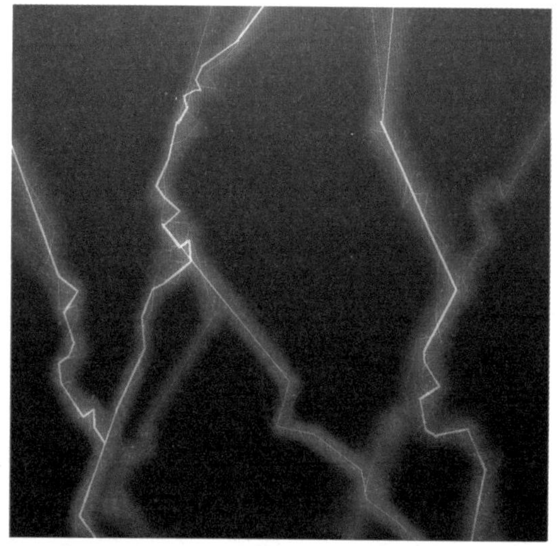

图 8-21

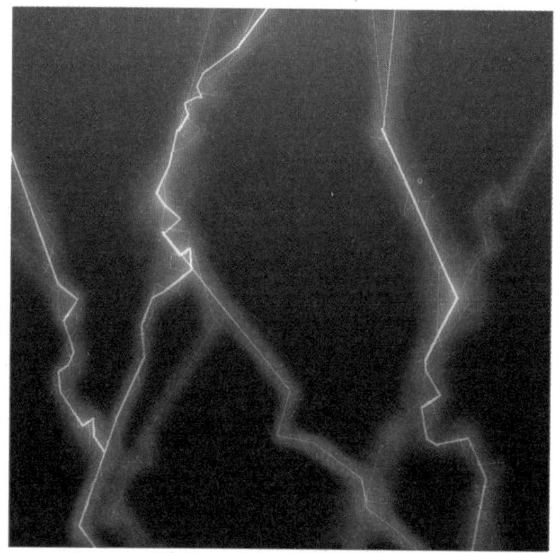

图 8-22

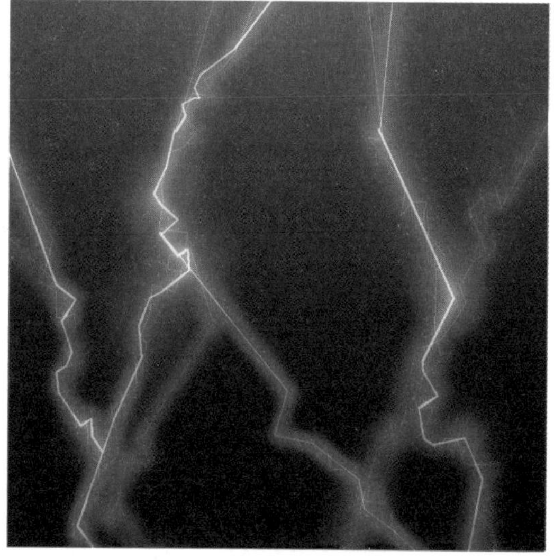

图 8-23

8.2.3 皮革

皮革材质是一种从古至今都非常常见的材质，如古代的皮甲、皮质手套，现代的皮衣、皮裤，科幻题材中的皮质紧身衣等。本例绘制的是现代常见的皮质打底裤，具体步骤如下。

01 新建画布，新建一个图层，选择“油漆桶”工具，选择■（R107，G096，B081）色填充整个画布。选择“柔边圆压力不透明度”笔刷，选择■（R173，G167，B161）色在画布中央喷绘出一个圆形的类似渐变的效果，绘制效果如图 8-24 所示。

图 8-24

02 新建一个图层，选择“铅笔”工具，大致勾勒出腿部的形态，如图 8-25 所示。

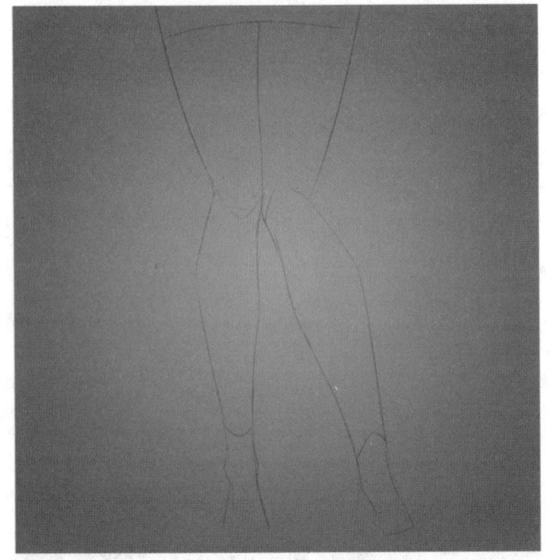

图 8-25

03 新建一个图层，选择“画笔”工具，选择“硬边圆压力不透明度”笔刷，选择■（R062，G055，B053）色绘制出打底裤的底色，如图 8-26 所示。

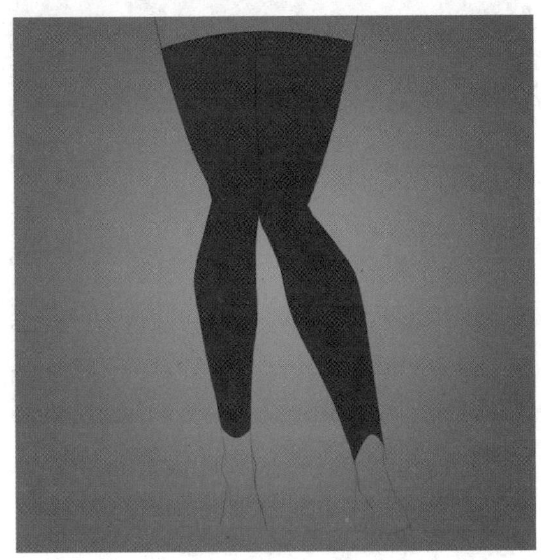

图 8-26

04 皮质材质的对比度会比较明显，暗部非常暗。选择“柔边圆压力不透明度”笔刷，选择■（R033，G027，B025）色，绘制打底裤的暗部。除了各部位相互遮挡产生的暗部，拉伸程度较小的皮质部分的颜色也会比较暗，绘制效果如图 8-27 所示。

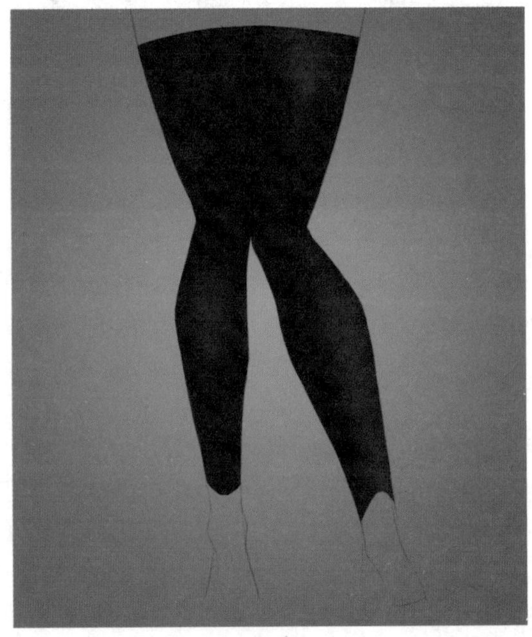

图 8-27

05 选择“硬边圆压力不透明度”笔刷，绘制一些边缘较为清晰的暗部，强化明暗的区别，绘制效果如图 8-28 所示。

图 8-28

06 如果只表现出皮裤的明暗关系画面，那么会显得比较呆板。选择“柔边圆压力不透明度”笔刷，选择■（R061，G077，B092）色喷涂在结构凸起的部位，给皮裤增添一些冷色调，让画面效果更加生动，绘制效果如图 8-29 所示。

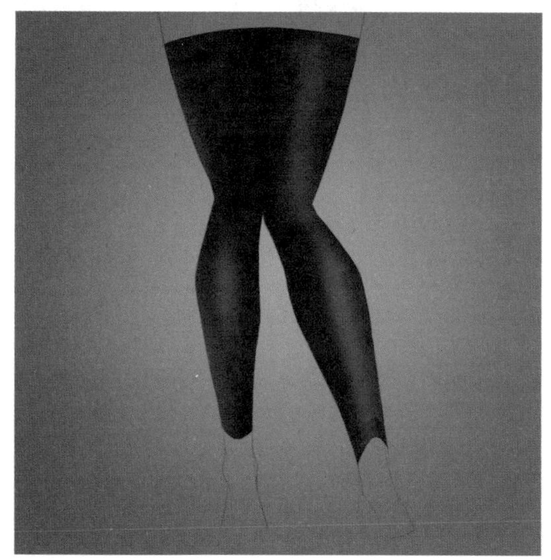

图 8-29

07 在蓝色部位和深色部位之间增加一些过渡，强化材质表现。选择 DP-13 笔刷，选择“吸管”工具随意地吸取蓝色部位和深色部位之间的色彩，以吸取一个颜色画一笔，再吸取一个颜色再画一笔的形式，让两种颜色产生自然的过渡，绘制效果如图 8-30 所示。

技巧与提示：

DP-13 笔刷的绘制效果类似圆形的噪点，可以模拟出带有颗粒感的皮质效果。

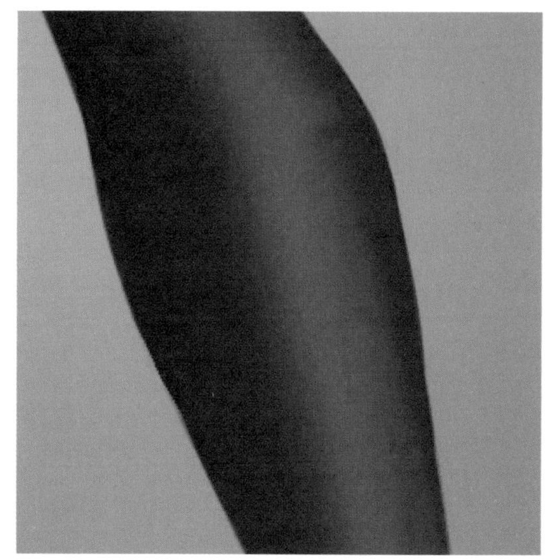

图 8-30

08 选择“柔边圆压力不透明度”笔刷，选择■（R219，G219，B221）色绘制出高光部分。重复步骤 07，处理好高光部分和暗部的过渡，绘制效果如图 8-31 所示。

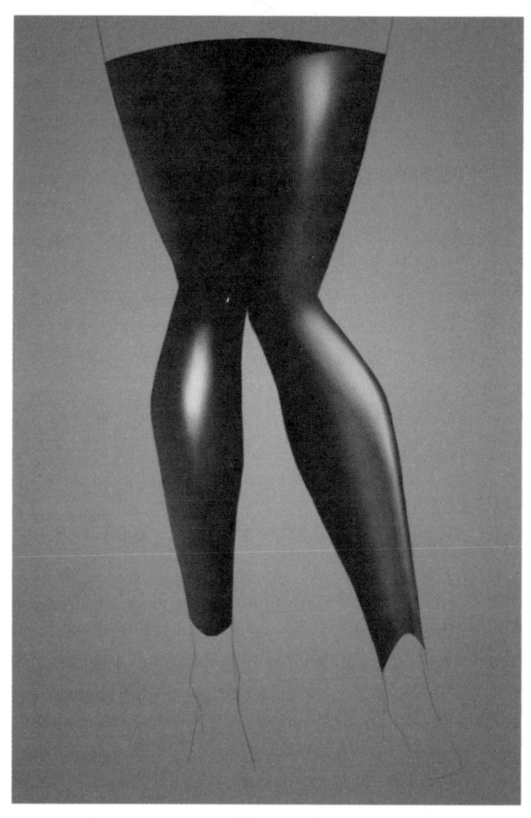

图 8-31

09 选择“柔边圆压力不透明度”笔刷，在后膝盖窝和脚踝部分绘制出细碎的褶皱，体现堆积感。重复步骤 07 处理好褶皱部分的过渡效果，绘制效果如图 8-32 所示。

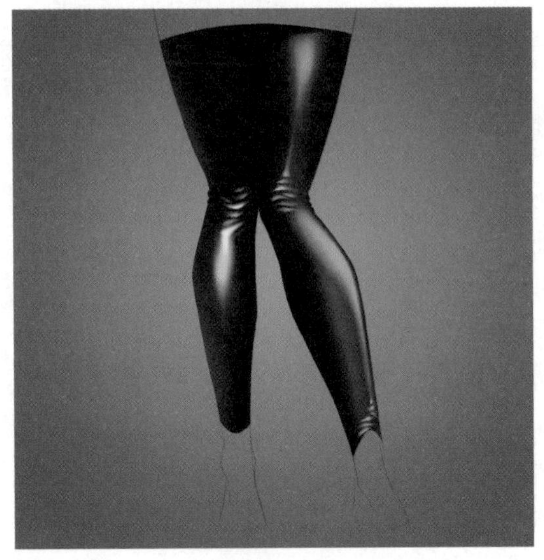

图 8-32

10 选择“减淡”工具，在小腿肚和大腿等肌肉凸出的地方刷一下，提亮整条皮裤，绘制效果如图 8-33 所示。

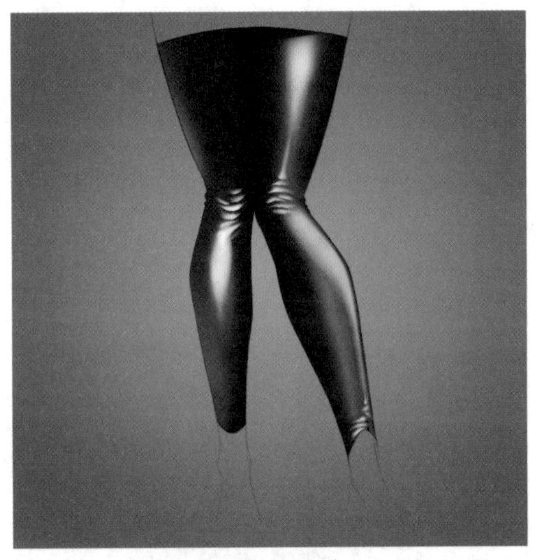

图 8-33

11 使用“柔边圆压力不透明度”笔刷，选择■（R015，G011，B012）色加深暗部。切换使用“吸管”工具和“画笔”工具，随意地吸取色彩喷涂，处理画面中色调过渡不均匀的部位，绘制效果如图 8-34 所示。

12 新建一个图层，将图层混合模式设置为“线性减淡（添加）”，选择■（R035，G028，B027）色喷涂在两条小腿的小腿肚部分。右侧距离画面较近的小腿可以下笔重一些，左边距离远的小腿轻柔地涂抹一笔即可。完成皮质打底裤的绘制，绘制效果如图 8-35 所示。

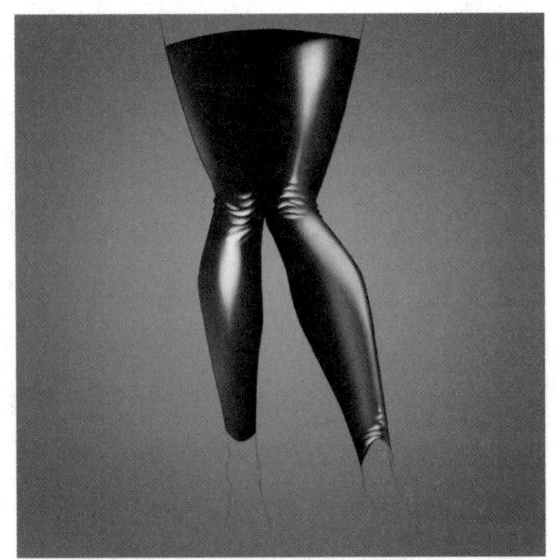

图 8-34

图 8-35

8.2.4 丝绸

丝绸是一种经常出现在服饰绘制中的材质。本例绘制的是一件丝绸夹棉材质的旗袍，具体步骤如下。

01 新建画布，新建一个图层，选择“油漆桶”工具，选择■（R075，G101，B095）色填充整个画布。选择“柔边圆压力不透明度”笔刷，选择■（R162，G170，B158）色在画布中央喷绘出一个圆形的类似渐变的效果，如图 8-36 所示。

图 8-36

02 新建一个图层，选择“样本画笔 18”笔刷，选择 （R207，G199，B189）色绘制出旗袍的轮廓剪影，如图 8-37 所示。

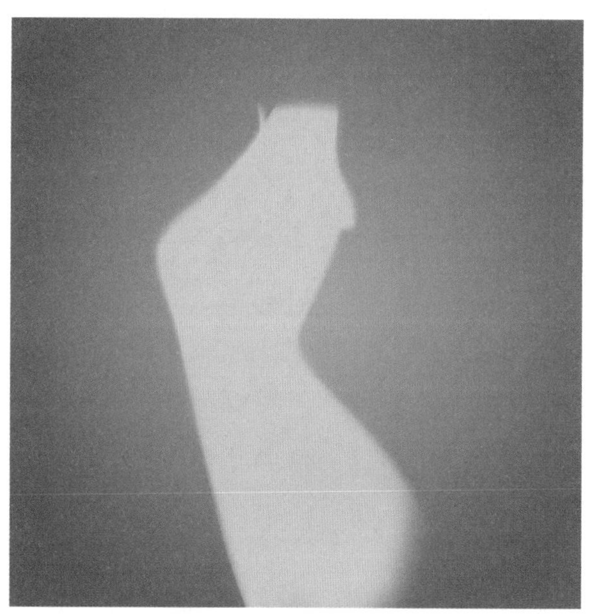

图 8-37

03 选择“柔边圆压力不透明度”笔刷，根据设定的光源位置，大致铺出旗袍的明暗关系。选择 （R247，G245，B242）色绘制出衣物的高光部分，如颈侧、肩部、胸部等处。选择 （R169，G162，B152）色绘制出阴影，如胸部下方、大腿两侧等处。选择 （R148，G137，B126）色绘制出光线照射不到的暗部，如袖子下方和背部。缩小画笔直径，绘制出布料被拼合而形成的缝纫线，绘制效果如图 8-38 所示。

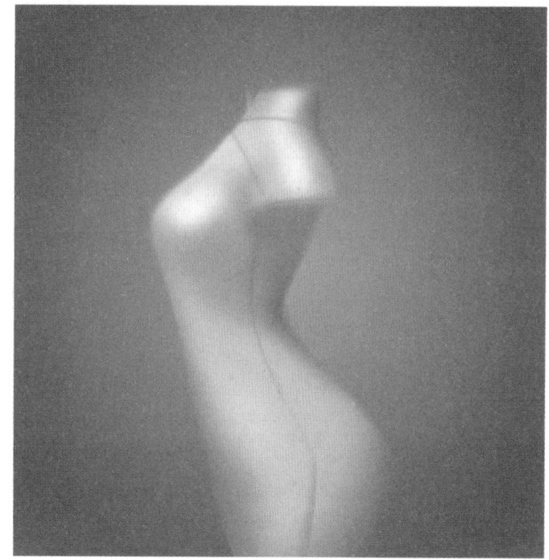

图 8-38

04 选择 （R148，G137，B126）色为衣物添加褶皱，主要集中在衣物的缝线处，绘制效果如图 8-39 所示。

图 8-39

技巧与提示：

本例绘制的是丝绸夹棉材质的旗袍，丝绸的材质相当柔软，里衬的棉同样柔软。所以，旗袍的褶皱形态会比较柔和，要选择一个边缘柔软的画笔来处理。

05 选择 （R071，G060，B049）色加深袖口、腰窝等处，让明暗层次更清晰。如果觉得笔刷过于柔软，可以选择“橡皮擦”工具 ，选择“硬边圆压力不透明度”笔刷擦一下边缘，被擦拭的边缘会显得比较锐利，绘制效果如图 8-40 所示。

图 8-40

06 执行两次“滤镜”|“锐化”|“锐化”命令，为画好的旗袍增加两层锐化效果。增加的锐化效果不会影响整个旗袍材质的柔软感，但会让缝纫线和领口、袖口等明暗对比明显的部位更加锐利，绘制效果如图 8-41 所示。

图 8-41

07 绘制旗袍上的花纹。新建一个图层，选择 Sampled Brush13 笔刷，选择■（R172，G165，B146）色，绘制出简单的花朵纹样。绘制完成后，将图层混合模式设置为“正片叠底”，绘制效果如图 8-42 所示。

08 新建一个图层，缩小笔刷直径，在花朵上绘制一些类似花瓣纹理的竖线作为点缀。绘制完成后，将图层混合模式设置为“柔光”，绘制效果如图 8-43 所示。

09 新建一个图层，选择■（R172，G171，B181）色，在花瓣的底部增添一些不同的色彩。绘制完成后，将图层混合模式设置为“颜色”，绘制效果如图 8-44 所示。

图 8-42

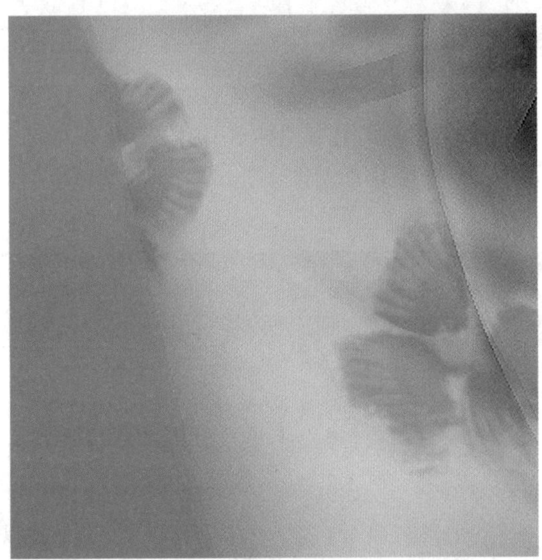

图 8-43

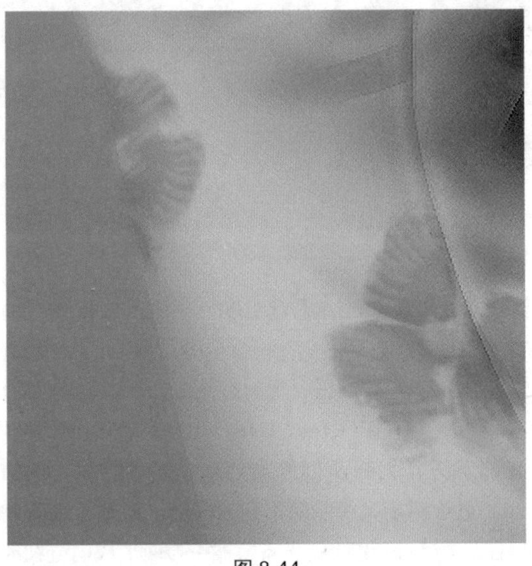

图 8-44

10 缩小画幅，观察整个画面，感觉旗袍的外轮廓过于柔和，需要调整得硬朗一些，让画面产生软硬对比。选择“橡皮擦”工具，选择“样本画笔 18”笔刷，这款笔刷一头是软笔刷、一头是硬笔刷。使用硬的那一端来擦除旗袍胸前和领口较为模糊的部分，让这两个地方的线条锐利起来，绘制效果如图 8-45 所示。

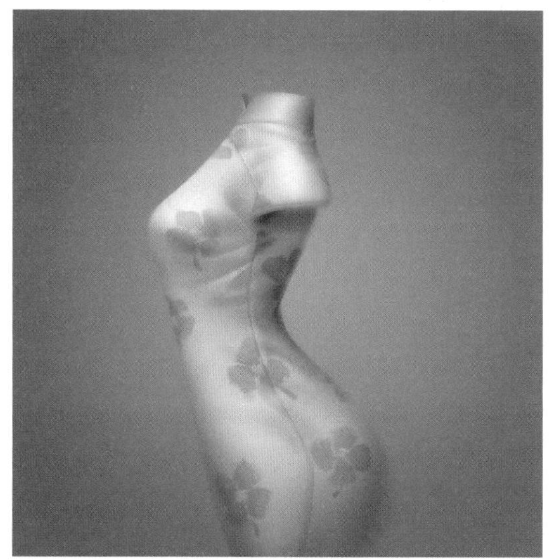

图 8-45

11 缩小笔刷直径，选择（R212，G201，B190）色，添加一些亮度较高的小细节，如腋下、侧腰等处的细小褶皱，绘制效果如图 8-46 所示。

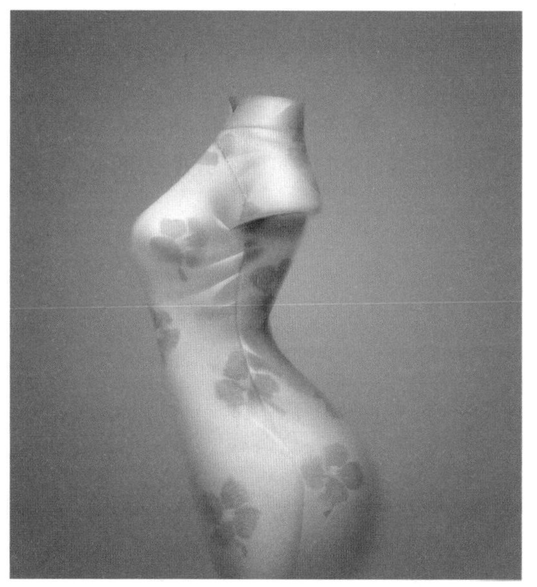

图 8-46

12 新建一个图层，选择“铅笔”工具，选择（R120，G119，B129）色为花朵纹样添加枝干，如图 8-47 所示。

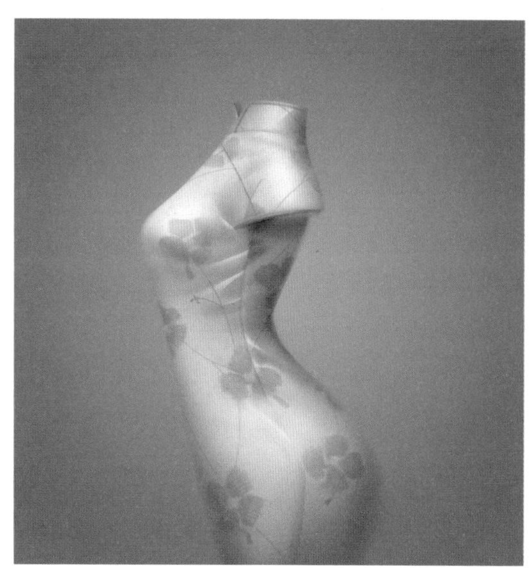

图 8-47

13 绘制旗袍的盘扣。新建一个图层，选择 Sampled Brush13 笔刷，选择（R082，G080，B080）色定出盘扣的大致位置，选择（R108，G095，B077）色绘制出盘扣的投影，绘制效果如图 8-48 所示。

图 8-48

14 选择（R178，G178，B184）色绘制出盘扣的外观。由于盘扣在图中所占的比例非常小，无须过度抠细节，只需表达出大致的外形即可。绘制好外观后，选择（R114，G113，B116）色增添暗部，绘制效果如图 8-49 所示。

技巧与提示：

画任何图的时候都不要过度绘制细节，一幅满是细节的图看起来反而完成度不高。

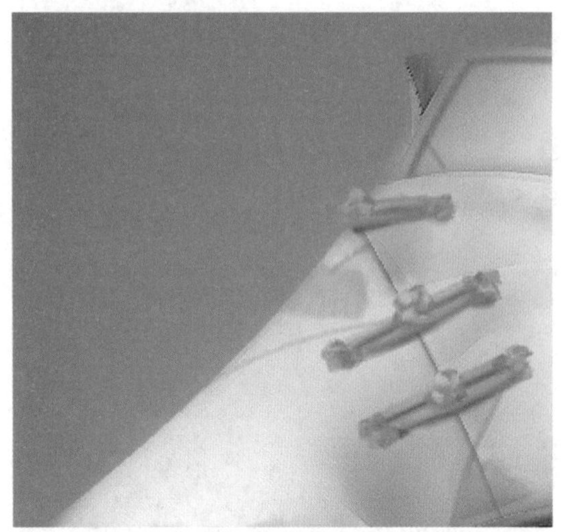

图 8-49

15 合并所有图层，单击“创建新的填充或调整图层”按钮，选择“亮度 / 对比度”选项，在“属性”面板中，将“对比度”滑块拖至 80 的位置，如图 8-50 所示。完成丝绸夹棉旗袍的绘制，绘制效果如图 8-51 所示。

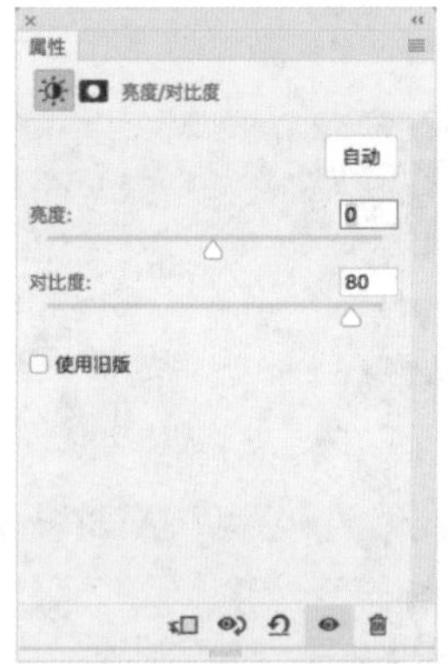

图 8-50

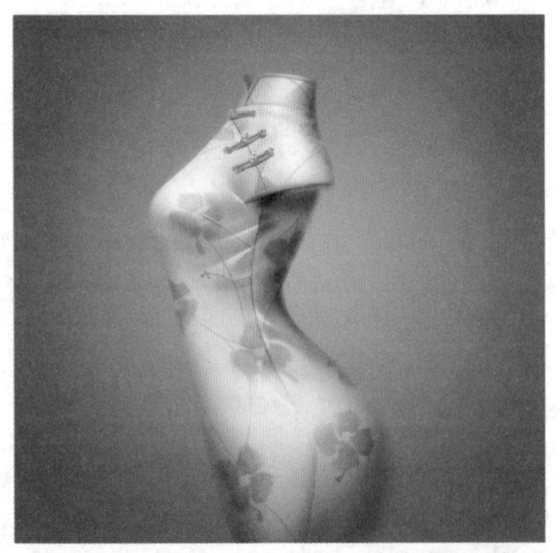

图 8-51

8.2.5 树木

我们经常会在很多原画图的背景中看到笔触松散、随意的植物，这种植物的存在不会抢夺画面主体的地位，还能起到很好的点缀作用。本例介绍的就是这种类型树木的绘制方法，具体步骤如下。

01 新建画布，新建一个图层，选择“样本画笔 18”笔刷，选择■（R097，G092，B052）色绘制出树根的轮廓剪影，如图 8-52 所示。

图 8-52

02 交替使用 Sampled Brush13 笔刷和“地面植物”笔刷，选择适合出现在树木上的颜色添加在树干上。这是打底的步骤，无须细致刻画，只需大致堆积出一种色彩感受。如果觉得有些色彩堆积得比较突兀，可以选择“涂抹”工具抹开。此处选用的颜色为：■（R051，G050，B022）、■（R062，G065，B038）、■（R129，G154，B049）等，绘制效果如图 8-53 所示。

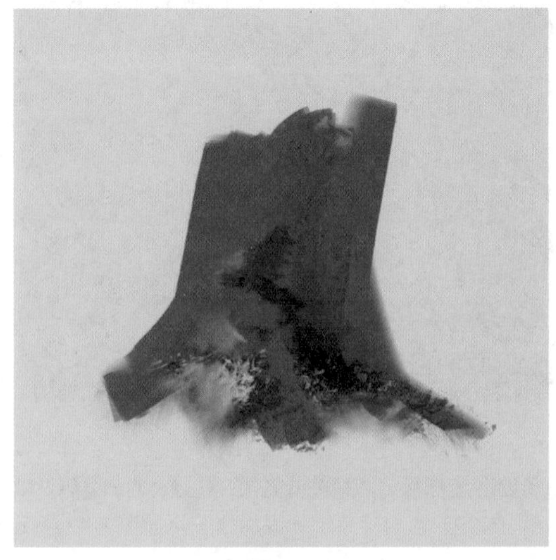

图 8-53

03 交替使用 Sampled Brush13 笔刷、“地面植物”笔刷和“自然肌理笔 -2”笔刷，灵活运用“吸管”工具吸取已有的色彩，为树根添加更多杂色。在本步中，需要更多地考虑到树根的结构，绘制效果如图 8-54 所示。

图 8-54

04 选择 Sampled Brush13 笔刷，分别选择（R105，G116，B047）色和（R183，G178，B081）色，横向刷出树干的纹路感。同样需要灵活使用“吸管”工具吸取周围的色彩进行绘制，绘制效果如图 8-55 所示。

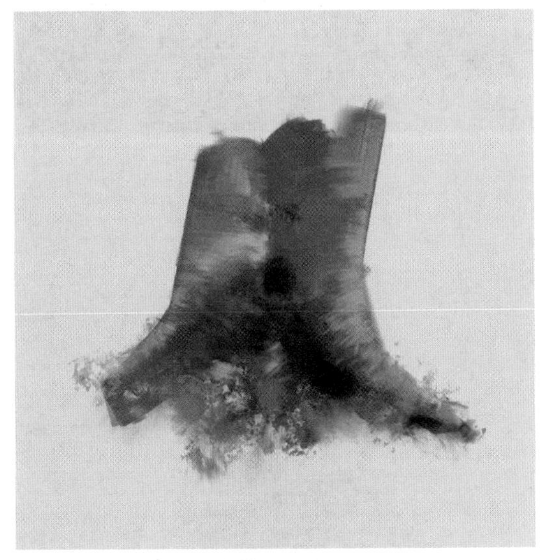

图 8-55

05 绘制两条新的树根，为树干增添一些细节，如图 8-56 所示。

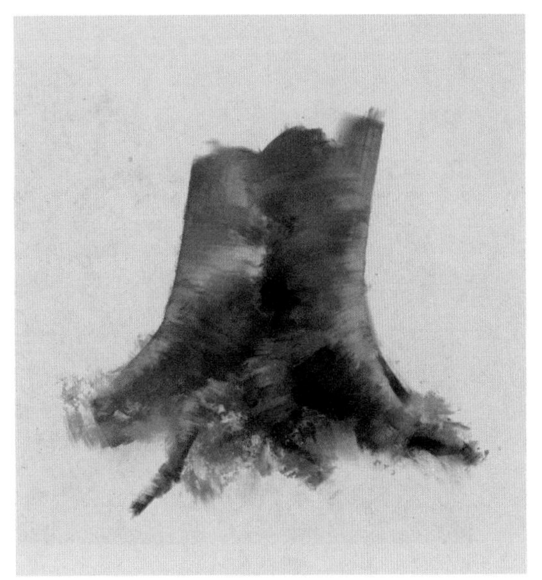

图 8-56

06 选择“吸管”工具吸取树干表面的深色，在树干表面添加一些小结节。选择（R183，G178，B081）色绘制出结节的受光面，注意绘制的范围要比较小，点缀一下即可，绘制效果如图 8-57 所示。

图 8-57

07 新建一个图层，竖着刷出一些纵向的纹路。绘制完成后，将图层混合模式设置为“叠加”，绘制效果如图 8-58 所示。

技巧与提示：

在“叠加”模式下绘画，不会对之前建立好的明暗关系产生太大影响，也不会覆盖之前画好的横向肌理，是一种很好用的图层混合模式。

图 8-58

08 新建一个图层，选择“大滚筒”笔刷，“收拾”一下树干的边缘，使其更有绘画感，如图 8-59 所示。

图 8-59

09 选择“地面植物”笔刷，分别选择■（R131，G181，B010）色和■（R231，G252，B149）色，在树洞处和树根贴近地面的部位点缀几笔，绘制出一些小而杂乱的绿色植被，如图 8-60 所示。

10 新建一个图层，灵活使用“吸管”工具吸取颜色，继续小范围地添加一些地面植被。添加完成后，将图层混合模式设置为“叠加”，让画面层次显得更丰富，绘制效果如图 8-61 所示。

11 新建一个图层，选择 Sampled Brush13 笔刷，分别选择■（R139，G133，B039）色和■（R187，G191，B164）色在树干上端添加一些色彩小斑点，模拟野生动物留下的痕迹。绘制完成后，将图层混合模式设置为“强光”，绘制效果如图 8-62 所示。

图 8-60

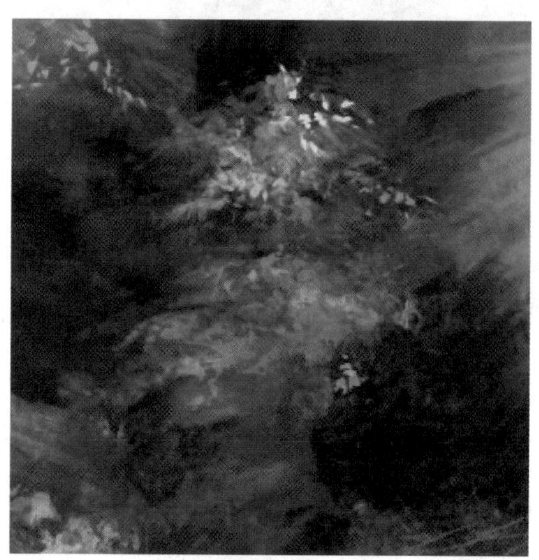

图 8-61

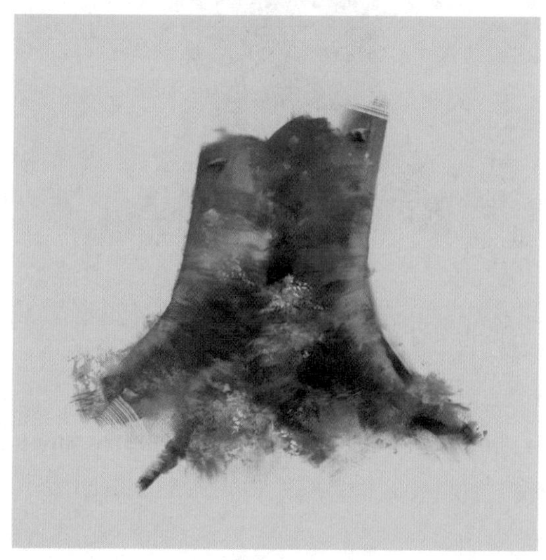

图 8-62

12 新建一个图层，选择“吸管”工具 吸取树干和植被的颜色，在树根的左侧绘制一个小小的枝芽，丰富画面细节，如图 8-63 所示，整体绘制效果如图 8-64 所示。

图 8-63

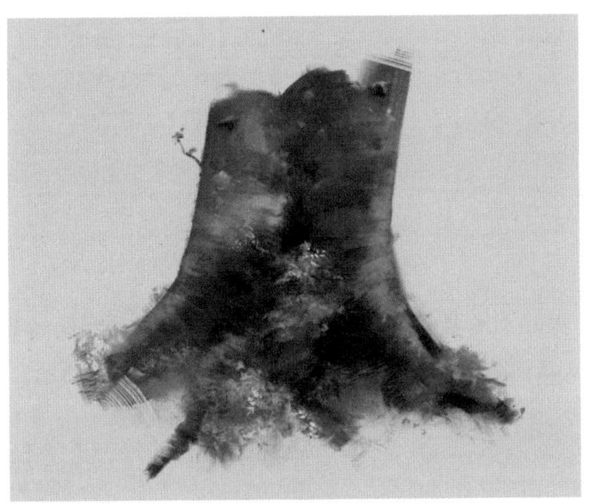

图 8-64

13 新建一个图层，选择“铅笔”工具 ，顺着树木的长势绘制一些画素描时常用到的排线，增强绘画感。完成树木的绘制，绘制效果如图 8-64 所示。

图 8-65

8.3　游戏原画设计

学习了具体材质的绘制方法后，下面开始学习设计的方法。

8.3.1　游戏原画武器设计

简单来说，武器的设计就是把各种形状拆解或拼合，再用材质或色彩做出区分，打造出符合游戏风格的形态。本例设计的是一种科幻背景下的光能武器，具体步骤如下。

01 新建画布，新建“草稿”图层，选择“硬边圆压力不透明度”笔刷，按住 Shift 键拉出直线，确定武器的大致形态，如武器是长款还是短款，外形是圆形还是三角形，绘制效果如图 8-66 所示。

图 8-66

02 在绘制好的长方形中随意添加一些横竖线条切割这个长方形，并在此基础上添加其他的方形，或者减少长方形内部的面积，绘制效果如图 8-67 所示。

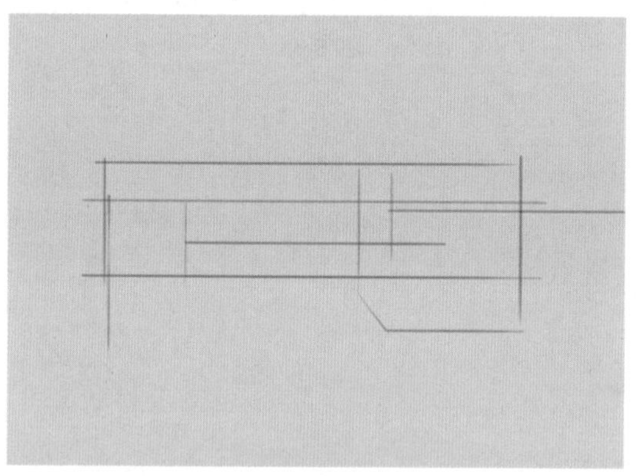

图 8-67

03 添加一些倾斜的线条继续切割原有的长方形。进行到这一步，武器的大致形态已经可以确定，线条以直线为主，外观较为锐利，如图 8-68 所示。

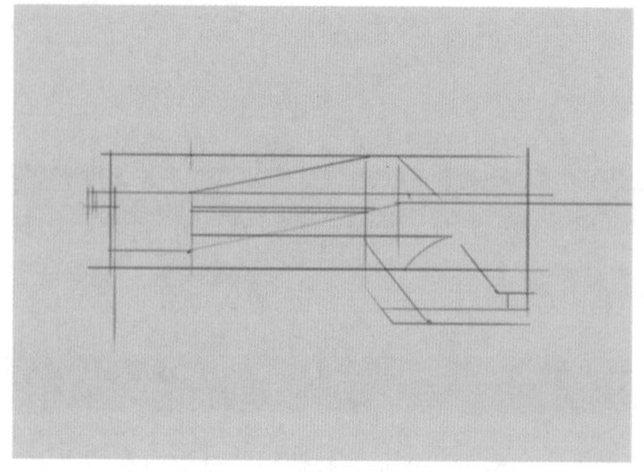

图 8-68

04 增加更多的切割线，丰富设计。可以通过加深线条的颜色来暗示一些轮廓的覆盖和前后关系，绘制效果如图 8-69 所示。

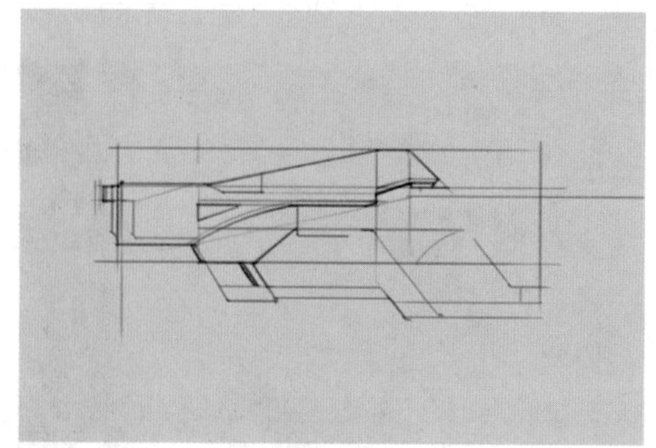

图 8-69

05 按照切割线勾勒出轮廓，并进一步增添细节。武器的模样已经初见端倪，如图 8-70 所示。

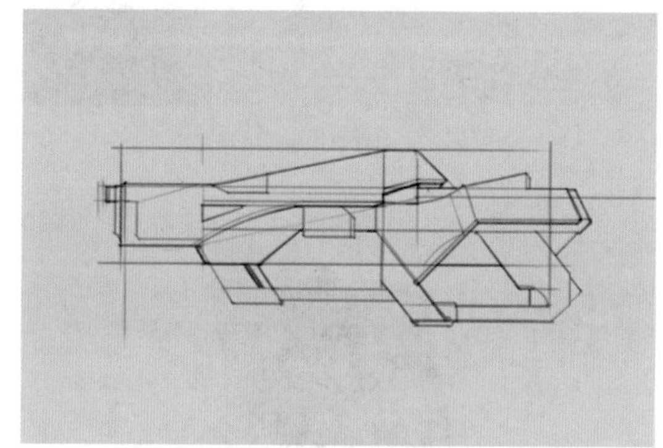

图 8-70

06 擦除不需要的杂线，继续添加一些符合构想的细节，如武器顶端的光能收集口，绘制效果如图 8-71 所示。

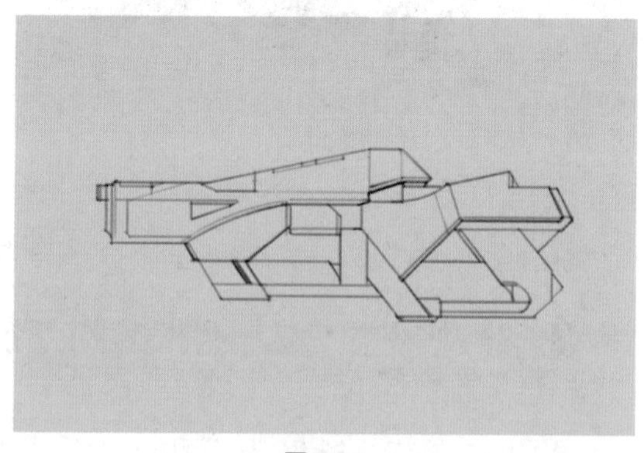

图 8-71

技巧与提示：

使用线条进行设计能让设计图的结构更清晰，但无论使用什么方式进行设计，只要能够清楚地表达各个部位之间的构成和穿插情况，就是没有问题的。

07 降低“草稿”图层的不透明度，新建“线稿”图层，绘制出细致的线稿。线稿绘制完毕后，关闭“草稿”图层，绘制效果如图 8-72 所示。

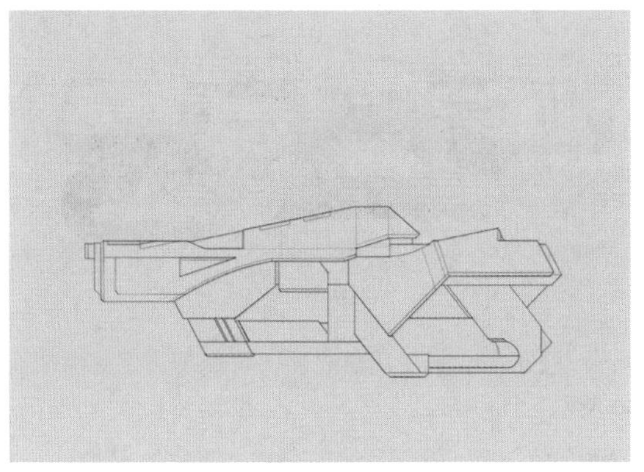

图 8-72

08 按快捷键 Ctrl+J 复制两份“线稿”图层，分别放置在线稿的左上角和右上角。将画面右上角图案所在图层的不透明度降低至 30%，绘制效果如图 8-73 所示。

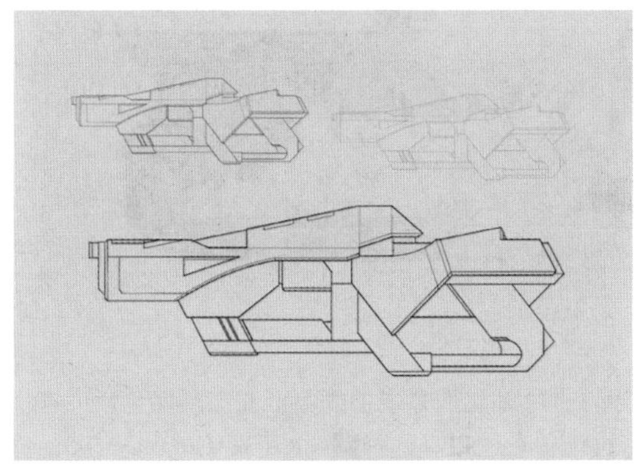

图 8-73

09 按快捷键 Ctrl+J 复制右上角的图层，执行“编辑”|“变换”|“垂直翻转”命令，选择“移动”工具移动翻转过后的图层的位置，绘制效果如图 8-74 所示。

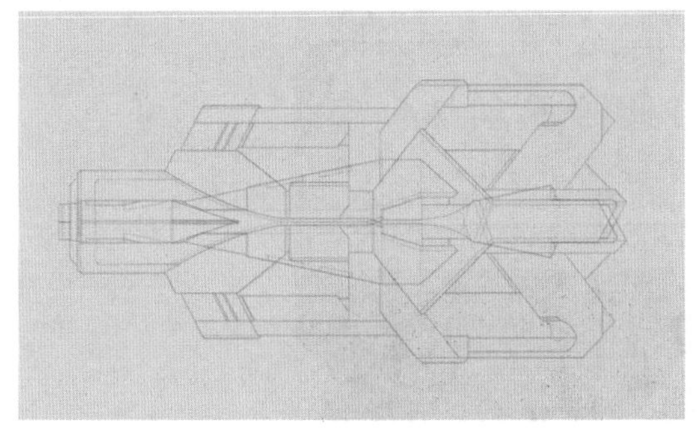

图 8-74

10 新建一个图层，参考这两个图层的线条交汇的位置和形状，同时思考武器顶部的形态，绘制出顶视图。这种武器从顶部看是偏窄的，如图 8-75 所示。

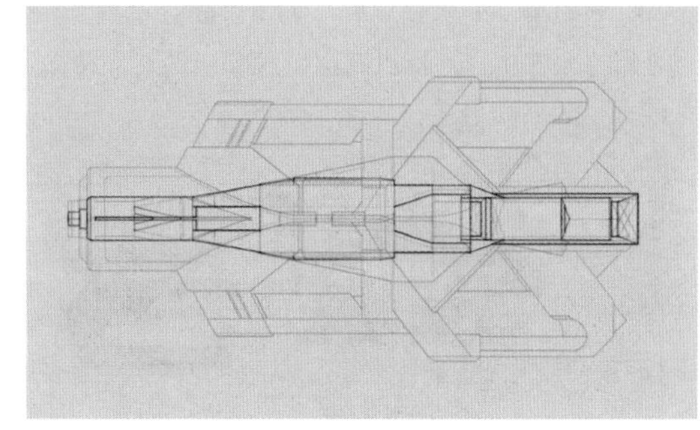

图 8-75

11 删除两个透明度为 30% 垫在下方的参考图层，保留顶视图的线稿，如图 8-76 所示。

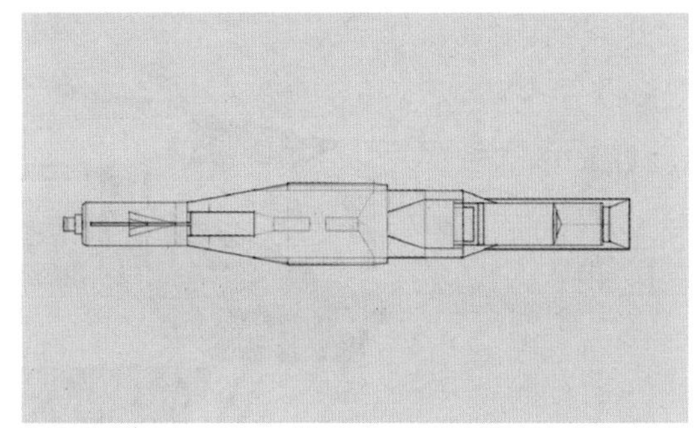

图 8-76

12 新建一个图层，分别选择（R230，G229，B232）色、（R163，G060，B190）色、（R192，G218，B089）色、（R081，G084，B091）色和（R035，G039，B048）色，给武器的各个部分进行色彩区分，注意色彩的穿插和疏密结构。可以多试验几种色彩区分的方式，从中选择最佳方案。

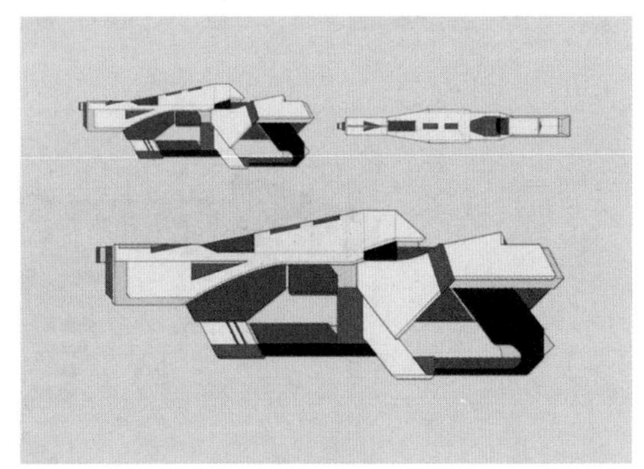

图 8-77

13 为武器涂装。新建“涂装草稿”图层，在底色为（R230，G229，B232）的部位随意绘制一些简单的图案，确定涂装的样式和位置即可，绘制效果如图 8-78 所示。

14 新建一个图层，细化出涂装，通过切割长方体图形的方法继续增加设计的细节。此外，还可以增加一些小圆点来丰富喷绘的图案。细化完毕后，关闭“涂装草稿”图层。此处选用的涂装颜色为■（R081，G084，B091），和武器其他部分的颜色重合，可以产生一种呼应的正负形效果，绘制效果如图 8-79 所示。

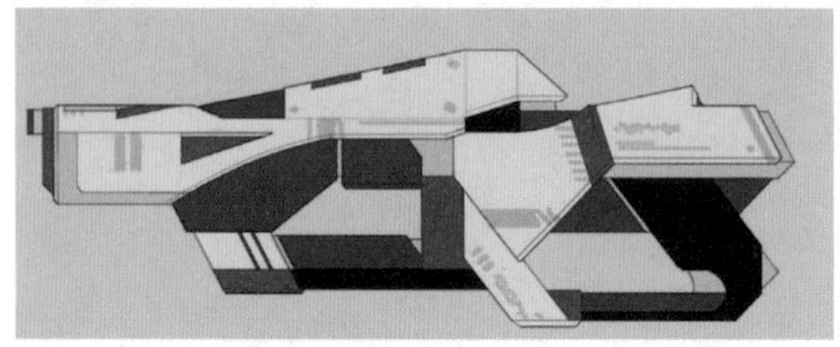

图 8-78

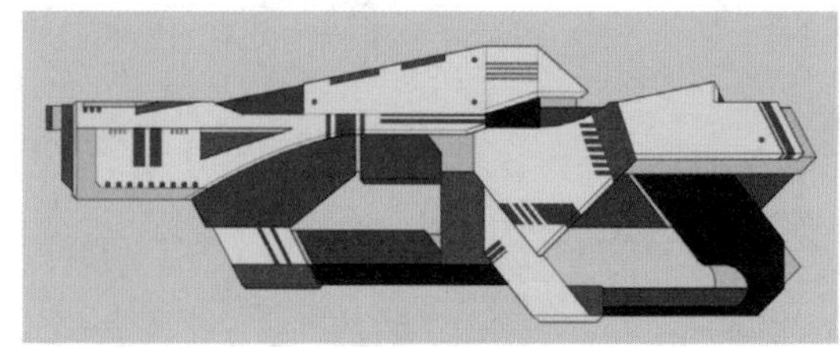

图 8-79

15 新建一个图层，选择“文字”工具T，根据项目的需要，设计一些文字绘制在武器表面。可以把文字想象成有一些间隙的、挖空的长方体来进行武器的装饰，绘制效果如图 8-80 所示。

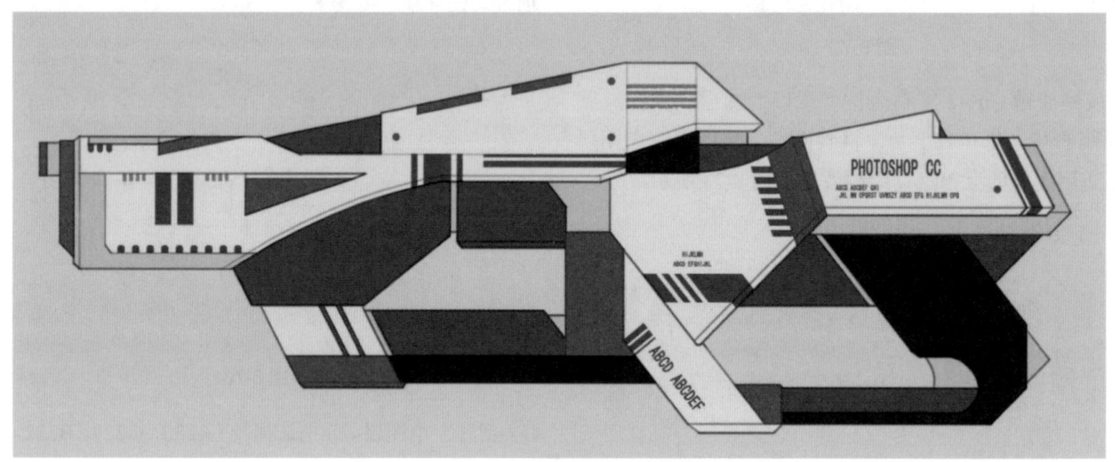

图 8-80

16 新建一个图层，选择“自定义形状”工具，如图 8-81 所示，继续细化武器表面图案。在工具属性栏中选择形状，选择■（R228，G204，B040）色绘制在武器中央部分，再选择形状，选择■（R163，G060，B190）色绘制在字母前面。再在字母后方加上一个同色的圆形，完成图案的绘制，绘制效果如图 8-82 所示。

图 8-81

图 8-82

17 新建一个图层，选择“硬边圆压力不透明度”笔刷，选择■（R169，G169，B175）色绘制出暗部，制作出立体效果。绘制完成后，将图层混合模式设置为“正片叠底”，绘制效果如图 8-83 所示。

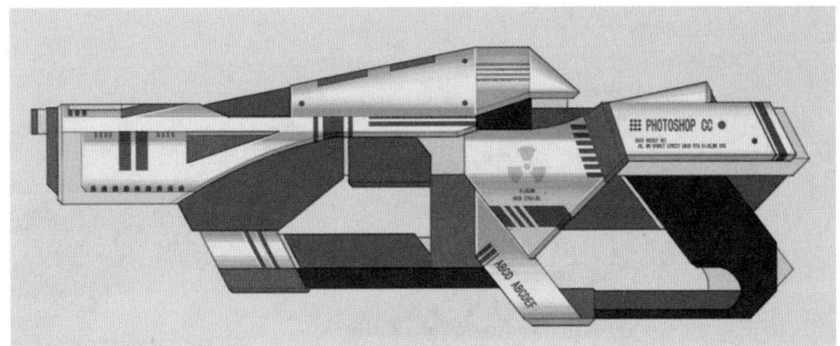

图 8-83

18 新建一个图层，将图层混合模式设置为“叠加”，选择“铅笔”工具，选择（R230，G229，B232）色绘制一些角度不同的直线，模拟刮痕效果，绘制效果如图 8-84 和图 8-85 所示。

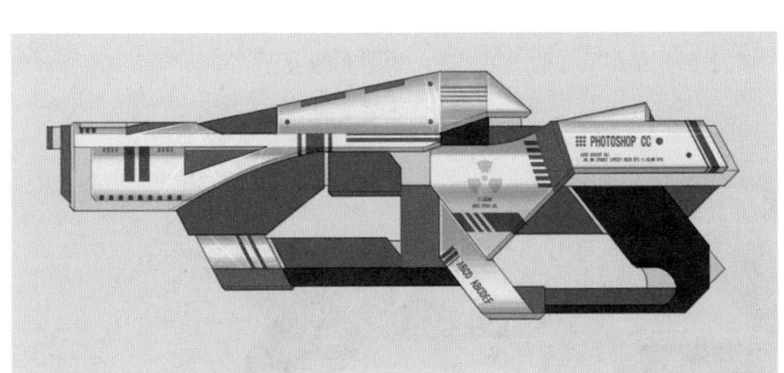

图 8-84

图 8-85

19 新建一个图层，将图层混合模式设置为“颜色加深”，选择（R169，G169，B175）色添加一些深色的刮痕，绘制效果如图 8-86 和图 8-87 所示。

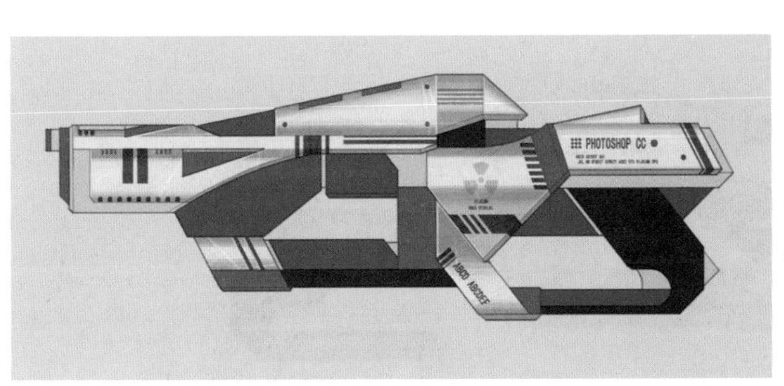

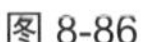

图 8-86

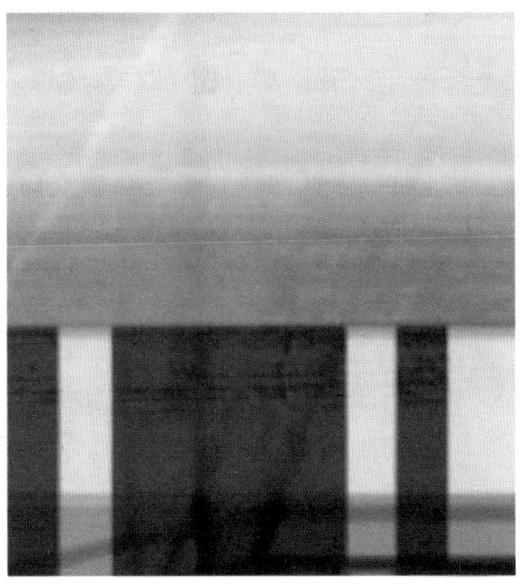

图 8-87

20 为底色为（R081，G084，B091）色的部分增添涂装。新建一个图层，选择（R035，G039，B048）色绘制出一些具有排列感的几何图形，如图 8-88 所示。

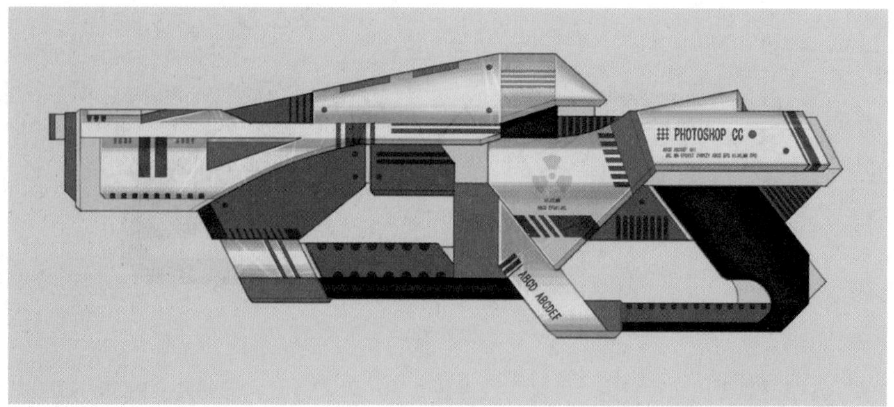

图 8-88

技巧与提示：

很多时候，做设计就是在做一个图形的组合和堆砌。

21 选择■（R121，G124，B132）色为武器的把手部分绘制反光的皮革质感，如图 8-89 所示。

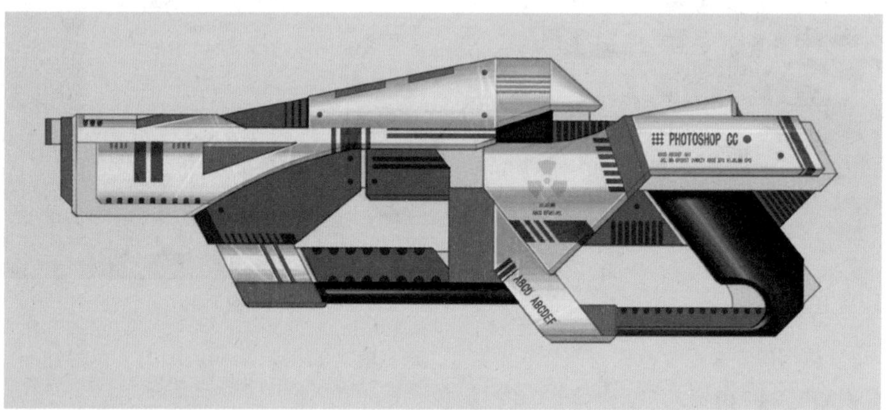

图 8-89

22 新建一个图层，选择■（R035，G039，B048）色为底色为■（R081，G084，B091）的部分绘制暗部，如图 8-90 所示。

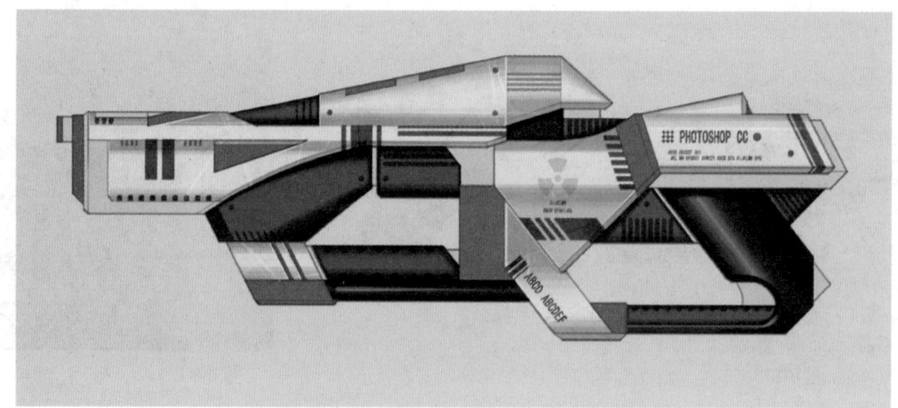

图 8-90

23 新建一个图层，将图层混合模式设置为“颜色加深”。选择“铅笔”工具，选择■（R035，G039，B048）色在皮质手柄处画上几道，模拟破损的效果，绘制效果如图 8-91 和图 8-92 所示。

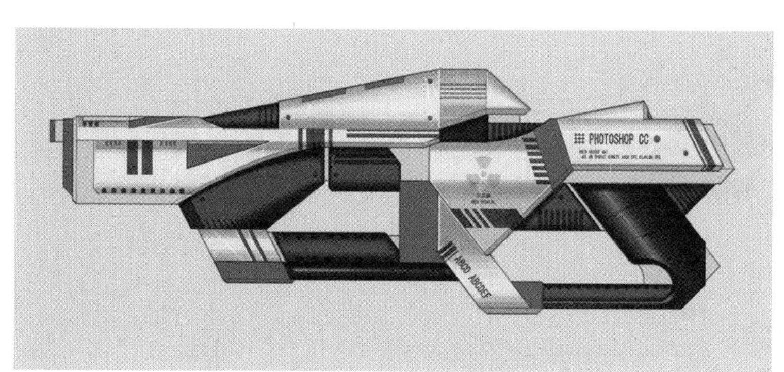

图 8-91

图 8-92

24 新建一个图层，选择“画笔”工具，选择“硬边圆压力不透明度”笔刷，选择（R232，G240，B178）色为底色为（R192，G218，B089）的部分添加高光，如图 8-93 所示。

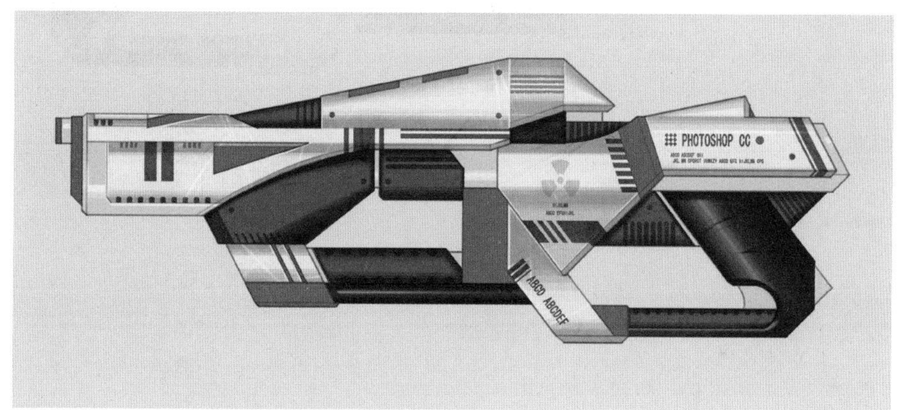

图 8-93

25 选择（R081，G010，B122）色为底色为（R163，G060，B190）的部分添加暗部，如图 8-94 所示。

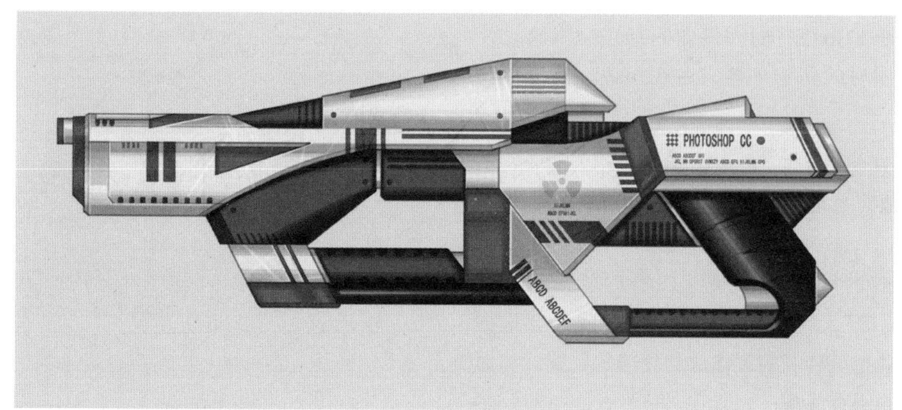

图 8-94

26 新建一个图层，将图层混合模式设置为“叠加”，选择“铅笔”工具在紫色部分绘制出一些刮痕。完成游戏原画武器设计，绘制效果如图 8-95 所示。

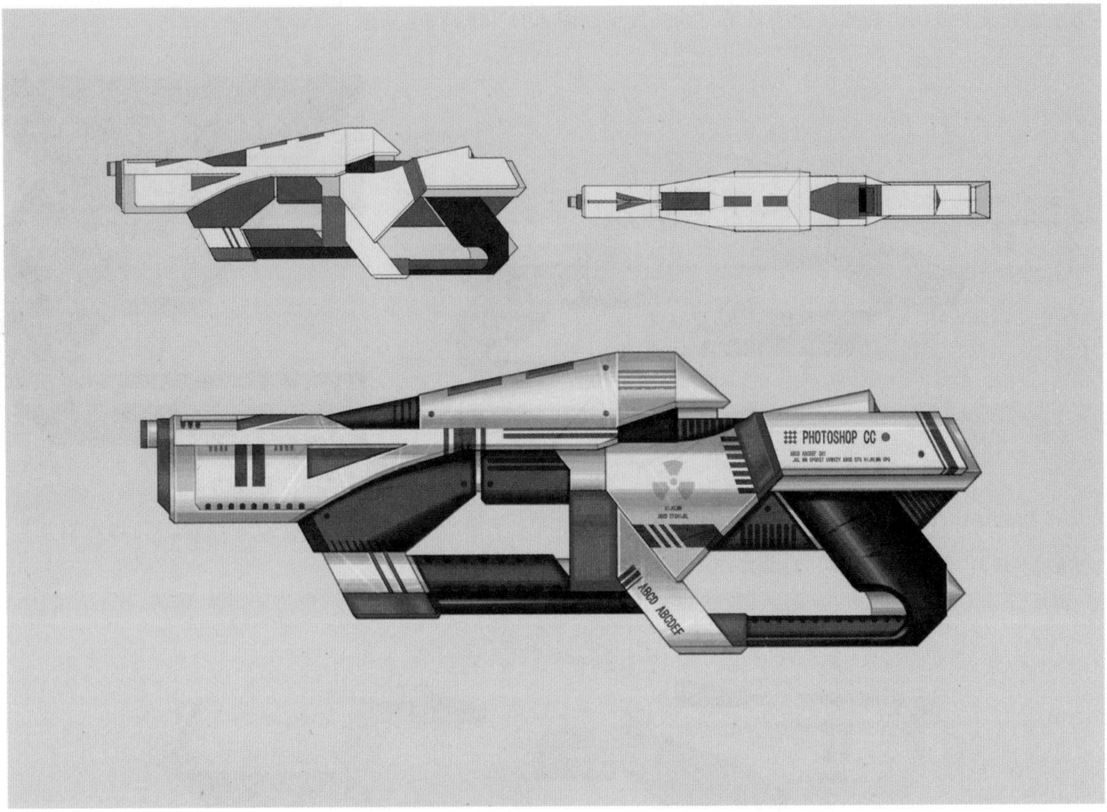

图 8-95

8.3.2　游戏人物三视图

在游戏角色设计中，无论设计的对象是人物还是怪物，都需要设计师能够提供角色的三视图，或正面和背面两个视图。多角度的视图可以让后续流程的 3D 制作者更直观地了解人物的具体形象，而不是只能依据正面视图去想象角色背面和侧面的形态。本例设计的是一个科幻题材的仿生机器人游戏角色，具体步骤如下。

01 新建画布，新建“正面”图层，绘制出站姿的人物，注意双手不要放在身前，尽量避免遮挡衣物，绘制效果如图 8-96 所示。

02 绘制站姿人物的背面。按快捷键 Ctrl+J 复制“正面”图层，执行“编辑”|“变换”|“水平翻转”命令，选择“移动”工具 把翻转好的图像放到相应的位置。擦掉除外轮廓以外的所有线条，如五官、锁骨、胸部和肚脐等，在剩下的轮廓中绘制背面应该有的部分，如肩胛骨、背部和臀部，绘制效果如图 8-97 所示。

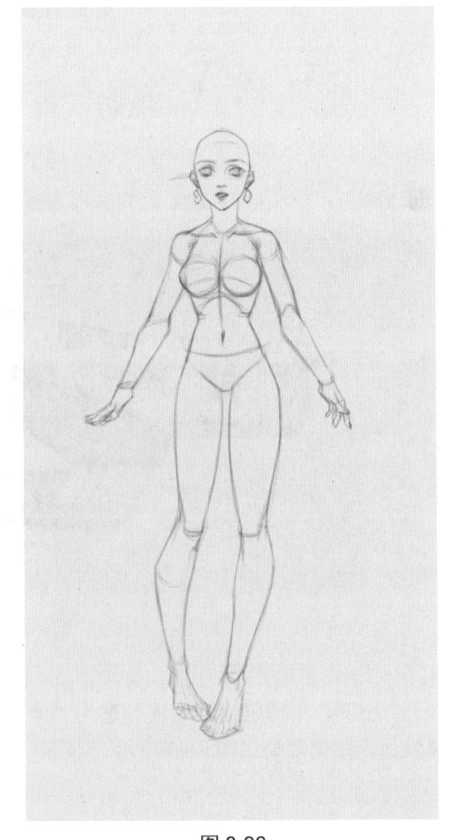

图 8-96

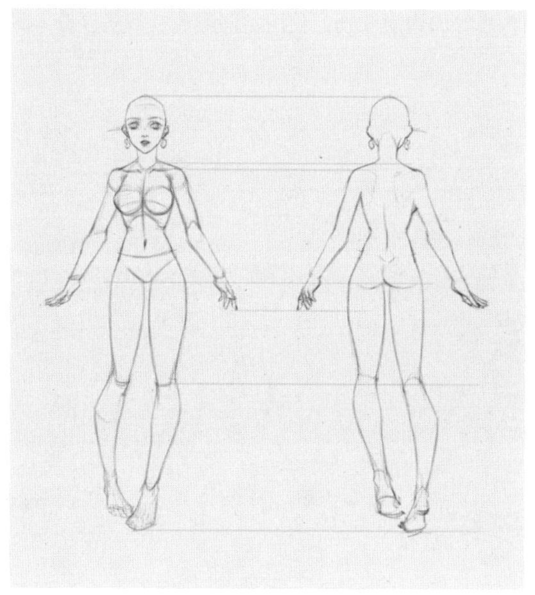

图 8-97

技巧与提示：

需要注意的是，部分躯干不能完全依靠水平翻转，如腿部。从正面看，人物的左脚在前，右脚在后，根据透视规律，右脚会显得小一些。水平翻转之后，处在后方的右脚反而会距离画面更近，根据透视规律，右脚会显得大一些。这些部分需要手动更改，否则会出现“长短腿”等不和谐的视觉感受。

03 绘制出人物的侧面形态。人物侧视图的绘制没有简单的方法，需要自行参考人物的正面和背面来绘制，绘制效果如图 8-98 所示。

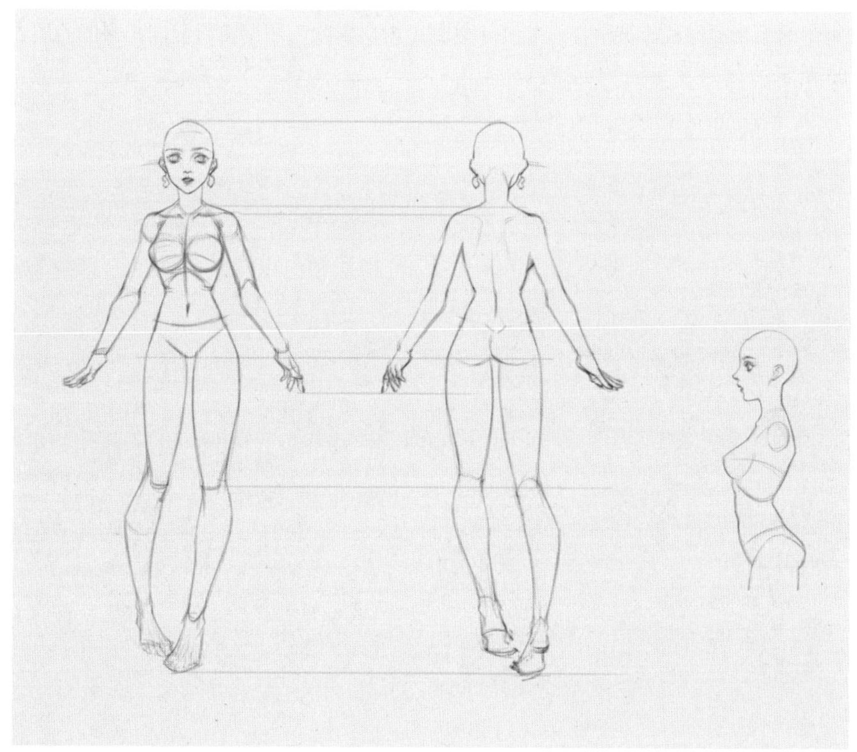

图 8-98

04 新建“内层衣物”图层，绘制构思好的内层衣物。使用不同颜色的线条区分不同的衣物区域，绘制效果如图 8-99 所示。

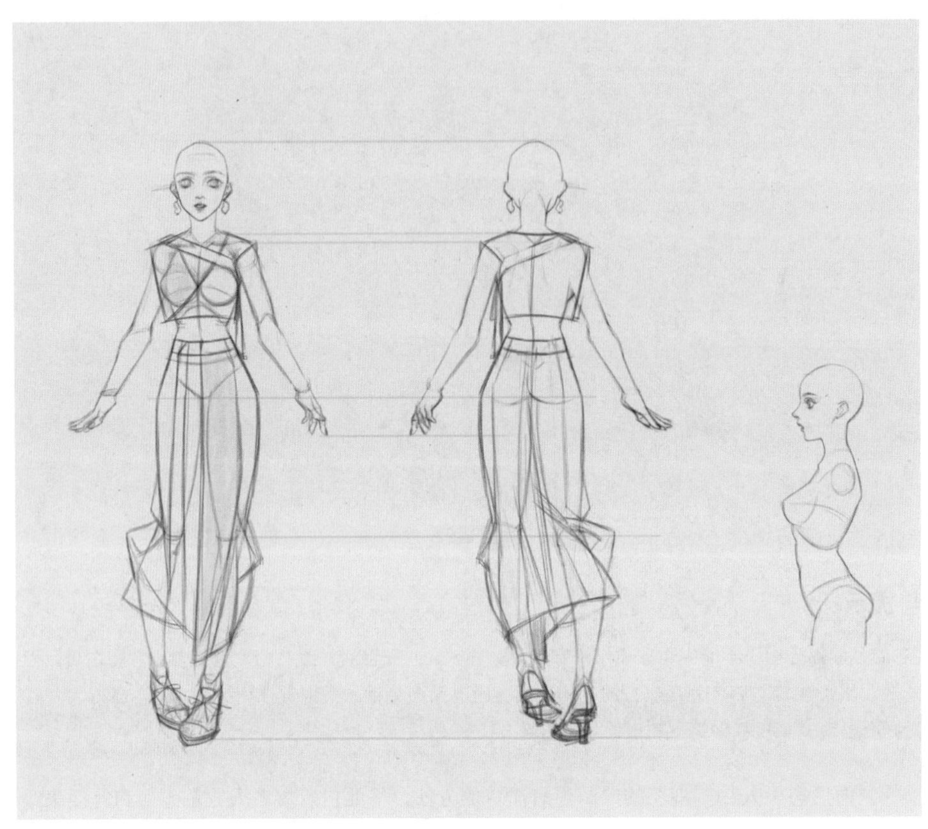

图 8-99

05 绘制出内层衣物侧面系带的结构。按快捷键 Ctrl+J 复制“内层衣物”图层，将复制出来的内层衣物放置在旁边，绘制效果如图 8-100 所示。

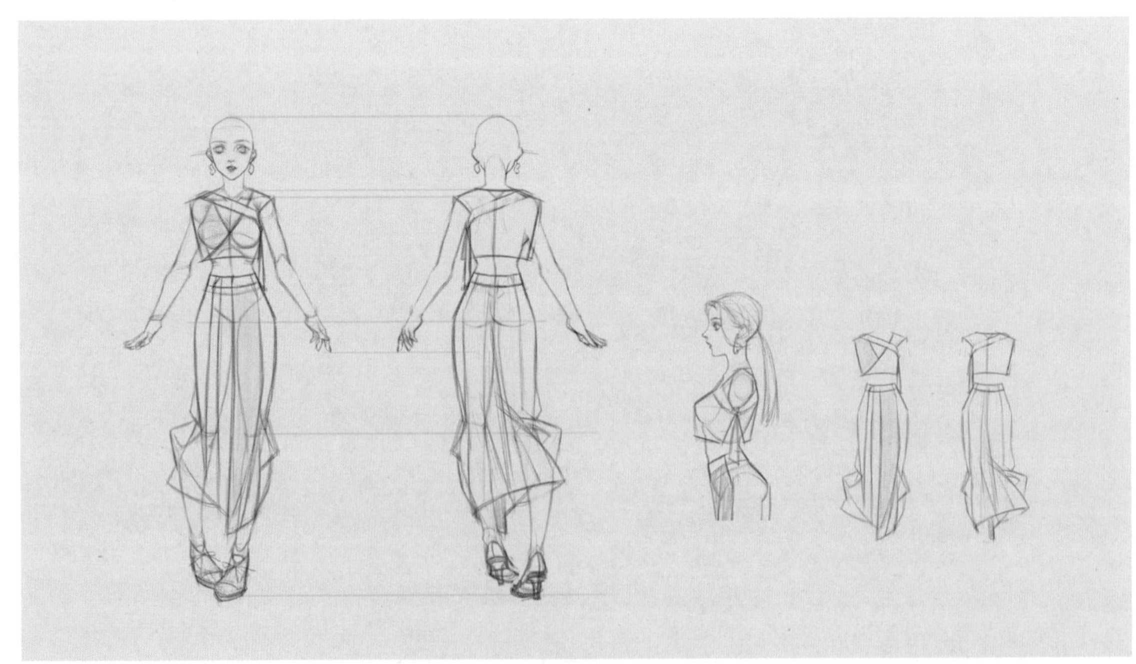

图 8-100

技巧与提示：

绘制外层衣物后，内层衣物会被挡住。复制一份内层衣物的式样放在旁边，有助于后期制作人员了解内层衣物的具体构造。

06 新建“外层衣物”图层，绘制外层衣物的草图。在外层衣物的设计上，都参考选择了比较复古的式样。在后期的材质表现上准备选择具有科技感的布料和复古的造型设计形成一种混搭风格。这种混搭在赛博朋克类的项目中是较常用的一种设计形式，绘制效果如图 8-101 所示。

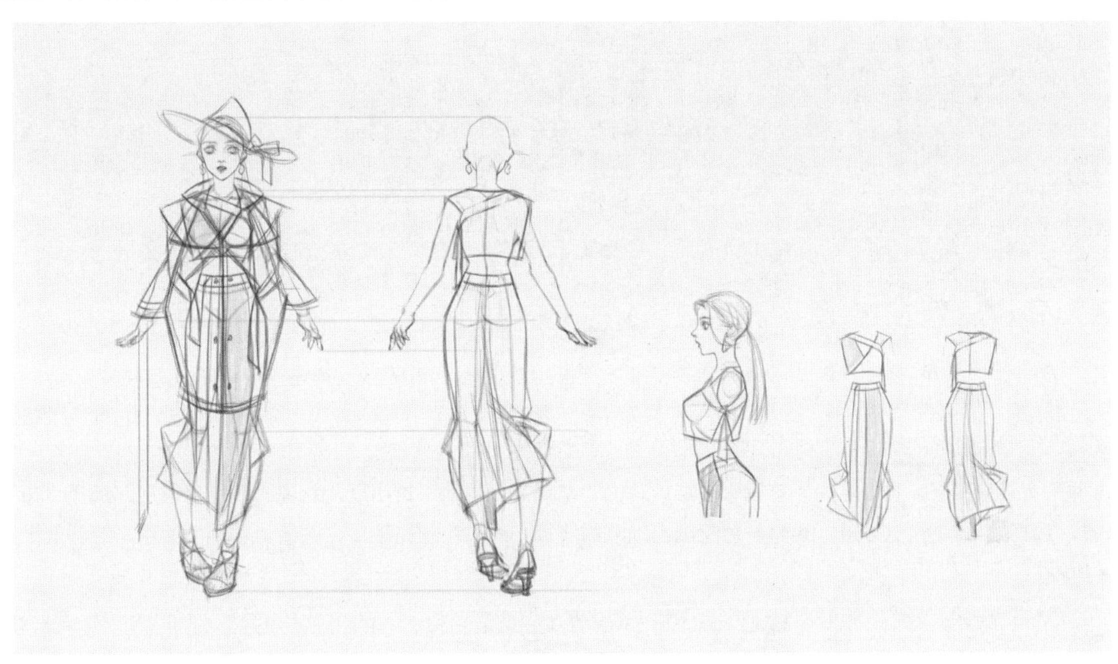

图 8-101

07 根据正面的设计，补齐外套、帽子和发型的背面，如图 8-102 所示。

图 8-102

08 绘制两个不同的表情，完善仿生机器人的性格表现设定。合并所有草稿图层，绘制效果如图 8-103 所示。

图 8-103

09 合并所有草稿图层，重命名为“草稿”图层。降低“草稿”图层的不透明度，新建“线稿”图层，选择“铅笔”工具，选择■（R096，G060，B044）色绘制出细致的线稿。线稿绘制完毕后，关闭“草稿”图层，绘制效果如图 8-104 所示。

图 8-104

10 新建一个图层，确定各区域的底色。头发为■（R187，G217，B215）色，皮肤为■（R223，G217，B213）色，内层衣物为■（R242，G242，B242）色，裙子和鞋子为■（R067，G082，B114）色，衣物绑带和鞋面为■（R230，G212，B111）色，鞋底、鞋带和耳饰为■（R251，G201，B108）色。

11 新建“镭射布料”图层，将图层混合模式设置为“颜色加深”。选择■（R218，G235，B243）色填满裙子前片中想要绘制成镭射材质的部分，绘制效果如图 8-105 所示。

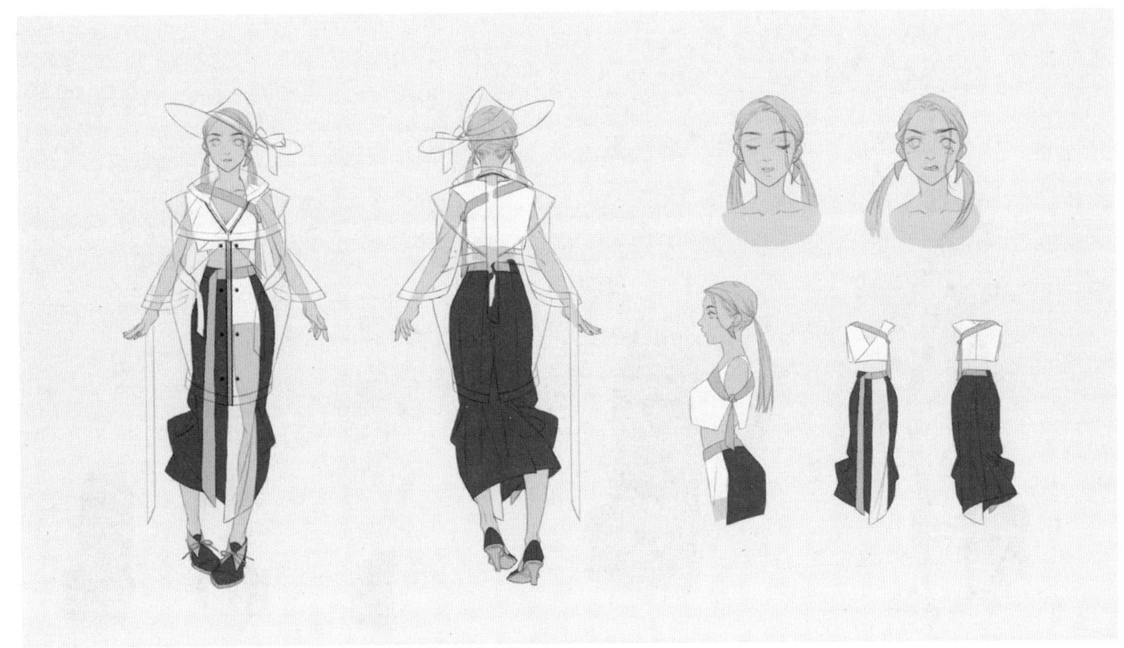

图 8-105

技巧与提示：

本例绘制的角色是“仿生机器人”，在颜色的选择上可以大胆一些，如选择灰度极高的颜色作为肤色，体现出机器人和真人的区别。

12 选择一些非常态的颜色细化人物。新建一个图层，选择■（R160，G129，B153）色绘制人物的唇彩，选择■（R230，G212，B111）色绘制口腔。选择“柔边圆压力不透明度”笔刷，选择■（R247，G185，B187）色在面颊、眼皮和关节等皮肤较薄的地方绘制出与人类相似又很夸张的泛红，绘制效果如图 8-106 所示。

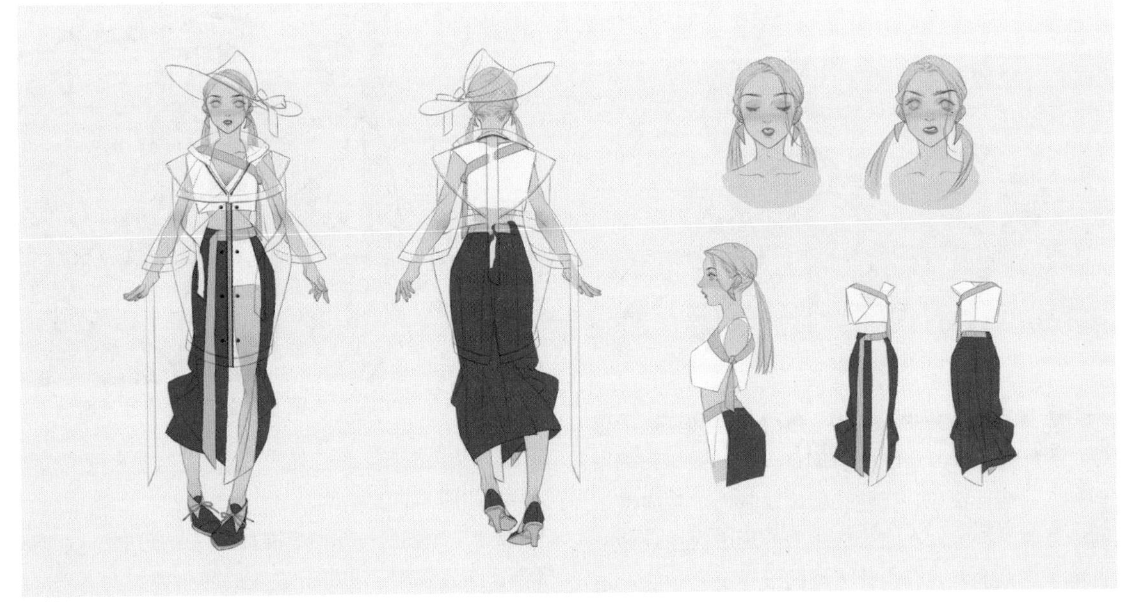

图 8-106

13 新建一个图层，选择“硬边圆压力不透明度”笔刷，选择■（R201，G182，B176）色绘制皮肤的暗部，如图 8-107 所示。

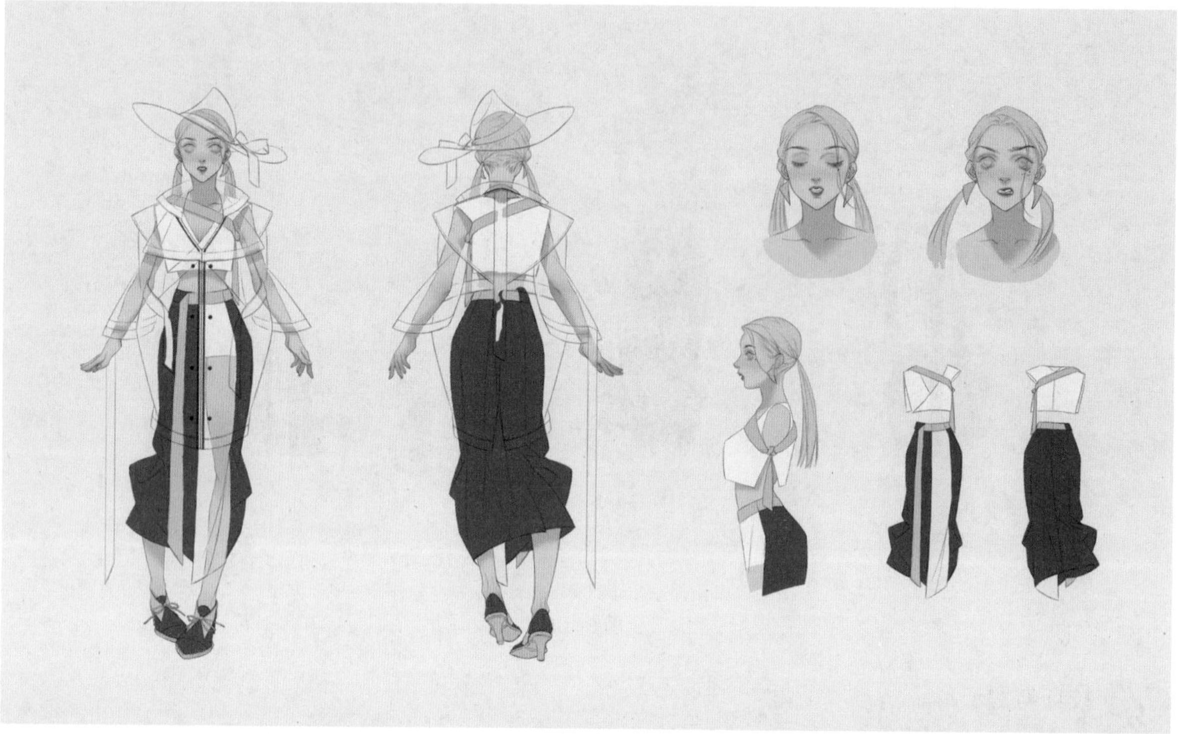

图 8-107

14 细化五官。新建一个图层，选择“硬边圆压力不透明度”笔刷，选择■（R243，G238，B014）色绘制眼线，选择■（R180，G185，B204）色绘制眼白，选择■（R146，G158，B185）色绘制眼白的暗部，绘制效果如图 8-108 所示。

图 8-108

15 选择■（R001，G058，B199）色绘制出具有电子感的眼珠，选择■（R001，G110，B166）色在眼珠下端增加一些亮部。选择白色，在瞳孔部位绘制一个播放器中常见的“开始”符号。在完全仿生的外形中穿插设计一些复古电子产品的特点，会让人物的设计更有趣味。选择■（R133，G185，B189）色，顺着头发的流向绘制出头发的暗部，绘制效果如图 8-109 所示。

图 8-109

16 在人物生气时，瞳孔处的“开始”符号会变成“禁止”符号，如图 8-110 所示。

17 新建一个图层，缩小笔刷直径，选择白色，在眼睛、嘴唇、头发、帽子和部分衣服的转角处点上高光，如图 8-111 所示。

图 8-110

图 8-111

18 新建一个图层，绘制内层衣物的暗部。上衣暗部为■（R197，G205，B217）色，裙子暗部为■（R046，G058，B089）色，系带暗部为■（R188，G152，B037）色，绘制效果如图 8-112 所示。

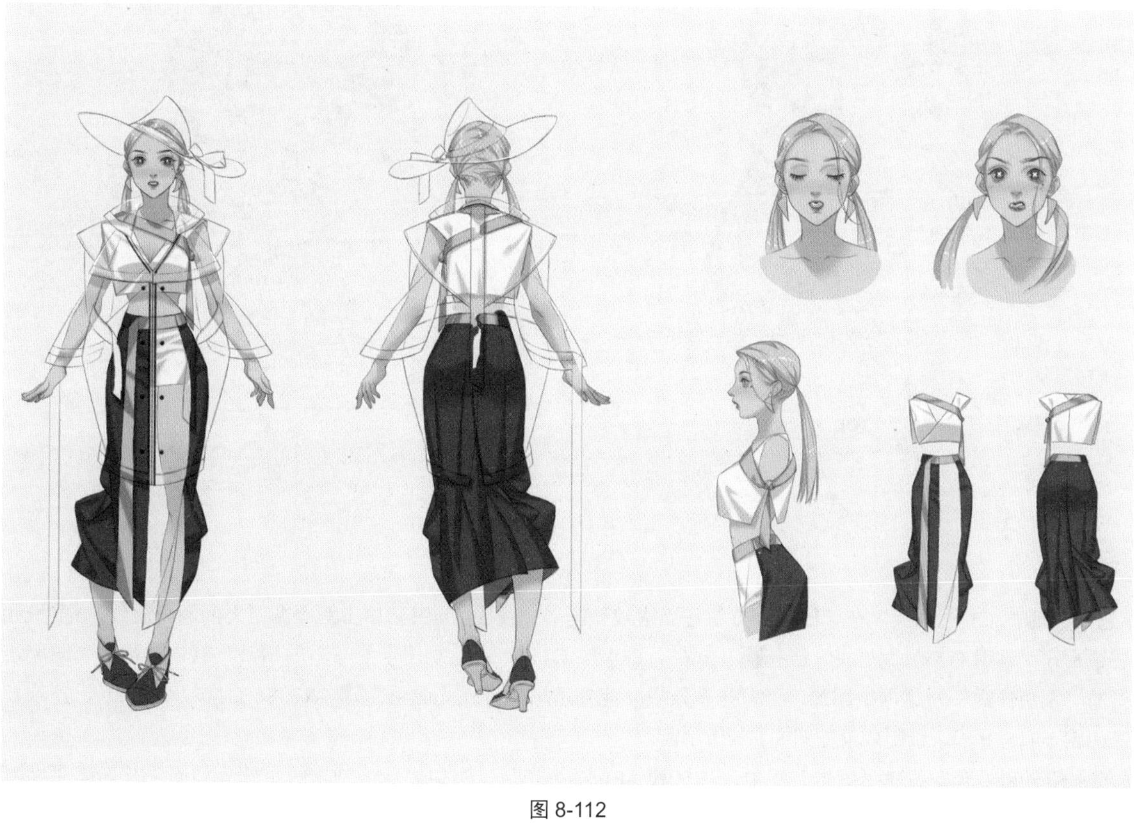

图 8-112

19 绘制鞋子的暗部。鞋面暗部为■（R181，G149，B036）色和■（R039，G052，B082）色，鞋底暗部为■（R226，G160，B065）色，绘制效果如图 8-113 所示。

20 细化耳饰。新建一个图层，选择■（R235，G101，B233）色在耳饰上画出几个实心圆花纹，如图 8-114 所示。简单、时尚的设计能让人物整体显得更加活泼、灵动。

图 8-113

图 8-114

21 选中“镭射布料”图层，在该图层上方新建“褶皱”图层，按住 Alt 键，单击两个图层之间的分隔线，把“褶皱”图层锁定在“镭射布料”图层上。选择■（R067，G082，B114）色绘制出镭射布料的褶皱。双击“褶皱”图层，在弹出的“图层样式”对话框中添加“外发光”效果。此处选用的外发光颜色为■（R228，G116，B200），各项参数数值如图 8-115 所示，绘制效果如图 8-116 所示。

22 绘制帽子和外套。新建“缎带”图层，选择■（R067，G082，B114）色绘制出缎带部分的底色。新建“镭射布料 2”图层，选择■（R230，G238，B243）色铺出透明镭射软布料部分的底色。绘制完成后，将图层的不透明度降低至 40%，图层混合模式设置为“颜色加深”，绘制效果如图 8-117 所示。

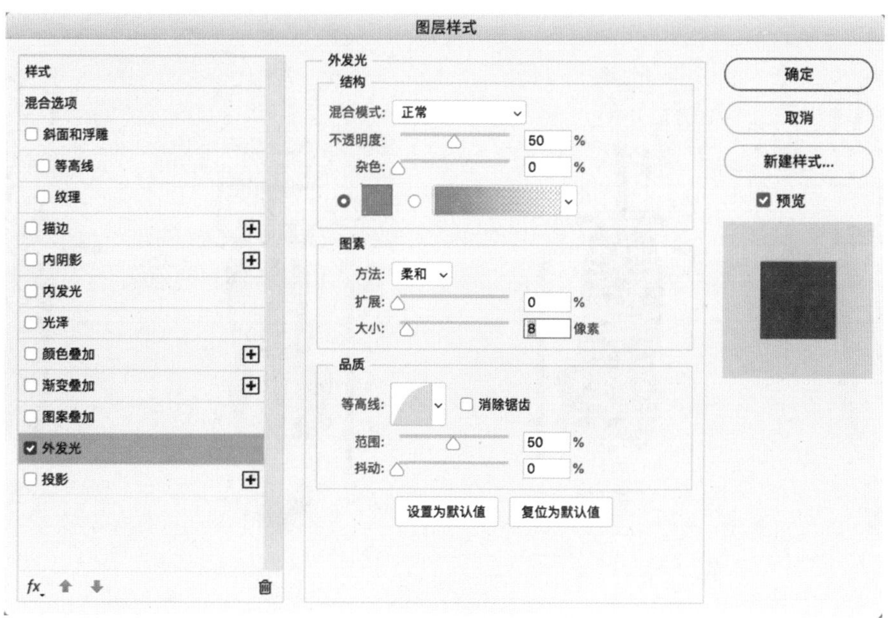

图 8-115

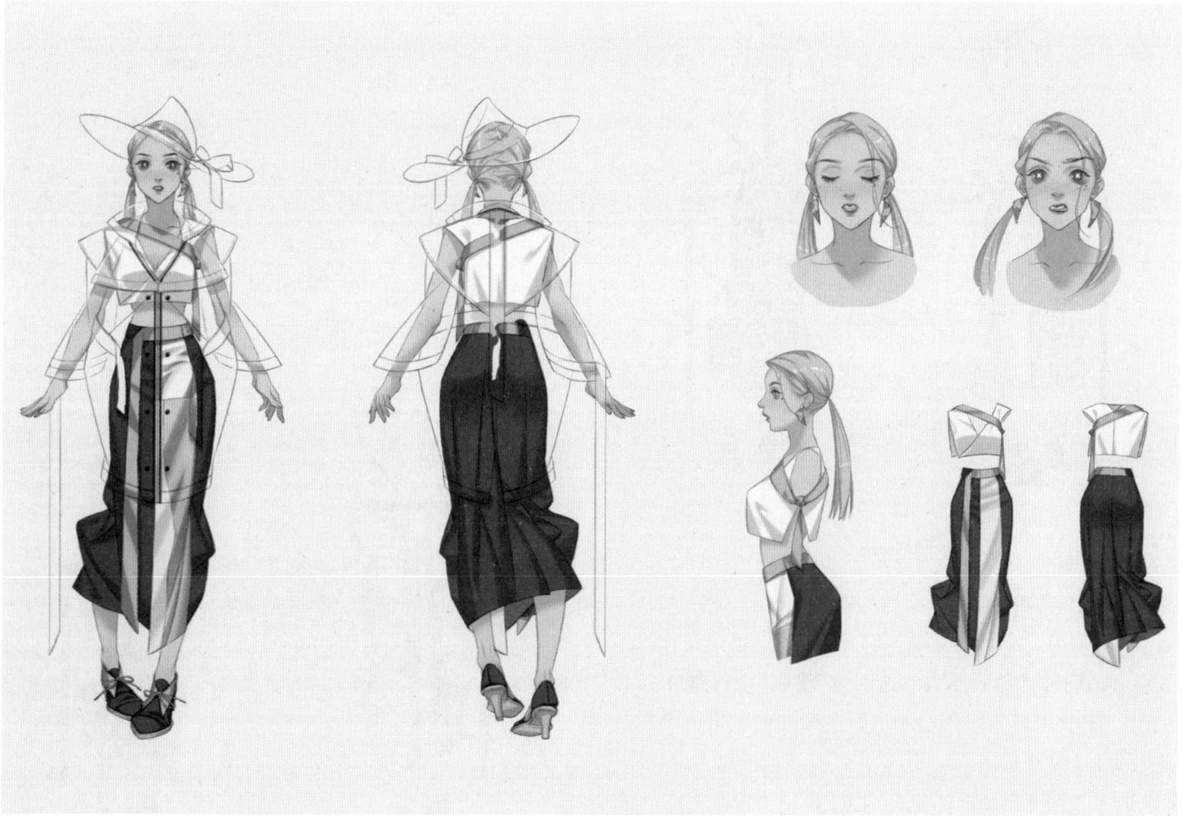

图 8-116

23 单色的缎带略显单调，选择■（R224，G101，B016）色丰富缎带的颜色。分别选择■（R037，G056，B085）色和■（R180，G065，B001）色绘制出缎带的暗部，绘制效果如图 8-118 所示。

图 8-117

图 8-118

24 在“缎带”图层上方，新建“渐变”图层，按住 Alt 键，单击两个图层之间的分隔线，将“渐变”图层锁定在“缎带”图层上。选择“柔边圆压力不透明度”笔刷，选择■（R224，G101，B016）色为缎带绘制出颜色渐变的效果，绘制效果如图 8-119 所示。

25 选中“渐变”图层，执行“滤镜”|“像素化”|“彩色半调”命令，给渐变区域制作点状网格效果。弹出的“彩色半调”对话框的具体参数设置如图 8-120 所示，绘制效果如图 8-121 和图 8-122 所示。

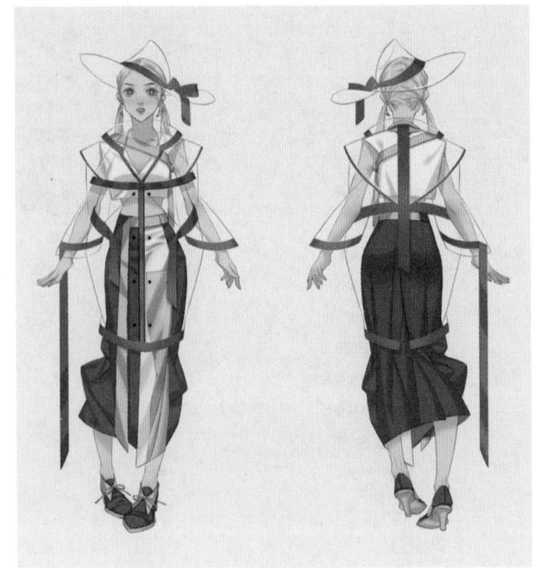

图 8-119

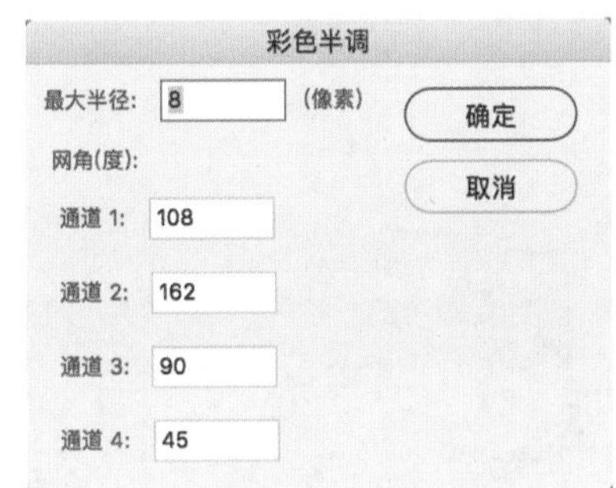

图 8-120

图 8-121

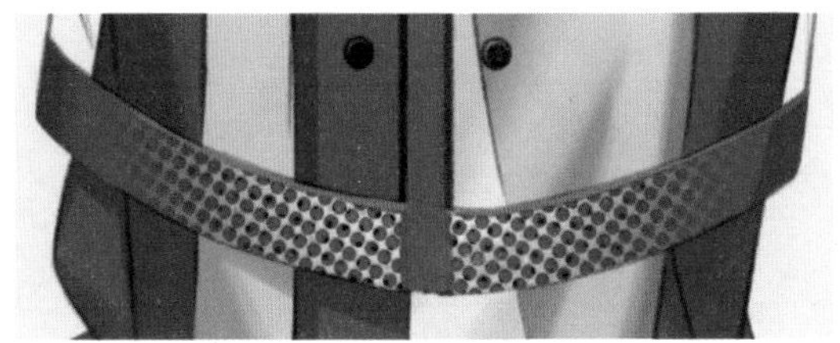

图 8-122

26 新建一个图层，选择“文字”工具 T，在缎带上输入一些文字和“+”号，加强设计感，如图 8-123 所示。完成缎带部分的绘制，绘制效果如图 8-124 所示。

图 8-123

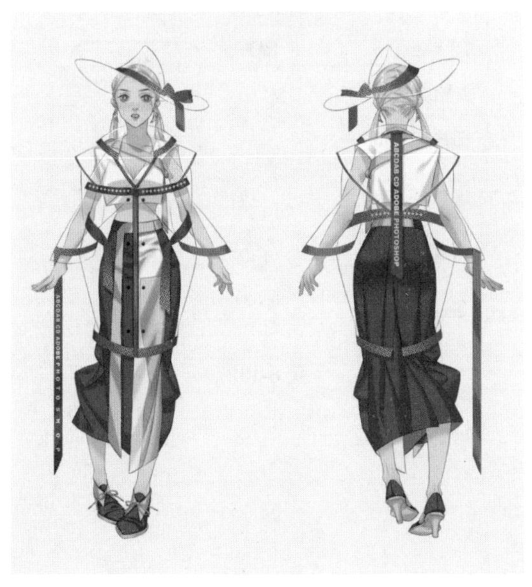

图 8-124

27 绘制上衣和帽子的镭射材质。在“镭射布料 2”图层的上方新建“黄色镭射”图层，按住 Alt 键，单击两个图层之间的分隔线，将“黄色镭射”图层锁定在“镭射布料 2”图层上。选择“柔边圆压力不透明度”笔刷，选择■（R108，G091，B000）色绘制出上衣和帽子的褶皱，表现出镭射的材质感，绘制效果如图 8-125 和图 8-126 所示。

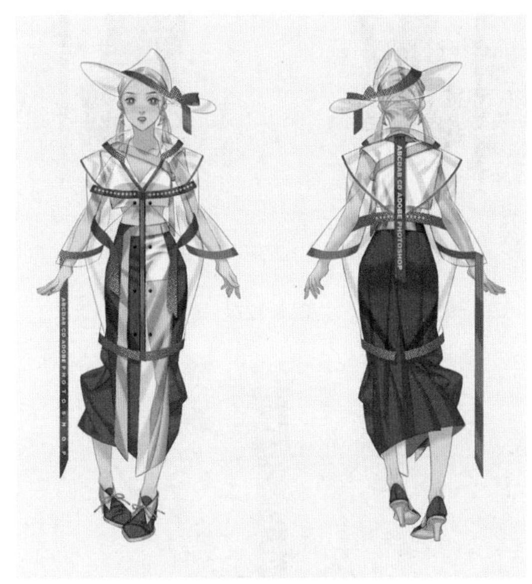

图 8-125

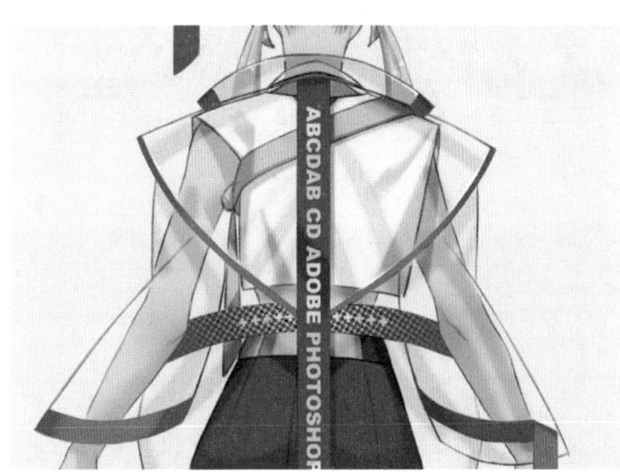

图 8-126

28 新建“红色镭射”图层，并将该图层锁定在“黄色镭射”图层上。选择■（R149，G023，B146）色绘制出红色的镭射感，绘制效果如图 8-127 和图 8-128 所示。

29 新建“蓝色镭射”图层，将该图层锁定在“红色镭射”图层上。选择■（R022，G045，B065）色绘制出蓝色的镭射感。完成拥有红、黄、蓝三原色的镭射布料，绘制效果如图 8-129 和图 8-130 所示。

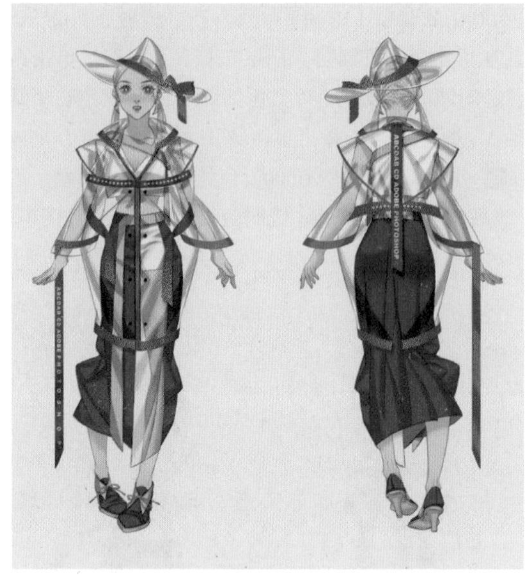

图 8-127

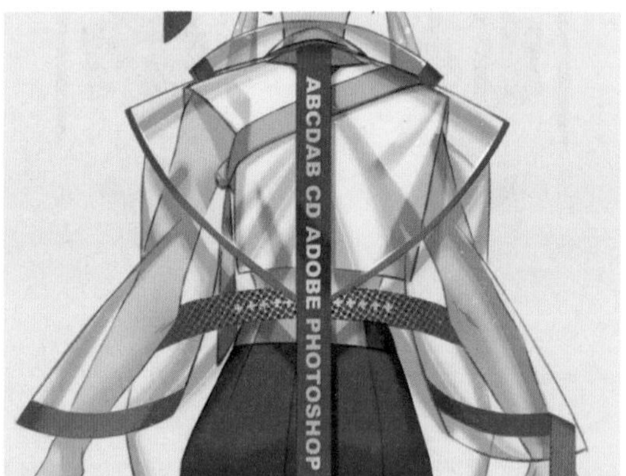

图 8-128

图 8-129

图 8-130

30 按快捷键 Ctrl+J 复制“蓝色镭射”图层，执行“滤镜”|“像素化”|“彩色半调”命令，制作点状网格效果，如图 8-131 所示。弹出的“彩色半调”对话框的具体参数设置如图 8-132 所示。完成游戏人物三视图的绘制，绘制效果如图 8-133 所示。

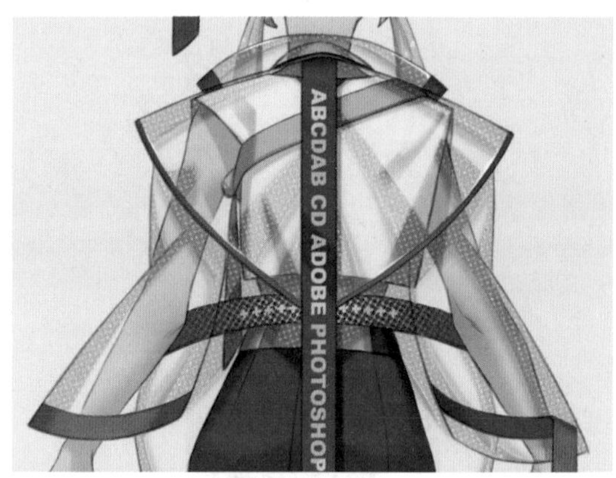

图 8-131

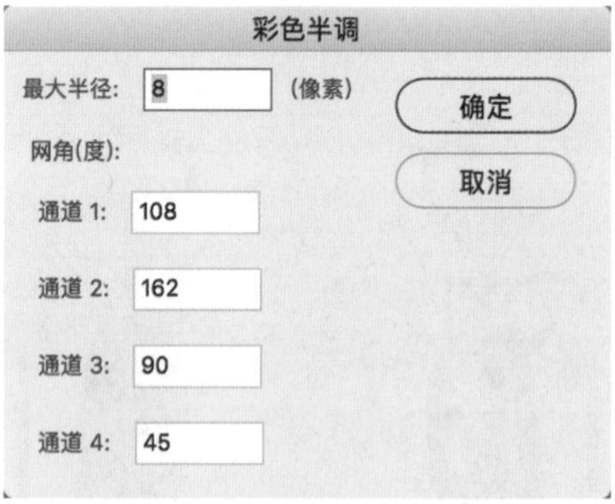

彩色半调

最大半径: 8 (像素)

网角(度):

通道 1: 108

通道 2: 162

通道 3: 90

通道 4: 45

确定

取消

图 8-132

图 8-133

8.4　游戏原画实例——命运王冠

内容设定

季节：夏末秋初
时刻：午夜 0~1 时
光源：戒指和些许零散的光源
场所：架空

主要技法

1. 厚涂 CG 的绘画方式。
2. 运用由下至上的光源，营造魔幻、诡异的氛围。

“命运王冠”绘制的是夏末秋初的午夜，在一个架空的魔幻背景中，一枚精致的古老王冠投射出一个身着古罗马服饰的男子的影像，似乎在暗示该男子是王冠挑选的下一任主人。整个画面魔幻气息浓重，光影缭乱，故事感较强。“命运王冠”的完成图如图 8-134 所示。

图 8-134

8.4.1 绘制草图

01 新建画布，新建“草稿”图层，根据构思的故事绘制出构图草稿。为了加强画面的故事性、美化布局，将王冠投射出来的人物影像设计成倒置的，赋予画面更强的动感，如图 8-135 所示。

图 8-135

02 降低“草稿”图层的不透明度，新建“线稿”图层，选择■（R091，G071，B080）色绘制出线稿，如图 8-136 所示。本例绘制的是厚涂原画，线稿最终会被色块完全掩盖，所以在这一步中无须将线稿绘制得很精细。

图 8-136

8.4.2 定出大致色彩

01 在“线稿”图层的下方新建“背景”图层。选择“柔边圆压力不透明度”笔刷，分别选择■（R014，G054，B137）色、■（R156，G138，B170）色和■（R217，G232，B205）色，绘制出拱形的三色渐变效果，如图 8-137 所示。

02 分别选择■（R011，G027，B055）色、■（R144，G127，B168）色和■（R214，G228，B232）色，在背景的地面部分喷绘出横向的三色渐变效果，如图 8-138 所示。

03 在“线稿”图层的下方，“背景”图层的上方，新建“底色”图层，交替使用“柔边圆压力不透明度”笔刷和“硬边圆压力不透明度”笔刷，确定画面中各个区域的底色，如图 8-139 所示。投射内的背景为■（R008，G028，B059）色和■（R047，G118，B140）色，皮肤为■（R152，G107，B101）色，头发为■（R072，G070，B089）色，服饰为■（R212，G207，B202）色，金属为■（R190，G140，B094）色，彩色流光为■（R191，G188，B216）色、■（R201，G080，B215）色和■（R094，

G221，B197）色。

图 8-137

图 8-138

图 8-139

04 选择“硬边圆压力不透明度”笔刷，为头发添加更多的色彩，表现出大致的光影效果，并添加一些高光强化头发的光泽感。这一步依然是在铺设画面的底色，无须处理细节，只需观察整体效果是否和谐即可。头发暗部为■（R034，G026，B035）色，头发亮部为■（R027，G165，B170）色，头发的混色为■（R084，G033，B073）色。细化皮肤色块。选择■（R111，G065，B074）色顺着肌肉的块垒绘制暗部。为了加强皮肤的通透感，分别选择■（R155，G078，B066）色和■（R112，G088，B092）色叠加在皮肤上，绘制效果如图 8-140 所示。

05 细化服饰色块。选择■（R159，G172，B158）色绘制服饰的暗部。受到光照的明暗交界线的色调会偏暖，选择■（R192，G182，B132）色绘制衣物的下摆区域，选择■（R247，G182，B148）色绘制胸前和上臂的区域，给人一种光照不均匀的感觉。细化金属色块，选择■（R126，G073，B050）色添加暗部，选择■（R251，G224，B162）色添加亮部。选择■（R097，G096，B071）色在金属的背光处添加一些冷调偏色，绘制效果如图 8-141 所示。

图 8-140

图 8-141

技巧与提示：

在整个铺色过程中都无须处理细节，可以将画布当成调色盘，先将所有基础的底色全部“挤”上去，让整个画面的色彩足够丰富和谐，之后再慢慢细化。

06 将“线稿”图层的混合模式设置为“叠加”，使线稿与色彩更好地融合在一起，弱化突兀感，如图 8-142 所示。按快捷键 Ctrl+Shift+E 合并所有图层。

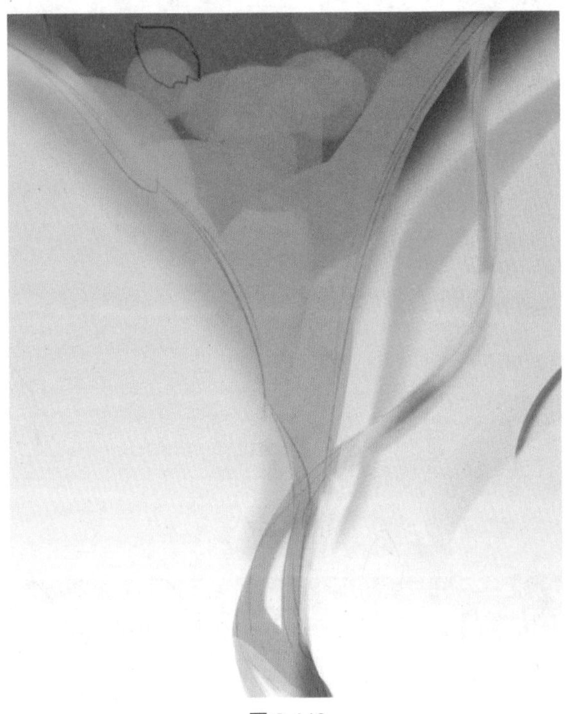

图 8-142

8.4.3 人物整体刻画

01 选择 Sampled Brush 35 笔刷，细化王冠投射出的彩色流光。绘制时，可以灵活使用“吸管”工具吸取流光的底色及周边的色彩，制造出一些色彩的混合和渐变过渡效果，让画面效果更加丰富。使用同样的方法细化彩色流光内的背景，绘制效果如图 8-143 所示。

02 细化衣物下摆的光影，刻画出扇贝形的边缘。注意布料之间的层叠关系，以及布料本身的压褶效果。同样灵活运用“吸管”工具来获取颜色，绘制效果如图 8-144 所示。

03 细化腿部的体积感和明暗光影效果。除了使用“吸管”工具取色，还可以选择（R131，G113，B112）色给腿部增加一些灰色调，以此中和人物皮肤的古铜色调，让腿部的色调不至于过暖，绘制效果如图 8-145 所示。

图 8-143

图 8-144

技巧与提示：

■（R131，G113，B112）色是红色色相中的灰色调，但铺在饱和度更高的底色上，视觉上会产生冷色调的假象。

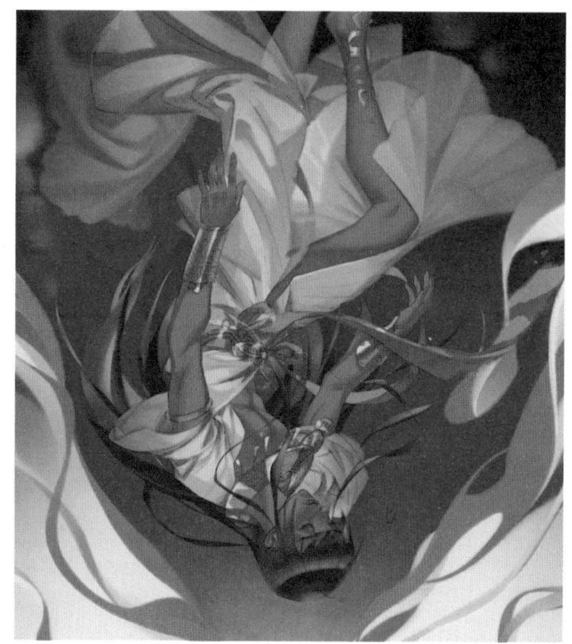

图 8-145

04 继续下摆的刻画，完成整个衣物下裳部分的细化。在本步中，要尤其注意褶皱的刻画。如果难以靠想象来完成，可以多找相关服饰的图片进行参考，或者自行拿衣物堆叠出相似的效果，绘制效果如图 8-146 所示。

图 8-146

05 细化头发的尾端。选择“硬边圆压力不透明度”笔刷，利用笔刷效果绘制出利落、清晰的发尾，如图 8-147 所示。

图 8-147

06 细化衣物上的金色系带。同样地，先刻画出系带清晰的边缘，提高完成度，再灵活运用“吸管”工具塑造颜色的渐变和过渡。细化人物胸部和脖颈的皮肤质感。选择 Sampled Brush 35 笔刷，选择■（R084，G042，B050）色强化一下胸部和脖颈处的暗部，绘制效果如图 8-148 所示。

图 8-148

07 选择■（R079，G076，B075）色，绘制出手臂投射在衣物上的阴影。可以利用压感笔的感应效果来控制颜色的深浅。下笔重一些绘制出的颜色会较深，下笔轻一些绘制出的颜色会较浅，绘制效果如图 8-149 所示。

图 8-149

08 细化人物双臂的肌肉线条。绘制有体积感的肌肉难度较大，可以多参考一些肌肉块垒分明的健身运动员的照片，帮助理解肌肉的分布，绘制效果如图 8-150 所示。

图 8-150

09 细化人物的双手。与手臂相比，手部的难度较低，注意刻画出凸出的关节、手背筋脉、指甲的形状。可以找一面镜子，用自己的手摆出相应的姿态，一边观察一遍绘制。需要注意的是，观察自己手部时光源所在的位置要和图中的设定类似，绘制效果如图 8-151 所示。

图 8-151

10 细化四肢部分的金属首饰。金属和宝石的绘制方法在前文已多次详细介绍，此处不再赘述。主要刻画出金属的亮部和暗部，塑造出体积感即可，绘制效果如图 8-152 所示。

图 8-152

11 细化上臂部分的衣物。将腰部中央的金色长飘带的颜色修改成与衣物主体一致，避免画面中金色的区域过多，显得杂乱，绘制效果如图 8-153 所示。

12 细化腰部的金属首饰。在厚涂中，一个基本的绘制规律是：先画下层，再画上层。例如，先绘制皮肤部分，再绘制遮挡住皮肤的金属首饰。按这种顺序绘画有利于保留清晰的轮廓线，使整个画面的完成度提高，绘制效果如图 8-154 所示。

图 8-153

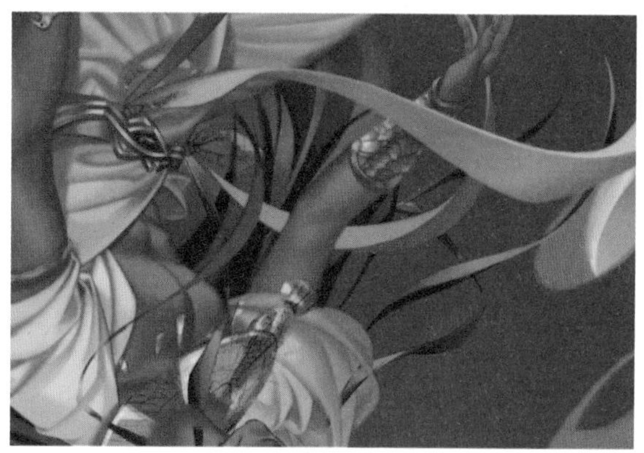

图 8-154

13 细化系在腰部装饰上的两条系带的绳结部分，绘制效果如图 8-155 所示。

图 8-155

8.4.4　项链和头部的刻画

01 进行到这一步，整个画面的完成度已经过半，接下来需要细致刻画图中想让人一眼就能看到的元素。选择“吸管”工具吸取项链的底色，先细化项链外圈，这部分是项链的底层，绘制效果如图 8-156 所示。

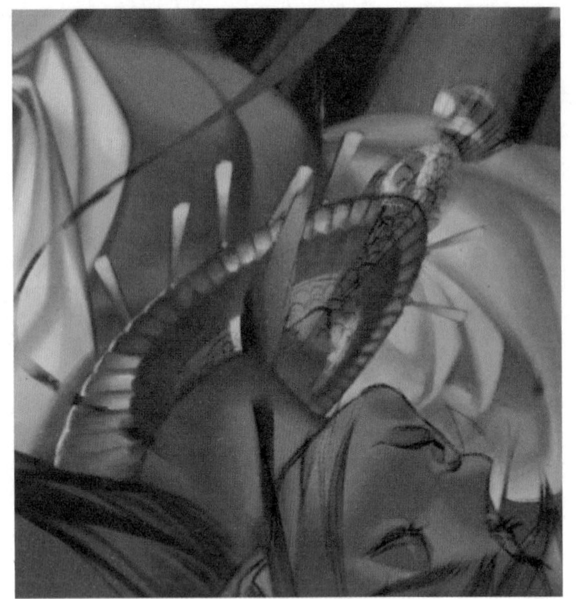

图 8-156

02 细化项链的中圈。蛇和鹰是古罗马饰品中较常出现的元素，也是古罗马人比较崇拜的两种动物。人物足部的饰品设计成了蛇形，颈部项链的设计则融入了鹰的形象，类似层层鹰羽，绘制效果如图 8-157 所示。

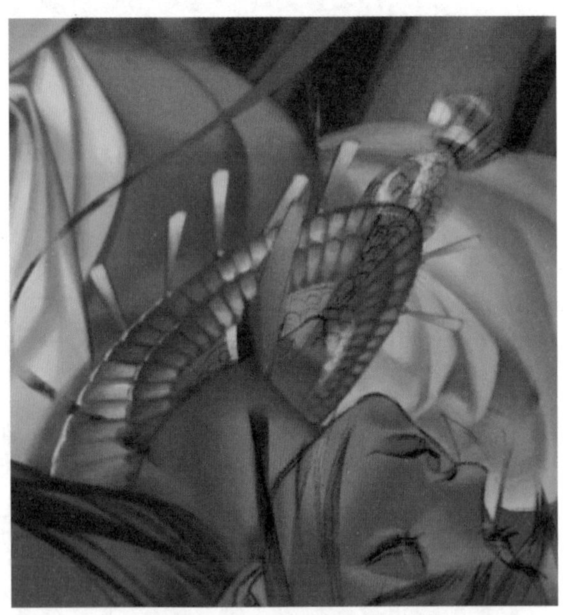

图 8-157

技巧与提示：

在首饰设计上，需要多找参考资料来激发设计灵感。

03 细化项链的内层。内层的羽毛设计得较为细小，与另外两层区别开。同时刻画一下鹰首，点缀上绿色宝石作为眼睛，绘制效果如图 8-158 所示。

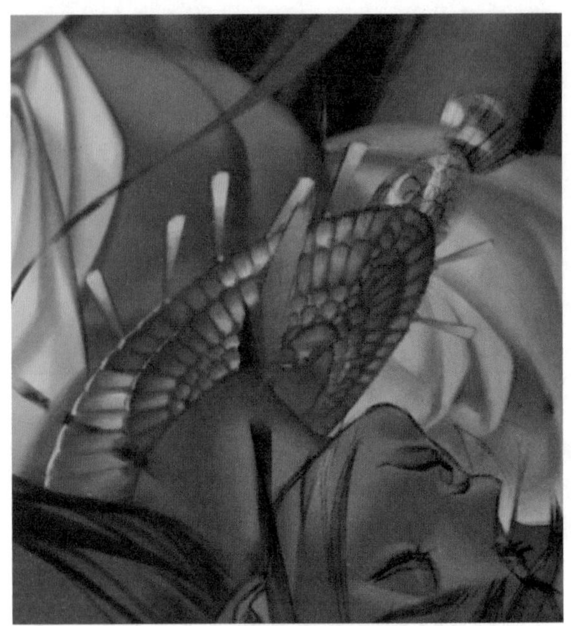

图 8-158

04 细化项链的凸出部分，即鹰的尾部，绘制效果如图 8-159 所示。

图 8-159

05 细化面部。在所有的线条都被色块覆盖后，任何区域的轻微色彩改变都会产生强烈的转折效果。先将面部的轮廓收拾干净，强化一下鼻部的色彩转折，再细化唇部的轮廓。尤其要注意光源是自人物面部下方向上投射的，因此，人物的鼻底和上唇都会被照亮，绘制效果如图 8-160 所示。

图 8-160

06 观察整个面部，可以看到由于深色部分过深，面部的层次不够多。选择一个介于深色和暖橙色之间的色彩■（R139，G083，B080）柔和地添加在面部，让面部整体看起来更明亮，明暗部分的过渡更加柔和，如图 8-161 所示。

图 8-161

07 微调五官。将笔刷的不透明度调整为 30%，轻柔地刻画面部。缩小人物的鼻翼，将鼻翼转折处的颜色调整得浅一些，让人物看起来更秀气。将额头部分的转折调整得更柔和圆润。下手一定要轻，重复多次，绘制效果如图 8-162 所示。

图 8-162

08 细致地勾勒睫毛和眉毛，并点出眼皮和嘴唇上的高光，完成面部的绘制，绘制效果如图 8-163 所示。

图 8-163

09 细化头发。选择“硬边圆压力不透明度”笔刷，绘制出遮挡住面部的发丝，给顶部的头发分区，用深色隔出几片不同的区域。选择“铅笔”工具绘制出几根飘逸的细发，绘制效果如图 8-164 和图 8-165 所示。

图 8-164

图 8-165

10 选择“硬边圆压力不透明度”笔刷，细化臂环与王冠，绘制效果如图 8-166~ 图 8-168 所示。

11 继续细化头发，吸取头发上的深色，给头顶的发丝做出更细小的分隔。分割时注意把控疏密，绘制效果如图 8-169 所示。

图 8-166

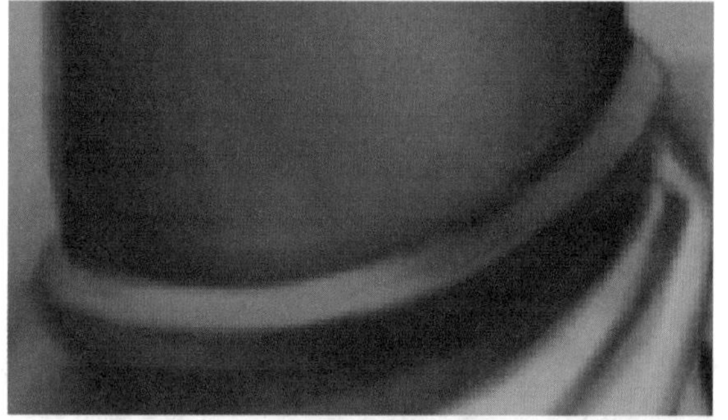

图 8-167

图 8-168

图 8-169

12 选择“铅笔”工具，将笔刷直径缩小至 2~3 像素，勾勒出更多飞舞的发丝，如图 8-170 所示。

图 8-170

8.4.5　画面细节处理

01 选择（R226，G215，B205）色为背景中的花瓣上色。选择“柔边圆压力不透明度”笔刷，选择（R130，G119，B159）色给花边增添渐变效果，如图 8-171 和图 8-172 所示。

图 8-171

图 8-172

02 将笔刷模式设置为“叠加”，选择（R060，G064，B106）色，绘制出王冠和花瓣在地面的投影。在绘制草图时，将王冠设计成了倾斜的角度，给人一种“自动漂浮”的魔幻感。由于王冠的漂浮和倾斜，两侧的投影也会有远近的差别，绘制效果如图 8-173 所示。

图 8-173

03 为系带增添花纹。新建“装饰花纹”图层，给两侧的系带增加线条状的装饰，并在中襟的条状布料上绘制一些圆圈和竖线组成的几何形状，类似神秘的图腾。绘制完成后，将金箔材质的素材粘贴到相应位置，按住 Alt 键，单击“金箔材质”图层和“装饰花纹”图层之间的分隔线，把“金箔材质”图层锁定在“装饰花纹”图层上。按快捷键 Ctrl+Shift+E 合并所有图层，并重命名为“原图”。金箔材质素材如图 8-174 所示，绘制效果如图 8-175 所示。

图 8-174

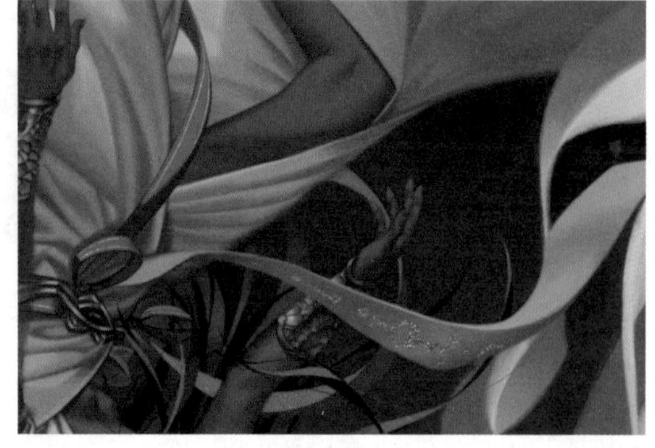

图 8-175

04 按快捷键 Ctrl+J 复制“原图”图层，重命名为“模糊特效”，执行“滤镜”|“模糊”|“高斯模糊”命令，在弹出的对话框中将“半径”的数值修改为 6，得到一个完全模糊后的画面。选择“橡皮擦”工具，选择“柔边圆压力不透明度”笔刷，擦掉人物上半身、王冠、腰部的金属配饰，透出下方清晰的图层，绘制效果如图 8-176 所示。

图 8-176

05 按快捷键 Ctrl+J 复制“原图”图层，重命名为“锐化特效”图层，放置在“模糊特效”图层和“原图”图层之间。执行“滤镜”|“锐化”|“锐化”命令，锐化当前图层中的内容，让各个区域的边缘更加锋利，同时强化金属的材质表现。同样地，擦除一些不需要过于锐利的区域，如腿部、衣物下摆、发丝尾端等部位。绘制效果如图 8-177 和图 8-178 所示。现在的画面有着 3 个层次，由上至下分别是：模糊特效、锐利特效、原图。

图 8-177

图 8-179

图 8-178

图 8-180

06 按快捷键 Ctrl+Shift+E 合并所有图层。执行“滤镜”|“杂色”|“添加杂色”命令，为画面增加杂色，加强质感，绘制效果如图 8-179 和图 8-180 所示。

8.4.6　整体画面调整

01 新建一个图层，将图层混合模式设置为“叠加”。选择“油漆桶”工具，选择■（R088，G109，B121）

色填满整个画面，统一整个画面的色调，绘制效果如图8-181所示。

图 8-181

图 8-182

02 新建一个图层，将图层混合模式设置为“颜色减淡”。选择“柔边圆压力不透明度”笔刷，选择■（R120，G073，B069）色提亮所有需要打亮的部位，如王冠和人物的面部，绘制效果如图8-182所示。

03 新建一个图层，选择白色，利用笔压绘制出深浅不同的圆点，按快捷键Ctrl+J复制出更多圆点，疏密有度地放置在画面中，模拟空气中的漂浮物和具有神秘感的气泡。绘制完成后，将图层混合模式设置为“叠加”，绘制效果如图8-183和图8-184所示。

04 新建“杂点”图层，选择“硬边圆压力不透明度”笔刷，将笔刷直径缩小至1~3像素，点出一些杂点。将金箔材质的贴图粘贴到相应位置，按住Alt键单击“金箔材质”图层和“杂点”图层之间的分隔线，把“金箔材质”图层锁定在“杂点”图层上。按快捷键Ctrl+E合并图层，绘制效果如图8-185和图8-186所示。

图 8-183

图 8-184

图 8-185

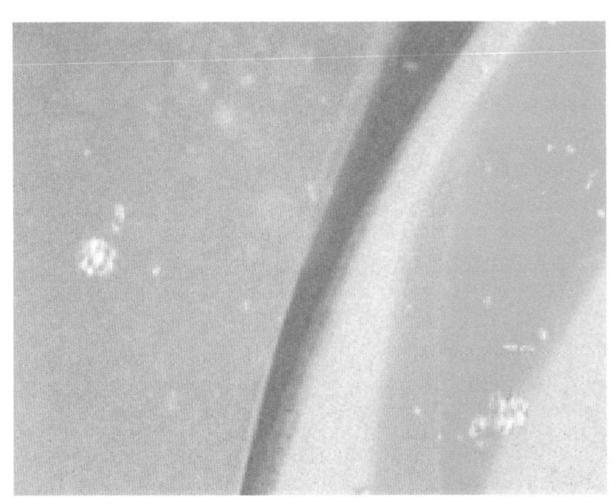

图 8-186

05 新建一个图层，将图层混合模式设置为“颜色减淡”，选择■（R077，G178，B216）色点出大量冷色光斑，绘制效果如图 8-187 和图 8-188 所示。

图 8-187

图 8-188

06 新建一个图层，选择 Sampled Brush 35 笔刷，再添加两条彩色光带，并粘贴金箔材质素材，使新添加的丝带具备金砂质感。结合人物的造型和画面中点缀的细碎金砂，给画面增加华丽的感觉。合并所有图层，完成“命运王冠”的绘制，绘制效果如图 8-189 所示。

图 8-189